"에너지관리 기능사" 교재를 시작하며

안녕하십니까. 이 책을 집필하게 된 저자는 다수의 국가 기술 자격증과 기능장 자격증을 보유하고, 10년 이상의 현장 실무 경험을 가진 산업 설비 전문가로서, 자격증 취득을 준비하는 분들이 실질적이고 효율적인 학습을 할 수 있도록 돕고자 이 기출 문제집을 준비하였습니다.

에너지관리 기능사 자격증을 준비하는 여러분과 이 교재로 만나게 되어 기쁘게 생각합니다. 이 책은 저의 오랜 실무 경험과 수많은 자격증 취득을 통해 쌓아온 지식과 노하우를 바탕으로, 보다 실질적이고 체계적인 학습을 돕기 위해 집필되었습니다.

이 문제집은 시험의 기출 경향을 분석하여 자주 출제되는 핵심 개념과 문제 유형을 체계적으로 정리하였습니다. 특히, 각 문제에 대한 자세한 해설과 응용 설명을 쉽게 이해할 수 있도록 구성하였습니다.

교재의 세부적인 구성은 이론을 탄탄히 다지는 동시에 기출문제와 특히 시험에 다수 등장하는 모의고사 형식의 핵심적인 내용을 중심으로 포함하여, 학습자 여러분이 이해하기 쉬운 방식으로 내용을 전달하고자 노력하였습니다.

더불어, 기능사 시험 준비만 아니라, 현장에서 에너지 관리를 책임지고 계시는 분들께도 도움이 될 수 있는 지침서가 될 수 있도록 집필하였습니다.

저의 자격증 취득 합격 노하우와 경험이 담긴 이 교재가 에너지 관리 분야에 대한 깊이 있는 이해를 도와드리고, 나아가 자격 취득과 능력 향상에 큰 도움이 되기를 진심으로 바랍니다.

여러분의 성공적인 학습과 더불어 가치 있는 성과를 기원합니다.

감사합니다.

저자 정윤호·이재황

INDEX 목차

PART I 이론

제1장. 보일러 설비 운영 … 8
제2장. 보일러 부대설비 설치 및 관리 … 13
제3장. 보일러 부속설비 설치 및 관리 … 21
제4장. 보일러 안전장치 정비 … 28
제5장. 보일러 열효율 및 정산 … 33
제6장. 보일러 설비 설치 … 37
제7장. 보일러 제어설비 설치 … 54
제8장. 보일러 배관설비 설치 및 관리 … 58
제9장. 보일러 운전 … 69
제10장. 보일러 수질 관리 … 75
제11장. 보일러 안전관리 … 78
제12장. 에너지 관계법규 … 84

PART II 기출 복원 문제

2013년 1회 … 94
2013년 2회 … 100
2013년 3회 … 106
2013년 4회 … 112
2014년 1회 … 118
2014년 2회 … 123
2014년 3회 … 128
2014년 4회 … 133

2026

7일 찐합격!
유튜브 설비공작소
100% 무료강의 제공

7일 찐합격!
에너지 관리기능사
필기 예상기출문제집

CBT대비 이론

10년 이상 경력의
전문가가 정리한
CBT대비 이론!!

기출 복원 문제집

2013년~2016년
기출 문제
완벽 복원!!

모의고사 문제집

실전에 대비한
10회 분량의
모의고사!!

정윤호 · 이재황 공저

2015년 1회	138
2015년 2회	143
2015년 3회	148
2015년 4회	153
2016년 1회	158
2016년 2회	163
2016년 3회	168

PART Ⅲ　모의고사

1회차	174
2회차	183
3회차	192
4회차	201
5회차	209
6회차	218
7회차	227
8회차	236
9회차	245
10회차	254

PART I

이론

제1장 보일러 설비 운영

Chapter 1 열의 기초

Section 1 온도

1 섭씨온도

물의 어는점과 끓는점이 온도를 표준으로 정하고, 물의 어는점을 0℃로, 끓는점을 100℃로 정의하여 범위를 100등분한 온도눈금이며, 단위 기호는 [℃]이다.

2 화씨온도

물의 어는점과 끓는점의 온도를 표준으로 정하고, 물의 어는점을 32°F로, 끓는점을 212°F로 정의하여 범위를 180등분한 온도눈금이며, 단위 기호는 [°F]이다.

3 절대온도

온도의 절대적인 값으로 표시하는 체계를 의미하며, 표준온도로 대표적으로 쓰이는 것은 켈빈온도가 있으며, 단위 기호는 [K]이다.

- 절대온도를 나타내는 다른 체계로는 (레이놀즈 척도, 랭킨, 냉정도, 미니멈 에너지, 플랭크 온도) 등이 있다.

📝 온도의 상호 공식

$$K = 273 + ℃$$
$$°F = \frac{9}{5}℃ + 32$$
$$°R = °F + 460$$

Section 2 압력

1 표준대기압

지구 기압의 단위이며 0℃의 상태에서 표준 중력일 때에 높이 760mm의 수은주가 그 밑면에 가하는 압력에 해당하는 기압이며, 이것을 1기압으로 한다. 기호는 [atm]이다.

2 절대압력

진공을 기준으로 한 압력을 의미하며, 압력 단위 뒤에 [abs], [a]를 사용한다.

3 진공압력

대기압을 기준으로 대기압 이하의 압력의 의미하며, 압력 단위 뒤에 [V], [v]를 사용한다.

4 게이지압력

대기압을 기준으로 압력계에 지시된 것을 의미하며, 압력 단위 뒤에 [G], [g]를 사용한다.

Section 3 열량

1 열량의 종류

(1) 1kcal 는 물 1kg을 1℃ 상승시키는데 필요한 열량이다.

(2) 1BTU 는 물 1lb을 1℉ 상승시키는데 필요한 열량이다.

(3) 1CHU 는 물 1lb을 1℃ 상승시키는데 필요한 열량이다.
- 열량 간의 관계는 1kcal=3.968BTU=2.205CHU이다.

Section 4 비열 및 열용량

1 비열

어떤 물질 1kg을 온도 1℃ 상승시키는데 필요한 열량이다.

(1) **정압비열[Cp]** : 기체의 압력이 항상 일정한 상태에서 온도 1℃ 상승시키는데 필요한 열량이다.

(2) **정적비열[Cv]** : 기체의 체적이 항상 일정한 상태에서 온도 1℃ 상승시키는데 필요한 열량이다.

(3) **비열비[k]** : 기체 분자들의 정압비열과 정적비열의 비율이다.

2 열용량

어떤 물질의 온도를 1℃ 높이는 데 필요한 에너지로 그 단위는 [kcal/℃], [cal/℃]이다.

Section 5 현열과 잠열

1 현열

물질이 상태변화 없이 온도변화에 총 소요된 열량이며 [감열]이라고 부르기도 한다.

2 잠열

물질이 온도변화 없이 상태변화에 총 소요된 열량이며 [숨은열]이라고 부르기도 한다.

Section 6 열전달의 종류

1 열 전도
고체 내에서 열이 분자 간의 직접적인 충돌로 전달되는 과정이며, 재료의 열 전도도에 의해 결정된다. 고열 전도를 갖는 재료는 열을 빠르게 전달하고, 저열 전도도를 갖는 재료는 더 느리게 열을 전달한다.

2 열 대류
유체(액체 또는 기체)에서의 열 전달로, 유체의 이동에 의해 열이 전달되며, 유체 내부의 온도 차이 또는 유체와 주변 환경 사이의 온도 차이에 의해 발생한다.

3 복사
열이 전자기파(전자기 스펙트럼)를 통해 전달되는 과정이며, 진공에서도 전달될 수 있고, 공간을 통해 전파될 수 있다. 모든 물체는 온도에 따라 열복사를 방출하며, 이러한 복사량은 물체의 온도 및 표면 특성에 따라 결정된다.

Chapter 2 증기의 기초

Section 1 증기의 성질

1 증기
액체 상태에서 기체 상태로 변화한 물질의 상태를 가리키며, 액체가 일정한 온도에서 증발하여 기체로 변할 때 생성되는 것을 말한다. 또한 많은 화학 및 물리적 프로세스에서 중요한 역할을 하며, 열 발생, 에너지 이동, 그리고 산업적인 용도와 가정용 목적으로도 사용된다.

2 증기와 밀도의 관계
증기와 밀도는 아주 밀착한 관계가 있으며, 온도와 압력, 또는 물질의 화학적 특성에 따라 변화하기도 한다. 보통은 고온·고압인 상황에서 밀도가 높아지고, 공기보다 가벼운 증기는 공기 중에서 상승하여 대기 중 상대습도에도 영향을 준다.

Section 2 포화증기와 과열증기

1 포화증기
특정한 온도와 압력에서 액체 상태와 기체상태의 물질이 평형을 이루는 상태를 말한다.

(1) **건포화증기** : 상대습도가 포화상태에 도달하지 못한 상황에서의 증기를 나타낸다.

(2) **습포화증기** : 대기 중에 증기의 양이 포화상태에 도달하여 응축과 증발이 동시에 발생하는 상태이다.

(3) **응축** : 수증기 분자들이 서로 결합하여 액체로 변하는 과정이다.

(4) **건조도** : 공기 중에 습기 상태를 나타내며 포화액은 x=0 건포화증기는 x=1로 표기한다.

2 과열증기

증발 후에 압력이나 온도가 높아 평행적이지 않고 높은 증기상태에 있는 경우를 말한다. 즉, 포화증기 상태보다 높은 압력과 온도가 필요한 상태이다.

(1) **과열도** : 과열증기온도-포화온도

(2) **포화수** : 어느 특정한 압력과 온도에서의 포화상태를 말한다. 포화수 상태에서는 관찰적 변화가 생긴다.

Chapter 3 보일러 관리

Section 1 보일러 종류 및 특성

1 보일러 정의
각종 철제로 만들어진 내부에 물이나 연료 등 열매체를 공급하여, 연소열을 발생시켜 사용처에 난방을 공급하는 장치를 말한다.

2 보일러의 종류

종류	형식		보일러
원통형 보일러	직립(입형)		횡관식 보일러, 연관식 보일러, 코크란 보일러
	수평 (횡형)	노통	랭커셔 보일러, 코니시
		연관	횡연관식 보일러, 케와니 보일러, 기관차
		노통연관	소코치, 하우덴 존슨, 노통연관보일러
수관식 보일러	자연순환		배브콕, 츠네키치, 야로, 타쿠마
	강제순환		라몬트, 베록스 보일러
	관류		슐처, 벤슨, 람진 보일러
특수 보일러	주철제 보일러		주철제 섹셔널보일러
	특수 열매체		다우섬, 모빌섬, 수은, 카네크롤액, 시큐리티53
	폐열		리보일러, 하이네 보일러
	간접 가열		슈미트, 레플러 보일러
	특수 연료		바크 보일러, 소다회수, 흑액

(1) 원통형 보일러의 특징

① 구조가 간단하고 취급이 쉬워 검사 및 청소에도 용이하다.

② 수부가 크며 열의 비축량이 크다.

③ 보유 수량이 많아 사고시에 피해가 크다.

④ 사용 변동량에 따른 발생증기의 변동이 작다.

(2) 수관식 보일러의 특징

① 보유 수량이 작아 부하변동시 압력의 변화가 크다.

② 고압의 적당하며 관경이 작다.

③ 보일러 순환이 좋으며 효율이 뛰어나다.

④ 고압, 대용량에 적합하다.

(3) 주철제 보일러의 특징

① 내식성과 내열성이 우수하시만 충격에 약하다.

② 섹션의 증감으로 용량조절이 용이하다.

③ 저압으로서 파열시 피해가 작다.

④ 구조가 복잡하여 검사 및 청소가 어렵다.

(4) 특수 보일러의 특징

① 주로 특수재료를 사용하여 제작되었다.

② 고온 고압에 적당하며, 강력한 내구성을 가지고 있다.

③ 석유공업, 화학공업에 주로 사용되고 있다.(특수열매체보일러)

④ 폐열보일러, 연료보일러, 간접가열보일러, 전기보일러 등이 있다.

제2장 보일러 부대설비 설치 및 관리

Chapter 1 급수설비와 급탕설비 설치 및 관리

Section 1 급수탱크, 급수관 계통 및 급수내관

1 급수탱크, 급수관 계통

급수 탱크는 수도관 탱크로부터 하여 건물의 지붕이나 지하에 일정량의 물을 저장하는 용기이다. 또한 물의 압력을 일정하게 유지하여 효율적으로 공급이 될 수 있도록 한다. 보통은 보일러를 급수하는 일련의 계통으로 부속된 기기를 이야기한다. 급수장치의 기본조건으로는 2개 이상의 급수장치를 갖추어야 하며, 각 장치마다 보일러의 최대증발량 이상의 급수능력이 있어야 한다.

2 급수내관

보일러 급수시 부동팽창의 영향을 최소화하기 위하여 동 내부에 설치하는 관이다.

① 보일러 급수의 예열을 한다.
② 관내에 급격한 온도변화를 방지한다.
③ 안전 저위수면보다 50m 아래에 설치한다.
④ 동판의 국부적 냉각으로 생기는 부동팽창과 열응력 발생을 최소화한다.

Section 2 급수펌프 및 응축수 탱크

1 급수펌프

물을 강제적으로 송수하여 효과적으로 이동시키는 장치이며, 물 공급, 압력증강, 배수 등 다양한 용도로 사용되며 여러 가지 종류로는 터보형, 용적형, 특수형이 있다.

(1) 원심펌프 : 회전자에 원심력에 이용해 유체압력 변화를 일으켜 수송하는 펌프이며, 볼류트 펌프와 터빈펌프 등이 있다.

① **볼류트 펌프** : 양정이 낮아 양수량이 많은 곳에 사용되며, 안내깃이 없어 바깥둘레에 접하여 와류실이 있는 펌프이다.

② **터빈 펌프** : 양정이 높은 곳에 주로 사용되며, 바깥둘레에 안내깃이 있어 방출 에너지가 높은 곳에 적절하다.

(2) 왕복펌프 : 피스톤 또는 플런저가 왕복으로 운동하여 액체에 압력을 주어 이송하는 펌프이며, 워싱턴 펌프, 플런저 펌프, 피스톤펌프 다이어프램펌프 등이 있다.

① **워싱턴 펌프** : 보일러의 중기 압력에너지를 이용하여 실린더 내의 피스톤을 왕복운동 하여 급수하는 펌프이다.

② **플런저 펌프** : 좌우 왕복운동으로 급수하며, 액체의 유동이 연속적이고 일정한 흐름으로 유지되어야 할 때 주로 사용된다.

③ **피스톤 펌프** : 실린더 내에서 피스톤이 왕복운동하여, 액체를 펌핑하는 원리이며, 높은 압력을 생성할 수 있어 정확하고 효율이 필요한 액체이송에 사용된다.

④ **다이어프램펌프** : 윤활류를 사용하지 않고도 액체와 완전 분리가 가능하여 부식되거나 오염될 수 있는 환경에 사용된다.

2 응축수 탱크

보일러의 부속설비중 하나이며, 온수량이 증대될 때 발생하는 압력을 조절하기 위해 만들어진 장치이다. 일반적으로 난방시스템이나 온수 공급 시스템에 설치되며 안전과 효율성을 유지하는 역할을 한다.

Section 3 급탕설비

1 급탕설비

가스, 기름과 같은 열원을 이용하여 온수를 만들고 주로 주거용 건물이나, 공공시설 등 필요한 곳에 온수를 공급하는 역할을 한다.

① 목욕용, 세정용, 식수용 등 온수가 필요되는 다양한 용도로 사용된다.

② 일반적인 급탕온도는 60~70℃로 사용한다.

③ 급탕부하의 계산공식은 $Q = G \times C \times \Delta t$ 이다.

[Q : 급탕부하(kcal/h)] [G : 급탕량(kg/h)] [C : 비열(kcal/kg℃)] [△t : 온도차(℃)]

④ 급탕방식에는 개별식, 중앙식, 태양열급탕식 등이 있다.

Chapter 2 증기설비와 온수설비의 설치 및 관리

Section 1 기수분리기 및 비수방지관

1 기수분리기

수관 보일러에 있어, 기수드럼 속에서 생기는 증기 내의 수분을 분리하고 순수 증기만을 과열기로 공급하여 설비의 고장을 방지해 최대 효율을 유지 시켜주는 역할을 한다.

2 기수분리기의 종류

① 사이클론형 : 원심 분리기를 사용한다.

② 스크러버형 : 파형의 다수 강판을 조합한다.

③ 건조 스크린형 : 금속망을 이용한다.

④ 배플형 : 급격한 증기 방향전환을 이용한다.

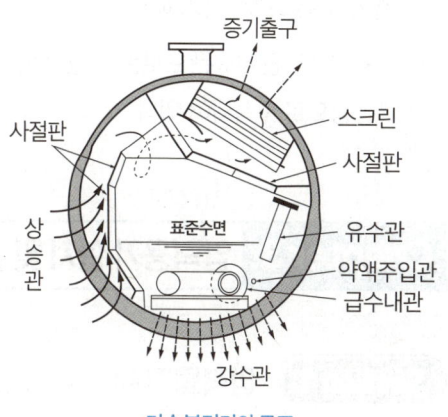

기수분리기의 구조

3 비수방지관

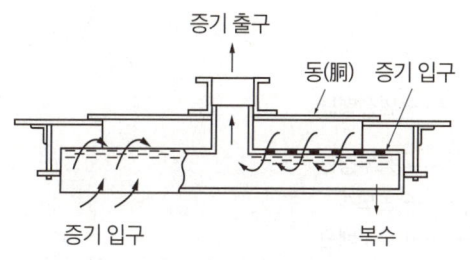

비수방지관의 구조

드럼의 증기실 꼭대기로부터 직접증기를 인출하면, 그 부근에 특히 비등이 심하게 되며 프라이밍을 일으켜 물방울이 섞인 증기가 인출되기 쉽다. 그래서 프라이밍의 예방과 건조한 증기를 인출하기 위해 그림과 같이 윗면에만 다수의 구멍을 뚫은 대형관을 증기실 꼭대기에 부착하여 상부로부터 증기를 평균적으로 인출하고, 또한 증기 속의 물방울은 하부에 뚫린 구멍으로부터 보일러수 속으로 떨어지도록 한 것. 원통 보일러에 있어서 건증기를 인출하는 장치로서 이용된다.

Section 2 증기밸브, 증기관 및 감압밸브

1 증기밸브

보일러에 생기는 증기의 유입과 배출을 제어하는 장치이다.

2 증기관

보일러에 생기는 증기를 사용처까지 공급하기 위한 배관의 총칭으로 보일러부터 증기관 헤더까지 증기를 공급한다.

3 감압밸브

보일러에 생기는 증기의 압력을 낮추기 위해 사용하며, 저압측의 압력을 일정하게 유지시켜준다.

- 감압밸브 종류 : 피스톤식, 다이어프램식, 벨로즈식, 스프링식, 추식, 타력식 등이 있다.

Section 3 증기헤더 및 부속품

1 증기헤더

보일러에 생기는 증기를 한곳에 모아 증기를 정치하거나, 사용처가 필요한 곳에 증기를 공급할 수 있게 하는 설비기기로 스팀분배기라고 한다. 사용처에 공급 차단이 용이하고 수요에 대응이 쉬우며 불필요한 증기가 공급되지 않기 때문에 열손실을 방지할 수 있다.

- 대표적인 부속품으로는 스팀밸브, 드레인밸브, 압력계, 분기밸브 등으로 구성되어 있다.

증기헤더

Chapter 3 압력용기 설치 및 관리

Section 1 압력용기 구조 및 특성

1 압력용기

용기 내부가 대기압을 초과하여, 일정한 기체 또는 액체의 압력을 받는 밀폐용기이다.

2 압력용기의 구조

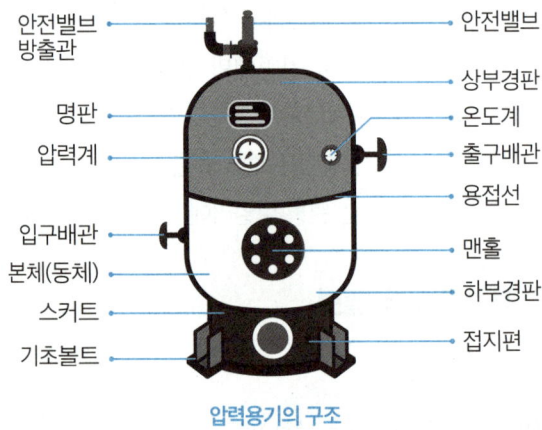

압력용기의 구조

3 압력용기의 종류

① **열교환기** : 서로 온도가 다르며, 고체벽으로 분리된 두 유체 사이에서 열교환을 수행하는 장치이다.

② **탑조류** : 비등점의 차이가 있는 액체 혼합물을 가열 또는 기화시켜 각 성분을 분리하기 위한 장치이다.

③ **구형탱크** : 내압력에 대한 강도가 크고 경제적이며, 압축가스나 저온액화가스 저장용으로 사용된다.

④ **반응기** : 반응물질을 첨가(투입)하여 원하는 화합물로 만들기 위한 용기이다.

⑤ **저장용기** : 공정에서 필요한 연료, 중간 제품 또는 부대설비 등을 저장하는 용기이다.

Chapter 4 열교환장치 설치 및 관리

Section 1 과열기 및 재열기

1 과열기

보일러에서 발생한 습포화증기의 압력을 일정하게 유지하고 온도를 높여 과열증기를 만드는 장치이다.

2 과열기의 형식(종류)

① **병류식** : 증기와 열가스의 흐름이 같으며, 연소가스에 의한 관 손상이 적으며, 효율이 낮다.

② **향류식** : 증기와 열가스의 흐름이 서로 반대이며, 연소가스에 의한 관 손상이 크고 효율이 좋다.

③ **혼류식** : 병류식과 향류식의 혼합으로 연소가스에 의한 관손상이 낮으며, 효율도 좋다.

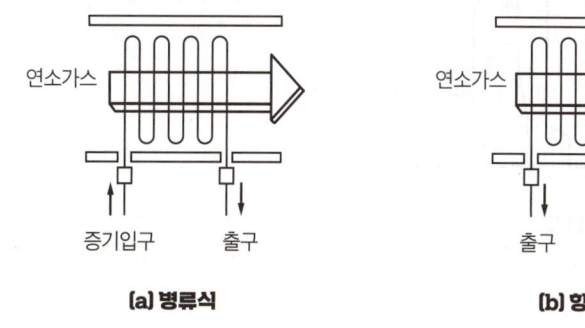
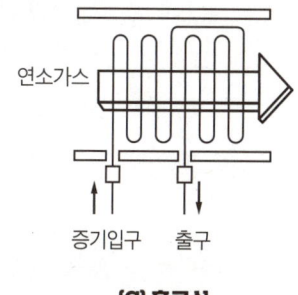

과열기의 종류

3 과열기의 장점과 단점

(1) 과열기의 장점

① 열 효율을 증가시켜, 적은 증기로 많은 열을 얻을 수 있다.

② 수격작용을 방지하며, 마찰저항을 감소시킨다.

③ 장치 부식을 방지한다.

(2) 과열기의 단점

① 표면의 일정온도 유지가 곤란하다.

② 가열시 열손실이 증가되며, 가열장치에 열응력이 발생 된다.

③ 표면에 고온부식이 발생 되어 제품의 손상 우려가 있다.

4 재열기

고압터빈에서 포화상태가 되어 온도가 낮아진 증기를 재가열하고 과열도를 높여 연료 소비를 줄이고 열 효율을 높이는데 도움을 주는 역할을 한다.

Section 2 급수예열기(절탄기)

1 급수예열기(절탄기)의 역할

보일러 연돌로 배출되는 연소가스 여열을 이용하여 급수를 예열시키는 장치로 연도 입구쪽에 설치가 된다.

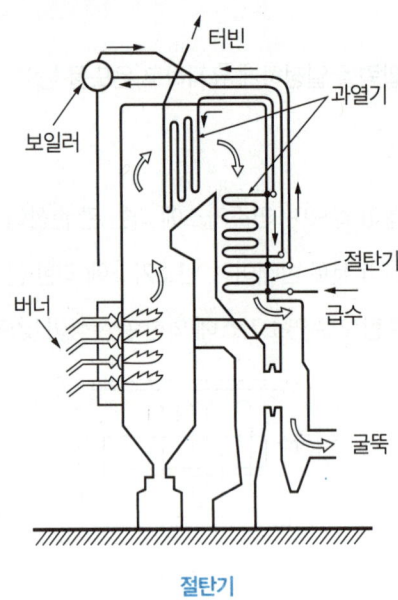

절탄기

2 급수예열기(절탄기) 형식

① **부속식** : 각각의 보일러 연도 중에 설치되는 형식이다.

② **집중식** : 여러 보일러 공통으로 사용할 수 있고 배기가스로 집중 가열하는 방식이다.

3 급수예열기(절탄기) 장점과 단점

(1) 절탄기의 장점

① 열 효율을 증가시켜, 보일러 증발능력을 증가시킨다.

② 내부 열응력 발생을 방지한다.

③ 급수 중 불순물을 제거 할수 있다.

(2) 절탄기의 단점

① 통풍력이 감소된다.

② 연소가스의 마찰손실이 발생된다.

③ 진한황산에 의한 저온부식이 발생되기 쉽다.

Section 3 공기예열기

1 공기예열기의 역할
보일러 연돌로 배출되는 연소가스 여열을 이용하여 연소용 공기를 예열시키는 장치로 연도에 설치가 된다.

2 공기예열기 형식
① **증기식** : 증기를 이용하여 2차 공기를 예열하는 것으로 부식 우려가 없다.

② **전열식** : 열교환기를 이용한 것으로 관형과 판형이 있다.

③ **재생식** : 배기가스와 연소공기를 열교환하여 예열을 한다.

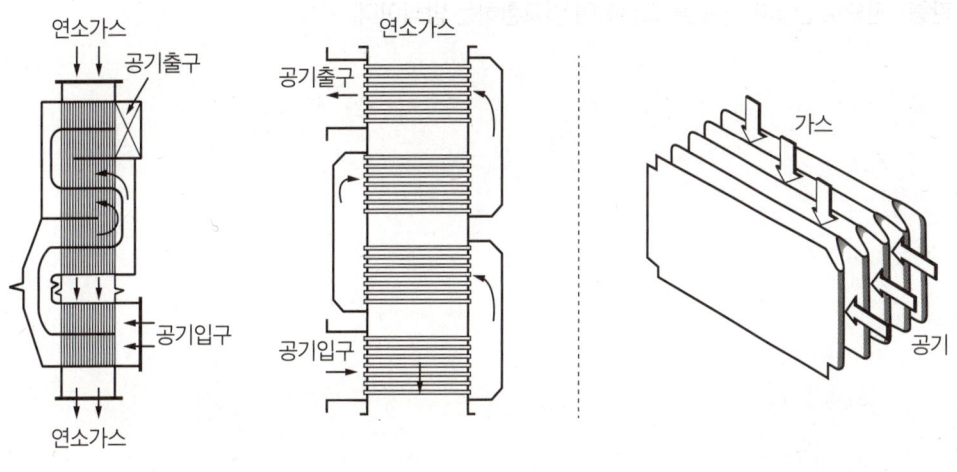

(a) 관형 공기예열기 **(b) 판형 공기예열기**

전열식 공기예열기의 종류

3 공기예열기 장점과 단점

(1) 공기예열기의 장점

① 보일러 열효율이 향상되어 전열효율과 연소효율을 향상시킨다.

② 불완전 연소가 감소되고, 연료의 완전연소가 가능하다.

③ 저품질 연료에도 사용할 수 있다.

(2) 공기예열기의 단점

① 통풍저항이 증가되어 통풍력이 저하된다.

② 저온부식이 발생되는 원인이다.

③ 연도의 점검, 청소가 곤란하다.

Section 4 열교환기

1 열교환기의 역할
공기와 다른 유체 사이의 열을 전달하여 냉각, 가열, 응축, 증발 등 여열 회수의 목적으로 사용된다.

2 열교환기 형식
① **단관식** : 하나의 관으로 이루어진 형식으로, 탱크형, 스파이럴형 등이 있다.

② **다관식** : 내부의 저온물질과 고온물질을 통과시켜 열교환 방식으로 사용된다.

③ **이중관식** : 이중관으로 만들어 각각의 유체를 통과시키는 열교환 방식이며 고압용으로도 제작이 가능하다.

④ **판형** : 판으로 만들어진 것을 조립하여 열교환하는 방식이다.

제3장 보일러 부속설비 설치 및 관리

Chapter 1 보일러 계측기기 설치 및 관리

Section 1 압력계 및 온도계

1 압력계

일정한 면적에 작용하는 힘의 양으로, 압력이라는 특정 단위로 변환하여 압력을 측정한다. 설치 시에는 최소 2개 이상을 해야 하며, 범위는 최고 사용압력의 1.5배 이상 3배 이하이다.

2 압력계 종류

(1) **액주를 이용한 압력계** : 액주식 압력계, 링 밸런스식 압력계

(2) **침종을 이용한 압력계** : 침종식 압력계

(3) **탄성 변위량 이용한 압력계** : 부르동관 압력계, 벨로즈 압력계, 다이어프램 압력계

(4) **물리적 현상 이용한 압력계** : 기체 압력계, 전기저항식 압력계, 압전기식 압력계

3 압력계 연결관

(1) **강관** : 안지름이 12.7mm 이상

(2) **황동관 및 동관** : 안지름이 6.5mm 이상 (단, 증기의 온도가 210℃가 넘으면 사용할 수 없다)

(3) **사이폰관**

① 안지름이 6.5mm 이상

② 고압의 증기가 부르동관 내에 침입하지 못하도록 보호하기 위해 설치한다.

4 온도계

보일러에 사용되는 온도계는 주로 물이나 증기를 측정하며, 보일러 제어 및 모니터링을 위해 사용된다. 측정 단위로는 섭씨나 화씨 단위를 온도로 표시한다.

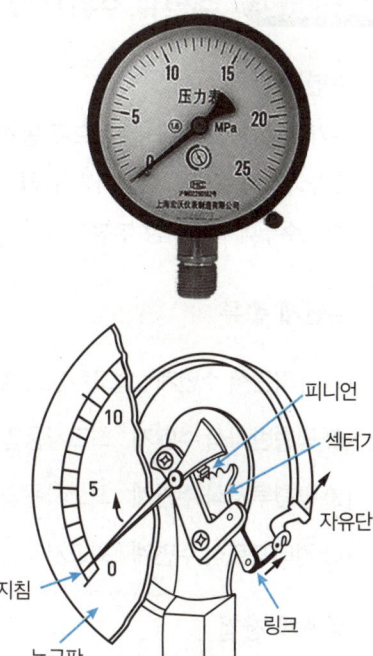

부르동관 압력계

5 온도계 종류

(1) **접촉식 온도계** : 팽창식 온도계, 저항 온도계, 열전대 온도계
  - **특징** : 측정온도의 오차가 작다, 측정시간이 상대적으로 많이 소요된다.

(2) **비접촉식 온도계** : 색 온도계, 방사 온도계, 광고 온도계, 광전관식 온도계
  - **특징** : 이동하는 물체의 온도도 측정할 수 있다. 고온측정이 가능하다.

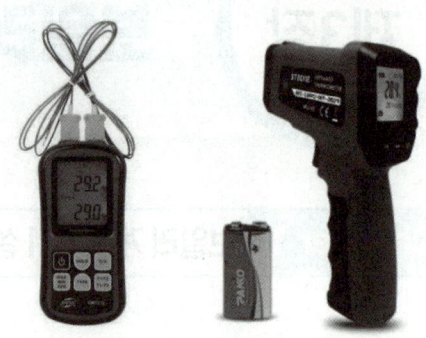

열전대 온도계 / 방사 온도계

Section 2 수면계, 수위계 및 수고계

1 수면계

증기보일러에 설치되는 것으로 동체 내부의 수위를 지시하고 감수로 인한 안전사고를 예방하며 드럼 내부의 프라이밍과 포밍을 측정하기 위해 설치된다. 설치 위치로는 수면계 유리관의 최하부가 안전 저수면과 일치되게 하며 수주에 2개 이상 부착한다.

2 수면계 종류

(1) **유리관식 수면계** : 최고사용압력 $10[kgf/cm^2]$ 이하에 사용된다.

(2) **평형반사식 수면계** : 최고사용압력 $25[kgf/cm^2]$ 이하에 사용된다.

(3) **평형투시식 수면계** : 최고사용압력 $45[kgf/cm^2]$ 이하와 $75[kgf/cm^2]$ 이하가 있다.

(4) **멀티포트식 수면계** : 최고사용압력 $210[kgf/cm^2]$ 이하에 사용된다. (초고압용)

3 수면계 점검

(1) 수면계의 점검시기
  ① 보일러를 가동하기 전과 압력이 상승하기 시작할 때
  ② 두 조의 수면계의 수위가 차이가 날 때
  ③ 수위의 움직임이 없고 수면계의 수위가 의심스러울 때
  ④ 보일러 운전 중 프라이밍 포밍 현상이 발생하거나 수면계 교체 시

(2) 수면계의 점검순서

① 물 밸브와 증기 밸브를 닫은 후, 드레인 밸브를 연다.

② 물 밸브를 열고 관수를 분출시킨 후에 닫는다.

③ 증기 밸브를 열고 분출시킨 후에 닫는다.

④ 드레인 밸브를 닫은 후, 증기밸브를 천천히 연다.

⑤ 물 밸브를 열고 수위 상태확인 후에 증기밸브를 닫는다.

(3) 수면계의 파손원인

① 상하 너트 조임이 심할 때

② 외부로부터 충격을 받았을 때

③ 상하의 바탕쇠 중심선이 일치하지 않았을 때

④ 장기간 사용으로 노후화가 되었을 때

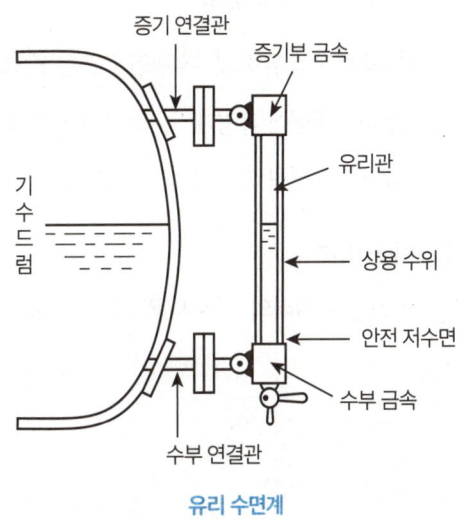

유리 수면계

Section 3 수량계, 유량계 및 가스미터

1 수량계

특정 유체가 흐르는 양을 측정하고 시간당 흐르는 유체의 양을 척도로 측정한다.

2 유량계

시간당 유체가 얼마나 빠르게 흐르는지를 측정하고 시간당 통과하는 유량을 측정하는 장치이다.

3 차압식 유량계 종류

(1) **벤투리 유량계** : 고형물을 함유한 유체에 적합하고 압력손실이 적으며, 내구성 또한 뛰어나며 대유량의 측정이 가능하다.

(2) **오리피스 유량계** : 구조가 간단하고 반영구적으로 사용이 가능하며, 액체, 증기 등의 유량측정이 가능해 넓은 온도와 압력에서의 측정이 가능하다.

(3) **플로노즐 유량계** : 소량 고형물이 포함된 유량측정이 가능하고 고온, 고압 유속 유체에도 측정이 가능하다.

4 용적식 유량계 종류

(1) **오벌기어식 유량계** : 기어의 회전이 유량에 비례되는 것을 이용한다.

(2) **루트식 유량계** : 회전력으로 유량이 비례되는 것을 이용한다. (기어가 없다)

(3) **로터리피스톤식 유량계** : 피스톤을 구동시켜 유량계 지시부 쪽 신호를 전달한다.

(4) **가스미터식 유량계** : 가스의 용적 변화를 측정하는 것을 이용한다.

(5) **원판형식 유량계** : 원판이 유체 유속에 따라 회전하는 것을 이용한다.

5 면적식 유량계 종류

(1) **플로트식 유량계** : 유체의 흐르는 압력과 플로트에 작용되는 역학적인 관계로 측정한다.

(2) **피스톤형식 유량계** : 유체의 흐름에 이동하는 피스톤의 거리를 측정한다.

(3) **게이트형식 유량계** : 유체의 흐름이 지나가는 특정 구간의 크기를 조절하여 측정한다.

6 가스미터

가스용 보일러의 가스 사용량을 측정한다.

디지털 가스미터

Chapter 2 보일러 환경설비 설치

Section 1 집진장치의 종류와 특성

1 집진장치의 종류

종류	형식	세부형식
건식 집진장치	중력식 집진장치	중력 침강식, 다단 침강식
	여과식 집진장치	원통식, 평판식, 역기류 분사식, 백필터, 표면여과식, 내면여과식
	관성식 집진장치	충돌식, 반전식
	원심력식 집진장치	사이클론식, 멀티클론식, 블로우다운식
	음파식 집진장치	음파식
습식 집진장치	유수식 집진장치	전류형 스크레버식, 로터리 스크레버식, 피보 디스크레버식
	회전식 집진장치	임펄스 스크레버식, 타이젠 와셔식
	가압수식 집진장치	벤투리 스크러버식, 사이클론 스크러버식, 제트 스크러버식, 충전탑
전기식 집진장치	전기식 집진장치	코트렐식 집진장치

2 집진장치의 특성

(1) **건식 집진장치** : 가스 중의 분진을 물을 사용하지 않고 배기가스 상태 그대로 포집하는 장치이다.

(2) **습식 집진장치** : 함진 배기가스를 액방울 또는 액막에 충돌시켜 매진을 포집하는 장치이다.

(3) **전기식 집진창치** : 집진 효율이 매우 높으며 미세입자의 제거가 가능하고 압력손실이 적다.

Section 2 매연 및 매연 측정장치

1 매연

대기 중에 존재하는 미세한 입자로, 먼지와 같은 미세한 입자를 말한다. 주로 공장이나 생활 속에서 발생이 되며 대기오염의 주요 원인이며, 호흡기에 안 좋은 영향을 미칠 수 있다.

2 매연 측정장치의 목적 (링겔만 매연농도)

배출되는 연기의 색깔을 측정하여 공기량을 조절하고, 또 연소상태를 좋게 하기 위해 매연농도를 측정하여 환경보호의 목적으로 사용된다.

3 링겔만 매연농도 측정방법

(1) 매연 농도표를 관측자로부터 16m 떨어진 상태로 수직으로 배치한다.

(2) 관측자는 연돌 출구에서 30~40m 떨어진 곳에서 측정 한다.

(3) 관측자는 연기의 농도와 링겔만 농도표를 비교한다.
- 농도표의 종류는 (0~5번까지) 총 6종으로 구분한다.

번호	농도	연기색
0	0%	백색
1	20%	옅은 회색
2	40%	회색
3	60%	옅은 흑색
4	80%	흑색
5	100%	진한 흑색

4 농도율 계산공식

① 총매연농도치 = 농도번호 × 측정시간(분)

② 매연 농도율 = $\dfrac{20 \times 총매연농도치}{측정시간(분)}$ %

5 매연 발생의 원인

(1) 공기량 부족할 때

(2) 통풍력이 지나치게 높을 때

(3) 연소실이 작거나 연소실의 온도가 낮을 때

(4) 연료 중에 수분이 많고 슬러지가 많을 때

(5) 연료를 잘못 사용하였을 때

(6) 기름연료 사용 시, 예열온도가 부적당할 때

Chapter 3 기타 부속장치

Section 1 분출장치

1 분출장치의 종류와 특징

(1) **수면분출장치** : 관수 중의 부유물이나, 유지분(거품)을 배출하기 위해 사용하는 취출장치이다.

(2) **수저분출장치** : 수중의 침전물(슬러지)나 침전물을 배출하기 위해 사용하는 취출장치이다.

2 분출장치의 목적

(1) 관수의 불순물 농도를 한계치 이하로 유지한다.

(2) 슬러지나 부유물 등을 배출하고 스케일 생성을 방지한다.

(3) 프라이밍 포밍을 방지하고 고수위를 방지한다.

3 분출장치의 시기

(1) 보일러 가동하기 전이나 보일러 부하가 가장 가벼울 때

(2) 비수현상이나 보일러수의 농축이 안정될 때

(3) 프라이밍 포밍을 발생하고 고수위일 때

　① **프라이밍** : 보일러 운전시 압력의 변화나 온도상승으로 인해 증기발생시 물방울이 수면위로 튀어오르는 현상이다.

　② **포밍** : 보일러 관수중에 용존고형물, 농축, 유지분, 부유물에 의해 증기발생시 거품이 일정한 상태로 발생하는 현상이다.

　③ **캐리오버(기수공발)** : 발생증기 중에 물방울이 포함되어 송기되는 현상이다.

4 프라이밍 조치사항

(1) 연료나 소요공기량을 서서히 줄이고, 주증기밸브를 차단하여 수위를 안정시킨다.

(2) 계측기기를 점검한다.

(3) 급수 및 분출을 반복한다.

(4) 비수방지관이나 기수분리기가 작동 점검한다.

(5) 1년에 2회 이상 수질분석을 실시한다.

5 포밍 조치사항

(1) 증기밸브를 닫고 수위를 안정시킨다.

(2) 수면분출을 실시하여 관수의 농축을 방지한다.

(3) 수면계를 점검한다.

(4) 보일러수의 온도를 급격하게 올리지 않는다.

6 캐리오버 (기수공발) 조치사항

(1) 압력을 규정압력으로 유지한다.

(2) 수면이 비정상적으로 높게 유지되지 않도록 한다.

(3) 보일러수에 포함되어있는 불순물을 제거한다.

Section 2 수트 블로어 장치

1 수트 블로워

보일러 전열면 외측이나 수관 주위에 그을음, 재가 생기게 되면 열전달을 방해 하게 된다. 하지만 문제가 생기기 전에 불어내어 열전달을 효과적이게 할 수 있도록 해주는 장치이다.

2 수트 블로워 종류

(1) 롱 리트렉터블(장발형) : 과열기와 같은 고온의 열가스가 통하는 곳에 사용된다.

(2) 숏 리트렉터블(단발형) : 분사관이 짧고 1개의 노즐로 연소로 벽 전열면에 사용된다.

(3) 회전(로터리형) : 절탄기에 주로 설치하고 정지된 상태로 회전하는 분사관으로 증기가 분사된다.

3 수트 블로워 사용 시 주의사항

(1) 그을음 제거를 하기 전에 내부의 응측수를 제거한다.

(2) 부하가 50% 이하이거나 소화 후에는 사용을 금지한다.

(3) 분출 시에 흡입통풍을 늘린다.

(4) 분출 횟수는 연료 종류나 위치에 따라서 다르다.

제4장 보일러 안전장치 정비

Chapter 1 보일러 안전장치 정비

Section 1 안전밸브 및 방출밸브

1 안전밸브

보일러 내부의 압력이나 온도가 과도하게 상승되어 이상 감지되었을 때 작동하는 안전장치이며, 종류로는 스프링식, 복합식, 레버식, 중추식이 있다.

2 안전밸브 특징

(1) 보일러 증기부에 직접 부착 설치된다.

(2) 항상 2개 이상 부착을 원칙으로 한다.
- 보일러의 전열면적이 50m² 이하이면 1개 이상 설치도 가능하다.

(3) 고압이나 이동용 보일러에는 스프링식을 사용한다.

(4) 안전밸브는 대부분 스프링식이다.

(5) 안전밸브의 관경은 25mm 이상이어야 한다. 단,
  ① 최고사용압력 0.1MPa 이하의 보일러
  ② 최고사용압력 0.5MPa 이하이며 동체 안지름이 500mm 이하, 동체길이 1000mm 이하 보일러
  ③ 최고사용압력 0.5MPa 이하이며 전열면적이 2m² 이하 보일러
  ④ 최대증발량이 5t/h 이하의 관류보일러
  ⑤ 소용량 강철제 보일러

일 때는 20mm 이상으로 사용할 수 있다.

3 안전밸브 구비조건

(1) 분출압력에 대한 작동이 확실하고 분출 전 증기가 누설되지 않게 할 것

(2) 증기 압력이 정상화되면 즉시 증기의 분출을 멈출 것

(3) 압력이 초과되기 전에 증기 분출이 없을 것

(4) 안전밸브 지름과 양정이 충분할 것

(5) 설정압력과 정상압력 이상에서의 증기를 완전히 방출할 수 있을 것

(6) 안전밸브의 개폐동작이 안정적일 것

4 증기 분출량의 종류와 특징

(1) **저양정식** : 양정이 밸브시트 관경 지름의 1/40 이상, 1/15 미만의 것

(2) **고양정식** : 양정이 밸브시트 관경 지름의 1/15 이상, 1/7 미만의 것

(3) **전양정식** : 양정이 밸브시트 관경 지름의 1/7 이상의 것

(4) **전량식** : 관경이 목부 지름의 1.15배 이상의 것

Section 2 방폭문 및 가용마개

1 방폭문 특징

불완전 연소가 이루어지면 연소실에 잔류가스가 많이 발생되고, 이 상태로 점화를 하게 되면 가스폭발에 의한 역화가 발생한다. 이것을 방지하고자 연도 후부에 방폭문을 설치한다. 또한 실내 압력이 비정상적으로 상승되었을 때 작동되어 보일러 파손을 방지하는 역할을 한다.

2 방폭문 종류

(1) **개방식(스윙식)** : 연소실 내에 압력이 낮은 자연통풍 방식이다.

(2) **밀폐식(스프링식)** : 연소실 내에 압력이 높은 압입통풍 방식이다.

3 가용마개 특징

내부연소식 보일러가 과열되게 되면 노통의 문제가 발생되고, 파열이 발생하게 되는데, 이 문제를 방지하고자 노통상부에 가용마개가 설치된다. 작동 시 연소실에 연소를 차단하게 하여 보일러 이상 감수에 따른 과열사고를 방지하는 역할을 한다.

Section 3 저수위 경보 및 차단장치

1 저수위 경보장치 특징

보일러의 수위가 안전저수위 가까이 낮아지게 될 때 1차적으로 경보를 울리게 하고 2차적으로 연료를 차단하고 이상감수로 인한 안전사고를 방지하는 역할을 한다.

2 저수위 경보장치 종류

(1) **기계식** : 플로트의 위치 변위를 이용하여 밸브를 작동시키고 경보가 울린다.

(2) **플로트식** : 플로트의 위치 변위를 따라서 수은 스위치를 작동시킨다.

(3) **전극식** : 보일러 수의 전기전도성을 이용하여 작동시킨다.

3 차단장치

보일러 운전 중에 이상감수나 압력초과, 불착화 발생 시에 연료공급을 즉시 차단하여 사고를 방지하는 역할을 한다.

Section 4 화염검출기 및 스택스위치

1 화염검출기 특징

보일러 연소실 내의 연료의 누설과 같은 문제가 포착되면 연료를 즉시 차단하여 가스폭발을 방지하는 역할을 한다.

2 화염검출기 종류(스택스위치)

(1) **스택스위치** : 화염의 발열 현상을 이용한 바이메탈 온도 스위치로, 버너의 점화 여부에 따라서 전기회로가 응답하게 되고, 자료를 조절부로 보낸다. 다만 검출의 응답이 느리고 정지시간이 비교적 많이 걸려 소용량 보일러에 적합하다.

(2) **플레임아이** : 화염의 발광체를 이용하여 화염의 방사선을 감지하고, 입사광의 에너지를 광전단에서 포착하여 자료를 조절부로 보낸다. 즉 방사선과 적외선을 이용하여 화염의 유무를 검출한다.

(3) **플레임로드** : 화염의 이온화 현상에 의한 전기전도성을 이용하여 화염의 유무를 검출한다.

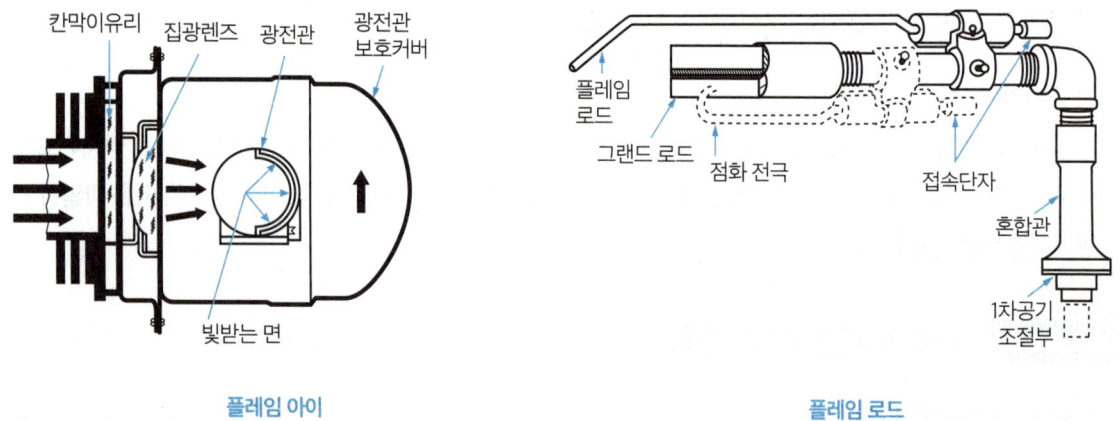

플레임 아이   플레임 로드

Section 5 압력제한기 및 압력조절기

1 압력제한기

보일러 증기 압력이 최고사용압력 도달 시 정지신호를 연료 조작부로 보내어 연료를 차단하고 보일러를 보호하는 장치로서 증기압력 조절기와 연동시켜 사용한다.

2 압력조절기

보일러 증기 압력을 검출하여 사용 변화에 따라 자동 컨트롤하고, 공기량과 연료량을 조절하여 적정한 운전상태를 유지하도록 한다. 보일러의 압력에 관한 안전장치 설정압력 순서는 압력조절기→압력제한기→안전밸브이다.

Section 6   배기가스 온도 상한스위치 및 가스누설긴급 차단밸브

1 배기가스 온도 상한스위치

연돌로 배출되는 배기가스의 온도가 너무 높거나 낮을시 전열면에 고온부식과 저온부식이 발생하게 되는데 이러한 문제를 방지하고자 적정온도로 설정 조절하여 문제가 발생하지 않도록 한다.

2 가스누설긴급 차단밸브

보일러 운전 중 이상감수나 압력초과, 불착화 발생 시에 긴급하게 연료를 차단하는 밸브로, 저수위경보기, 화염검출기 등이 연결되어 있다.

Section 7   추기장치

1 추기장치

보일러 난방시스템에서 발생하는 연기나 냄새를 배출하는 장치로, 보일러가 효율적으로 작동하고 안전하게 사용될 수 있도록 하고, 내부 공기를 외부로 배출하여 공기가 신선하게 유지되도록 한다. 또한 연기와 유해한 가스를 실외로 배출하여 실내 환경을 보호하는 역할을 한다.

2 가스퍼지

장치 내에 혼입된 불응축가스를 제거하는 장치이다.

Section 8   기름저장탱크 및 서비스탱크

1 기름저장탱크 특징

보일러 사용하는 연료를 저장하는 탱크이며, 사용하는 보일러의 기름을 저장하고 필요할 때 보일러에 공급하는 역할을 합니다. 일반적으로는 지상과 지하에 설치되어 있고, 탱크의 크기는 보일러의 연료 소비량과 보관 공간에 따라 다르며, 보일러가 원활하게 작동할 수 있도록 연료를 안전하게 저장하고 보관하는 중요한 부품이다.

2 서비스탱크 특징

중유의 예열 및 교체를 쉽게 하도록 설치하며, 보일러 버너의 최대연료 소비량의 2~3시간 사용량을 저장하고 예열온도는 60~70℃이다. 설치 위치로는 보일러 외측에서 2m 이상의 간격을 두고 버너 중심(선단)에서 1.5~2m 이상 높게 설치하여야 한다.

Section 9 기름가열기 기름펌프 및 여과기

1 기름가열기(오일프리히터)
기름의 점도를 낮추어 무화효율 및 연소효율을 높이기 위해 설치되며, 연료의 유동성을 증가시켜주고 완전연소에 도움을 주어 분무상태를 양호하게 한다. 예열온도는 80~90℃이다.

2 기름펌프
보일러 기름저장탱크에서 연료를 끌어와 보일러로 공급하는 장치이며, 일정한 압력을 유지하여 연료가 보일러로 정확하게 공급될 수 있도록 한다. 또한 일반적으로 전동 모터나 기계식 장치를 사용하여 작동하며, 연료의 유동성과 안정성을 보장한다.

3 여과기
보일러 내에 기름의 불순물과 먼지 등을 걸러내어 장치의 마모 및 손상을 방지하고 연료를 깨끗하게 유지하는 장치이며, 연료가 보일러로 이동하는 과정에서 발생할 수 있는 불순물을 제거하여 보일러의 성능을 유지하고 오염을 방지하는 역할을 한다. 또한 주기적으로 점검하고 필요에 따라 교체하여 보일러가 원활하게 작동할 수 있도록 해야 한다.

Section 10 증기 축열기 및 재증발탱크

1 증기 축열기 특징
"스팀 어큐뮬레이터"라고도 하며, 보일러에서 발생한 잉여 증기를 물탱크에 저장하고 온수로 만든 후 다시 부하가 증가되면 저장된 물을 방출하여 증기의 과부족이 없도록 공급하기 위한 장치이다.

2 증기 축열기 종류
(1) **변압식** : 증기계통에 설치하며 부하증가 시 저압의 증기로 공급한다.

(2) **정압식** : 급수계통에 설치하며 부하증가 시 축열기 내부 온수를 방출하여 보일러 드럼으로 급수하여 증기를 생산한다.

3 재증발탱크
보일러에 사용하는 물을 보충하고 유지하는 장치이며, 물 공급량이 일정하지 않거나 물이 증발하는 경우에 사용된다. 또한 물을 자동으로 보충하여 유지함으로써 항상 적절한 수준의 물을 유지할 수 있도록 하고, 과열이나 공기주입 등의 문제를 방지하는 데 도움이 된다.

제5장 보일러 열효율 및 정산

Chapter 1 보일러 열효율

Section 1 증발계수 및 증발배수

1 증발계수 및 증발배수 공식

연소효율에 전열효율을 곱한 값이다.

(1) 증발계수 : $\dfrac{증기엔탈피 - 급수엔탈피}{539}$

(2) 증발배수 : $\dfrac{실제증발량(kg/h)}{연료소모량(kg/h)}$

Section 2 전열면적 계산 및 전열면 증발율, 열부하

1 전열면적 공식

(d = 수관의 외경, l = 수관의 길이, n = 수관의 개수이다)

(1) 나관 : $A = \pi d\,l\,n$

(2) 반나관 $= \dfrac{\pi d\,l\,n}{2}$

2 전열면 증발율

1시간 동안 보일러 전열면적에 대한 실제 발생 증기량과의 비

(1) 전열면 증발율 $= \dfrac{실제증발량}{전열면적}$

3 전열면 열부하

1시간 동안 보일러 전열면적에 대한 증기 발생에 소요된 열량과의 비

(1) 전열면 열부하 $= \dfrac{실제증발량(습포화증기엔탈피 - 급수엔탈피)}{전열면적}$

Section 3   보일러 부하율 및 보일러 효율

1 보일러 부하율

1시간 동안 연료의 연소에 의해 실제로 발생되는 증발량과 최대연속 증발량과의 비

(1) 보일러 부하율 $= \dfrac{\text{실제 증발량}}{\text{최대연속 증발량}} \times 100$

2 보일러 종류별 효율 공식

(G_a : 실제증발량, G_e : 상당증발량, G_f : 연료소비량, G_w : 온수 발생량, H_l : 저위발열량, H_h : 고위발열량, h_2 : 포화증기 엔탈피, h_1 : 급수엔탈피)

(1) 증기보일러 효율 $= \dfrac{G_a(h_2 - h_1)}{G_f \cdot H_l} \times 100$

(2) 온수보일러 효율 $= \dfrac{G_w \cdot C \cdot \Delta t}{G_f \cdot H_l} \times 100$

(3) 열경제 효율 $= \dfrac{G_e \cdot 539}{G_f \cdot H_h} \times 100$

3 연소실 열발생율

1시간 동안 발생되는 열량과 연소실 면적의 비

(1) 연소실 열발생율 $= \dfrac{\text{연료사용량} \cdot \text{입열}}{\text{연소실 면적}}$

Chapter 2   보일러 열정산

Section 1   열정산 기준

1 열정산

보일러 내의 열의 흐름을 파악하여 효율을 향상시키고 조건을 개선하기 위한 목적으로 사용한다.

2 열정산 목적

(1) 조업 방법을 개선하기 위해

(2) 열손실을 파악하기 위해

(3) 열 설비의 성능을 파악하기 위해

(4) 열의 행방을 파악하기 위해

Section 2 입출열법에 의한 열정산

1 입출열법

(Q_s : 유효출열, L_h : 열손실 합계, $H_h + Q$: 입열합계)

(1) 입출열법 $= \dfrac{Q_s}{H_h + Q} \times 100$

Section 3 열손실법에 의한 열정산

1 열손실법

(Q_s : 유효출열, L_h : 열손실 합계, $H_h + Q$: 입열합계)

(1) 열손실법 $= \left(1 - \dfrac{L_h}{H_h + Q}\right) \times 100$

Chapter 3 보일러 용량

Section 1 보일러 정격용량

1 보일러 용량

정격 용량(kg/h) : 보일러가 정상적으로 작동할 때 최대한의 열의 양을 의미하며, 보일러가 한 시간 동안 발생시킬 수 있는 열에너지이다.

Section 2 보일러 출력 및 증발량

1 정격 출력

정격 출력(kcal/h) : 보일러가 정상적으로 작동할 때 최대한의 있는 열의 출력량을 의미하며, 보일러가 한 시간 동안 발생시킬 수 있는 열에너지이며 상용출력의 125%이다

2 증발량

(1) 실제증발량 : 급수량계에 의해 측정이 가능한 실제 발생한 증기량이다.

(2) 상당증발량 : 실제 증발량을 기준 증발량으로 환산한 증발량이다.

📝 공식

$$\text{상당증발량} = \dfrac{\text{실제증발량}(\text{습포화증기엔탈피} - \text{급수엔탈피})}{539}$$

3 보일러 마력

100℃의 물 15.65kg을 한 시간 동안 같은 온도의 증기로 변화시킬 수 있는 능력이다

> 📝 **공식**

$$보일러 마력 = \frac{상당증발량}{15.65} = \frac{실제증발량(습포화증기엔탈피 - 급수엔탈피)}{539 - 15.65}$$

제6장 보일러 설비 설치

Chapter 1 연료의 종류와 특성

Section 1 고체연료의 종류와 특성

1 연료의 구비조건

(1) 공기 중에 연소하기 쉬우며 발열량이 클 것

(2) 저장 운반 및 취급이 용이할 것

(3) 인체에 유해성이 없고 회분이 적으며, 공해도가 적을 것

(4) 단위용적당 발열량이 높을 것

(5) 가격이 저렴하고 안전성이 높을 것

2 고체연료

고체 상태로 존재하며, 공기 중에서 지속적으로 산화반응을 일으켜 빛과 열을 발생시킬 수 있고, 에너지원으로 사용되는 물질이다.

3 고체연료의 종류

(1) **1차연료** : 무연탄, 역청탄, 아역청탄, 갈탄, 목재, 통나무, 나무조각, 장작 등
  - 자연 상태에서 직접 채취하여 연료로 사용하는 것

(2) **2차연료** : 목탄, 미분탄, 코크스, 펠릿, 브리켓, 폐기물 고체연료, 토치오일 등
  - 원료를 물리적이나 화학적으로 변형하여 연료로 사용하는 것

4 고체연료의 특성

(1) 구입이 쉽고 가격이 저렴하다.

(2) 연소장치가 간단하고 취급 및 저장이 용이하다.

(3) 불순물이 많아 완전연소(처리)가 곤란하다.

(4) 연소 조절이 어렵고 매연 발생량이 많다.

(5) 연소효율이 비교적 낮고 고온을 얻기 곤란하다.

Section 2 액체연료의 종류와 특성

1 액체연료

액체 상태로 존재하며, 공기 중에서 지속적으로 산화반응을 일으켜 빛과 열을 발생시킬 수 있고, 에너지원으로 사용되는 물질이다.

2 액체연료의 종류

(1) **1차 연료** : 원유, 오일샌드, 식물성 기름, 천연가스 응축액 등
- 자연 상태에서 직접 채취하여 연료로 사용하는 것

(2) **2차 연료** : 휘발유(가솔린), 디젤(경유), 등유, 중유, 액화석유가스, 에탄올, 제트연료 등
- 원료를 정제하거나 화학적으로 변형하여 만든 연료

3 액체연료의 특성

(1) 품질이 균일하고 발열량이 높다.

(2) 회분이 적고 완전 연소가 가능하며, 연소 조절이 쉽다.

(3) 운반 및 저장, 취급이 용이하다.

(4) 일반적으로 황분이 많아 부식을 초래한다.

(5) 연소온도가 높아 화재나 역화의 위험이 크다.

Section 3 기체연료의 종류와 특성

1 기체연료

기체 상태로 존재하며, 공기 중에서 지속적으로 산화반응을 일으켜 빛과 열을 발생시킬 수 있고, 에너지원으로 사용되는 물질이다.

2 기체연료의 종류

(1) **1차 연료** : 천연가스, 생물가스, 광산가스 등
- 자연 상태에서 직접 채취하여 연료로 사용하는 것

(2) **2차 연료** : LPG, LNG, 합성천연가스, 합성가스, 수소 등
- 원료를 가공하거나 화학적으로 변형하여 만든 연료

3 기체연료의 특성

(1) 연소효율이 높고 완전연소가 가능하다.

(2) 연소조절 및 점화, 소화가 용이하다.

(3) 적은 공기비로 완전연소가 가능해 공해문제가 적다.

(4) 저장 및 수송이 어렵다.

(5) 가격이 비교적 비싸고 시설비가 많이 든다.

(6) 누설 시에 화재나 폭발의 위험이 크다.

Chapter 2 연료설비 설치

Section 1 연소의 조건 및 연소형태

1 연소
가연성 물질인 연료가 공기 중에 산소와 반응하여 빛과 열을 발생하는 화학반응이다.

2 연소의 3요소

(1) **연료** : 연소 과정에서 산소와 반응하여 열과 에너지를 생성하는 물질로, 고체, 액체 또는 기체 형태로 존재한다. 대표적인 연료로는 석탄, 천연가스, 휘발유, 나무, 알코올 등이 있다.

(2) **산소** : 연소 반응에서 연료와 반응하여 에너지를 생성하는 산화제 역할로, 공기의 대부분(약 21%)은 산소로 이루어져 있으며, 이산화탄소(CO_2)와 물(H_2O)가 생성된다.

(3) **점화원** : 연료와 산소를 반응시키는 데 필요한 초기 열 또는 에너지 공급원으로, 연료의 화염, 전기 스파크, 열, 마찰 등 여러 형태가 발생하여 열이 제공되면 연료와 산소의 혼합물이 점화되어 연소 과정이 시작된다.

3 연소의 형태

(1) **고체의 연소** : 고체의 물질인 연료가 산소와 화학반응으로 빛과 열을 내어 여러 가지의 복합적인 연소형태가 나타난다.

(2) **액체의 연소** : 액체의 물질인 연료가 산소와 화학반응으로 빛과 열을 내어 발생 된 증기가 연소하는 형태이다.

(3) **기체의 연소** : 기체의 물질인 연료가 산소와 화학반응으로 빛과 열을 내어 불꽃이 있으나 불티가 없이 연소하는 형태이다.

Section 2 연료의 물성

1 인화점
가연물을 가열하여 점화원 접촉하였을 때 연소가 되는 최저온도를 인화점이라고 한다. 인화점이 낮으면 위험성이 크고 높으면 위험성이 낮다.

2 발화점(착화점)
가연물이 점화원 없이 축적된 열로 연소를 시작하는 최저의 온도를 발화점이라 한다. 발화점이 낮은 물질일수록 위험성이 크고 높으면 위험성이 낮다.

Section 3 고체연료의 연소방법 및 연소장치

1 표면연소
가연물이 증발을 하지 않고 표면에서 산소와 반응하여 고온을 유지하고 가연성가스를 발생시키지 않으며 빨갛게 변하는 연소방법으로는 목탄, 코크스, 금속 등이 있다.

2 분해연소
착화에너지를 주어 가열분해가 되어 연소하는 것으로 휘발분이 있는 석탄이나 종이, 목재, 플라스틱 등이 있다.

3 증발연소
승화가 되는 특정 고체를 가열하면 가연성가스를 만들어 연소하는 것으로 파라핀, 왁스, 유황, 나프탈렌 등이 있다.

4 자기연소
가연성 고체 자체에 산소를 함유하고 있어 공기중의 산소를 사용하지 않고 내부 연소하는 것으로, 셀룰로이드류, 히드라진, 나이트로글리세린 등이 있다.

5 연소장치

(1) 화격자 연소장치 : 틈이 있는 화격자 위에 고체연료를 고르게 편 후에 공기를 불어 넣어 연소시키는 장치이다.

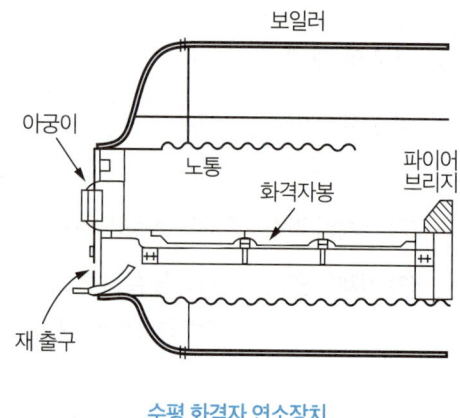

수평 화격자 연소장치

(2) **미분탄 연소장치** : 연료를 고압으로 분사하여 연료의 미립자를 만들고 고온 고압인 공기와 혼합하여 연소시키는 장치이다.

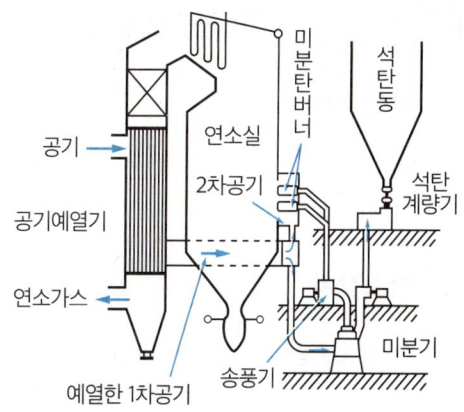

미분탄 연소장치

(3) **유동층 연소** : 화격자 연소와 미분탄 연소의 중간 형태로 유체를 하부로부터 불어 넣어 고체 입자층을 흡사 비등하고 있는 것과 같은 상태로 한 것이다.

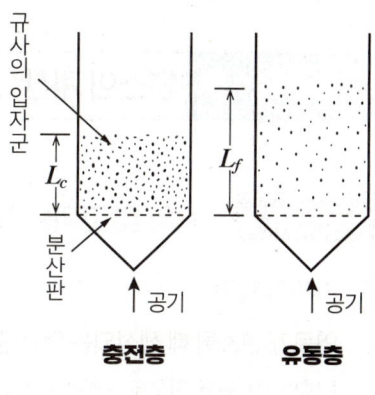

유동층 연소

Section 4 액체연료의 연소 방법 및 연소장치

1 증발연소

특정 액체가 액면에서 증발하면 가연성증기가 발생하게 되는데 그 증기가 착화되어 화염도 발생시키고 표면의 온도상승을 시켜 증발을 촉진하는 연소하는 것으로 알코올, 석유, 아세톤 등이 있다.

2 액적연소

점도가 높은 특정 액체물질을 가열하면 점도가 낮아지고 버너를 활용하여 입자를 안개 모양으로 분출해 표면적을 높여 연소하는 것으로 벙커C유 등이 있다.

3 연소장치

(1) **기화 연소장치** : 휘발성이 높은 연료를 연소하는 방식으로 포트식, 심지식, 증발식을 이용하여 연소시키는 장치이다.

(2) **무화 연소장치** : 점도가 높은 중유를 노즐에서 고속으로 분출시켜 미립화하고 표면적을 크게 하여 분산시켜 연소시키는 장치이다.

Section 5 기체연료의 연소방법 및 연소장치

1 확산연소
공기보다 가벼운 특정 기체물질을 이용하여 분출된 가연성 기체가 공기중에 연소 범위가 넓게 연소하는 것으로 아세틸렌, 수소 등이 있다.

2 연소장치
(1) **유도혼합식 버너** : 가스분출에 의한 흡인력이나 외기온도 차에 의한 통풍력을 이용한 연소장치로 직화식, 분젠식, 세미분젠식, 전1차공기식 등이 있다.

(2) **강제혼합식 버너** : 송풍기에 의한 연소용 공기가 압입되는 것으로 산업보일러(대용량)버너 등이 있다.

Chapter 3 연소의 계산

Section 1 저위 및 고위발열량

1 저위발열량
연료가 연소될 때 생성되는 열량 중에서 수증기의 열에너지를 고려하지 않은 값으로 수증기를 액체 상태로 반환하여 사용 가능한 열에너지로 간주하지 않는 것이다.

- 공식 : 저위발열량(Hl) = 고위발열량(Hh) − 600(9H + w)

2 고위발열량
연료가 연소될 때 생성되는 열량 중에서 수증기의 열에너지를 고려한 값으로 수증기가 액체 상태로 반환하여 사용 가능한 열에너지로 간주되는 것이다.

- 공식 : 고위발열량(Hh) = 저위발열량(Hl) + 600(9H + w)

Section 2 이론산소량

1 이론산소량
일정량의 오염물질을 완전 연소하기 위해 필요한 산소의 양으로, 오염물질이 완전 연소되어 이산화탄소와 물로 변환될 때 필요한 이론상의 산소량을 의미한다.

① 공식(원료의 산소가 있을 경우)

$$이론산소량(Oo) = 1.867C + 5.6\left(H - \frac{O}{8}\right) + 0.7S,$$

$$1.867C + 5.6H - 0.7(O - S)$$

② 공식(원료의 산소가 없을 경우) : 이론산소량(Oo) = 1.867C + 5.6H + 0.7S

Section 3 · 이론공기량 및 실제공기량

1 이론공기량
완전 연소를 위해 필요산소량을 공급하기 위한 필요공기의 양으로, 이론상 필요한 최소한의 공기량을 의미한다. 또한 연료와 공기가 이상적인 비율로 혼합되어 모든 연료가 완전히 연소되게 하고, 이산화탄소와 수증기로만 변환되는 것을 의미한다.

- 공식(고체 및 액체연료) : 이론공기량$(Ao) = 8.89C + 26.67(H - \frac{O}{8}) + 3.33S$

2 실제공기량
실제 연소를 위해 필요한 공기의 양으로, 완전 연소하기 위해서는 이론공기량보다 더 많은 양을 필요로 하는 게 특징이며 실제공기량 = 이론공기량 + 과잉공기량을 의미한다.

- 공식 : 실제공기량(A) = 공기비(m) × 이론공기량(Ao) = 이론공기량(Ao) + 과잉공기량

Section 4 · 공기비

1 공기비
연료와 공기의 혼합비를 나타내는 것으로 연료와 공기가 연소 과정에서 이상적인 조건의 혼합 비율을 의미한다.

- 공식 : 공기비$(m) = \dfrac{실제공기량(A)}{이론공기량(Ao)}$

Section 5 · 연소가스량

1 연소가스량
연료와 산소가 화학반응을 일으켜 다양한 가스가 생성되는 것으로 연소 과정에서 생성된 가스의 양을 나타내는 것을 의미한다.

- 공식 : 연소가스량(G) = (m − 1)이론공기량(Ao) + (이론연소가스량)

Chapter 4 · 통풍장치와 송기장치 설치

Section 1 · 통풍의 종류와 특성

1 자연통풍
연돌의 의한 통풍방식이며, 배기가스와 외부의 공기 밀도, 압력 차에 의해 통풍력이 발생되는 방식이다.

2 자연통풍의 특성

(1) 배기가스의 속도는 3~4m/s 정도이다.

(2) 내부 압력이 부압으로 형성되어 열손실이 증가된다.

(3) 통풍력이 약하며, 복잡한 열설비 사용이 부적당하다.

(4) 통풍력은 연돌의 높이, 배기가스 온도, 외기온도, 습도에 영향을 받는다.

3 강제통풍

송풍기를 이용한 인위적인 통풍방식이며, 배기가스의 온도에 영향을 받지 않아 보일러 효율을 증가시킬 수 있다. 종류로는 압입통풍, 흡입통풍, 평형통풍이 있다.

4 강제통풍의 특징

(1) 내부의 압력이 정압으로 유지된다.

(2) 송풍기의 고장이 적고 점검이나 보수가 편리하다.

(3) 통풍저항이 큰 대형 보일러에도 사용할 수 있다.

(4) 내부의 압력이 높아 주의가 필요하다.

(5) 비교적 설비비용이 많이 든다.

(6) 압입통풍의 배기가스의 속도는 8m/s 이하이다.

(7) 흡입통풍의 배기가스의 속도는 8~10m/s 정도이다.

(8) 평형통풍의 배기가스의 속도는 10m/s 이상이다.

Section 2 연도, 연돌 및 댐퍼

1 연도

보일러의 연소실에서 발생하는 연소가스를 굴뚝(연돌)으로 내보내는 통로로, 배기가스가 배출하는 통로이다.

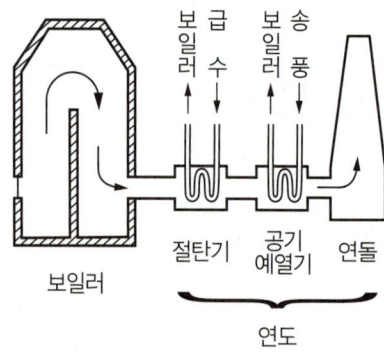

연도

2 연돌(굴뚝)

보일러의 연소실에서 발생하는 연소가스가 연도를 지나 배출되는 굴뚝이다.

3 연돌(굴뚝)의 목적과 특징

(1) 배기가스를 배출하게 하여 실내의 공기 오염을 방지한다.

(2) 효율적인 통풍력을 위하여 설치된다.

(3) 내부와 외부의 압력을 조절해주어 보일러 작동을 원활하게 한다.

(4) 외부에 대한 역풍을 방지한다.

4 댐퍼

보일러의 공기흐름과 연소가스의 흐름을 조절하는 장치로 통풍력을 조절하여 연소효율을 상승시키고 배기가스의 흐름을 조절할 수 있다. 종류로는 회전식 댐퍼, 승강식 댐퍼, 버터플라이 댐퍼, 다익 댐퍼 등이 있다.

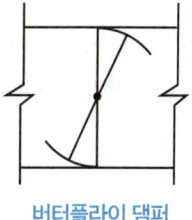
버터플라이 댐퍼

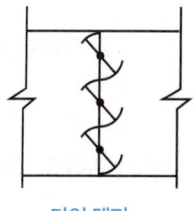
다익 댐퍼

Section 3 송풍기의 종류와 특성

1 원심식 송풍기의 종류와 특성

원심식 송풍기 : 세부적으로 터포형, 실로코형, 플레이트형이 있다.

① **터보형** : 후향날개를 16~24개 정도 설치한 형식으로 고압 대용량에 적합하고, 적은 동력으로 운전이 가능한 송풍기이다. 특징으로는 효율이 높고 소요동력이 적으며, 높은 풍압을 얻을 수 있어 압입통풍에 유리하다. 또한 향상이 크고 가격이 비싸다.

② **실로코형** : 대표적인 전향 날개 형태이며 다익 송풍기라고도 부른다. 회전차의 지름이 작고 소형 경량이다. 특징으로는 풍량이 많도 풍압이 낮으며 소요동력이 많이 필요해 효율이 낮다. 또한 제작비가 저렴하다.

③ **플레이트형** : 방사형 날개를 6~12개 정도 설치한 형식으로 특징으로는 풍압이 비교적 낮으며 효율은 비교적 높다. 또한 플레이트의 교체가 용이하며 흡입송풍기로 적당하다.

2 축류식 송풍기의 특성

축류식 송풍기 : 프로펠러형으로 고속운전에 적합하고 축 방향으로 공기가 유입되고 송출되는 방식이다. 특징으로는 환기나 배기 사용에 적합하고 흡입 송풍기로 적당하다. 또한 풍압이 낮으며 소음 발생이 심하다.

Chapter 5 부하의 계산

Section 1 난방 및 급탕부하의 종류

1 난방부하의 종류

난방부하 : 난방에 필요한 공급열량으로, 외부부하, 내부부하, 환기부하 등이 있다.

① 외부부하 : 외부 온도, 바람, 습도 등 기후 조건이 난방부하에 큰 영향을 미치고, 외부 온도가 낮을수록 난방부하가 증가한다. 또한 건물의 위치와 방향에 따라 난방부하가 달라질 수 있다.

② 내부부하 : 조명이나 가전제품, 사람 등 실내에서 발생하는 열이 난방부하에 영향을 미치고, 사람이 모여 있거나 전자기기가 많은 공간은 내부 열원이 높아 난방부하가 감소할 수 있습니다.

③ 환기부하 : 실내 공기 질 유지를 위해 환기 시스템이 가동될 때, 외부 공기가 유입되면서 난방부하가 증가할 수 있고, 환기량이 많을수록 외부의 차가운 공기가 실내로 들어와 난방부하가 커질 수 있다.

2 급탕부하의 종류

급탕부하 : 주로 건물 내에서 사용하는 급탕(온수)을 위해 가열할 열량이다. 대표적으로 쓰이는 곳은 가정, 상업, 산업 등이 있다.

① 가정용 : 샤워, 목욕, 설거지, 세탁 등

② 상업용 : 호텔, 레스토랑, 병원 등

③ 산업용 : 생산제조공정, 시설관리 등

Section 2 난방 및 급탕부하의 계산

1 난방부하의 계산

난방부하계산 : 실내 온도를 적정으로 유지하기 위하여 공급하는 열량이다.

① 방열기 방열량을 이용한 공식 : 난방부하 = EDR(상당발열면적) × q(표준방열량)

② EDR = 온수450[kcal/h·m^2], 증기650[kcal/h·m^2]

2 급탕부하의 계산

- 급탕부하계산 : 주로 취사용으로 사용되는 온수(급탕)를 가열하는데 소모되는 열량이다.
- 급탕부하공식 : G × C × (t_2 - t_1)

　　　　　G = 시간당 급탕량

　　　　　C = 온수의 비열

　　　　　t_2 = 급탕온도

　　　　　t_1 = 급수온도

Section 3 보일러의 용량 결정

1 보일러의 용량
난방부하를 기준으로 급탕부하, 배관부하, 예열부하 등을 고려하여 용량을 결정한다.

2 배관부하
난방 또는 급탕을 위해 설치된 배관의 내부와 외기와의 온도 차에 의한 손실열이다.

배관부하 $= K_1 \times F_1 \times \Delta t \times (1-\eta) = Q_1(1-\eta)$

$K_1 =$ 나관의 열 관류율
$F_1 =$ 나관의 표면적
$\Delta t =$ 관 내부온도와 외부온도의 차
$Q_1 =$ 나관의 손실열량
$\eta =$ 보온효율

- 배관부하 = (난방부하 + 급탕부하) × 0.2

3 예열부하
보일러를 운전온도까지 가열 및 예열에 필요한 열량이다.

예열부하 $= (G \times C_1 + W \times C_2)\Delta t$

$G =$ 장치 내 전철량
$C_1 =$ 철의 비열
$W =$ 장치 내 전수량
$C_2 =$ 물의 비열
$\Delta t =$ 운전 전후의 온도차

- 예열부하 = 상용부하 × 0.25 = (난방부하 + 급탕부하 + 배관부하) × 0.25

Chapter 6 난방설비 설치 및 관리

Section 1 증기난방

1 증기난방
증기를 이용한 난방방식이며 방열기에서 방출된 잠열을 이용하여 실내난방을 한다. 학교나 관공서 등 비교적 난방규모가 크게 필요되는 시설에 적합한 난방이다.

2 증기난방 특징

(1) 예열시간이 비교적 짧고 증기 순환이 비교적 빠르다.

(2) 열의 운반능력이 좋고 유지비와 시설비가 비교적 저렴하다.

(3) 표면온도가 높아서 안전(화상)사고의 우려가 있다.

(4) 소음이 있고 취급이 어려워 실내 온도조절이 어렵다.

3 방식에 의한 분류

(1) 증기압력에 의한 분류

① **저압식** : 0.1~0.35kg/cm² 의 증기압력이 필요하고 일반건물에 사용되며 고압식에 비해 난방이 안정적이다.

② **고압식** : 1~3kg/cm² 의 증기압력이 필요하고 공장이나 지역난방에 사용되며 저압식에 비해 위험도가 높다.

(2) 배관방식에 의한 분류

① **단관식** : 송수와 환수가 하나의 관속에 흐르는 방식으로 소규모 난방사용에 적합하다.

② **복관식** : 송수와 환수가 각각 다른 관속에 흐르는 방식으로 대규모 난방사용에 적합하다.

(3) 공급방식에 의한 분류

① **상향 공급식** : 공급주관이 가장 낮은 위치에 있고 증기관을 위로 올려 각 방열기로 공급하는 방식이다

② **하향 공급식** : 공급주관이 가장 높은 위치에 있고 증기관을 아래로 내려 각 방열기로 공급하는 방식이다

(4) 응축수 환수방식에 의한 분류

① **중력 환수식** : 응축수가 들어있는 환수관 내부의 중력작용으로 보일러를 환수시키며, 주로 저압으로 사용한다.

② **진공 환수식** : 환수관 말단에 진동펌프를 설치하고 내부의 공기를 제거하면서 응축수를 환수시키는 방식이다.

③ **기계 환수식** : 환수된 응축수를 중력작용으로 탱크에 비축해 펌프를 이용하여 보일러에 공급하는 방식이다.

(5) 환수관 배관방식에 의한 분류

① **건식 환수관식** : 환수주관이 보일러 수면보다 높게 있으며, 증기 혼입에 의한 열손실을 방지하기 위해 말단에 트랩을 설치한다.

② **습식 환수관식** : 환수주관이 보일러 수면보다 낮게 있으며, 관내 응축수가 있어 트랩 설치가 불필요하다.

Section 2 온수난방

1 온수난방
온수를 이용한 난방방식이며 열교환기에 의해 온수가 순환하여 가지는 현열을 이용하여 실내난방을 한다.

2 온수난방 특징

(1) 난방부하의 변동에 대응하여 열량조절이 쉽다.

(2) 예열시간이 길어 예열부하가 크고 가열 후에 냉각시간도 길다.

(3) 추운 지역에서 동결의 위험이 있다.

(4) 방열면적과 배관의 관경이 커서 시설비가 많이 든다.

3 방식에 의한 분류

(1) 온수온도에 의한 분류
  ① 저온수식 : 60~90℃의 온수가 필요하고 개방식 팽창탱크를 사용한다.
  ② 고온수식 : 100~150℃의 온수가 필요하고 밀폐식 팽창탱크를 사용한다.

(2) 배관방식에 의한 분류
  ① 단관식 : 송수와 환수가 하나의 관속에 흐르는 방식이다.
  ② 복관식 : 송수와 환수가 각각 다른 관속에 흐르는 방식이다.

(3) 온수 순환방식에 의한 분류
  ① 중력 순환식 : 온수의 밀도차로 발생하는 대류현상의 자연순환을 이용하는 방식이다.
  ② 강제 순환식 : 온수를 순환펌프를 이용하여 강제순환 시키는 방식이다.

(4) 온수 공급방식에 의한 분류
  ① 상향 순환식 : 송수 주관을 방열기 아래에 상향 기울기로 배치하는 방식이다.
  ② 하향 순환식 : 송수 주관을 방열기 위에 입상 설치하여 온수를 공급하는 방식이다.

(5) 온수 환수방식에 의한 분류
  ① 직접 환수방식 : 열 교환한 온수가 차례대로 보일러로 귀환하는 방식이다.
  ② 역 귀환방식 : 공급과 환수관의 길이가 동일하게 하여 온수의 양을 일정 배분하는 방식이다.

Section 3 복사난방

1 복사난방
바닥이나 벽 또는 천장 내부 배관의 복사열을 이용한 난방방식이다.

2 복사난방 특징
(1) 실내온도가 낮고 균일하고 열손실이 적다.

(2) 공기의 오염도가 비교적 적다.

(3) 외부 온도의 영향에 따라 온도조절이 어렵다.

(4) 누수가 발생하면 찾기 힘들고 시공 및 수리가 곤란하여 설치비용이 비교적 많이 든다.

3 방식에 의한 분류

(1) **열매에 의한 분류**

① **온수식** : 35~500℃의 온수가 순환시키는 난방방식이다.

② **증기식** : 배관에 증기를 통과시키는 난방방식이다.

③ **전기식** : 전기 열선을 이용하여 적외선을 내보내는 난방방식이다.

(2) **패널 위치에 의한 분류**

① **천장 패널식** : 천장면에 난방용 코일을 매립하는 난방방식이다.

② **벽 패널식** : 벽면에 난방용 코일을 매립하는 난방방식이다.

③ **바닥 패널식** : 바닥에 난방용 코일을 매립하는 난방방식이다.

(3) **코일의 배관에 의한 분류**

① **그리드 코일** : 사다리 형태로 난방 코일을 배열한 방식이다.

② **밴드 코일** : 일정한 간격으로 난방 코일을 배열한 방식이다.

③ **달팽이형 코일** : 달팽이처럼 둥근 모양으로 난방 코일을 배열한 방식이다.

Section 4 지역난방

1 지역난방
특정 장소에서 증기 또는 온수를 이용하여 난방하는 방식으로, 아파트에 주로 설치된다.

2 지역난방 특징

(1) 열 효율이 좋고 관리하기가 편리하다.

(2) 각 건물에서 위험성이 비교적 적다.

(3) 높은 건물에 공급이 어렵다.

(4) 개별난방에 비해 연료소비량이 크다.

Section 5 열매체난방

1 열매체난방
증기와 온수와 같은 열매체를 이용하여 열을 전달하고 온도를 조절하는 난방방식이다.

2 열매체난방 특징

(1) 열전도가 좋아 효율적인 열전달이 가능하다.

(2) 다양한 열매체를 사용할 수 있다

(3) 열매체의 주기적인 관리가 필요하다

(4) 고온 고압시스템일 경우 비용이 많이 든다.

3 열매체에 의한 분류

① 증기식 : 0.1 ~ 1.5MPa 증기가 사용된다.

② 온수식 : 100℃ 이상의 온수가 사용된다.

Section 6 전기난방

1 전기난방
전열의 열원을 이용하여 난방하는 방식으로, 난로형식과 복사 난방식 등이 있다.

2 전기난방 특징

(1) 가열속도가 빠르고 높은 에너지효율을 얻는다.

(2) 설치가 쉽고 유지보수가 비교적 간단하다.

(3) 대규모 난방에는 비효율적이다.

(4) 전기 공급이 중단될 경우 난방이 불가능하다.

Section 7 방열기

1 방열기
증기와 온수와 같은 열매체를 이용하여 실내공기로 열을 방출하고, 대류현상을 이용하여 실내온도를 높여 난방에 사용되는 기기이다.

2 방열기의 종류와 특징

(1) **열매체** : 증기용, 온수용

(2) **재료** : 주철제, 강판제, 알루미늄, 특수금속제 등
- **강판제** : 2주, 3주, 4주의 종류가 있고, 강판을 프레스로 성형하고 용접 제작한다.

(3) **형상** : 주형, 벽걸이형, 길드형, 대류형, 관 방열기, 베이스보드 방열기 등
① **주형** : 2주형(Ⅱ), 3주형(Ⅲ), 3세주형(3), 5세주형(5)이 있다.
② **벽걸이형(W)** : 수평형(H), 수직형(V)이 있고, 주철제로 되어있다.
③ **길드형** : 1m 정도의 주철관에 금속 핀을 부착한 방열기로, 1단, 2단, 3단 등이 있다.
④ **대류형** : 자연 대류에 의해 난방하는 열기로 컨벡터와 베이스보드 히터가 있다.

3 방열기 도시법(호칭)

a : 방열기 쪽수
b : 방열기 종류별 기호
c : 방열기형 (치수, 높이)
d : 입구 지름
e : 출구 지름
f : 설치 수

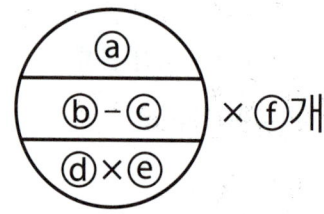

Section 8 팬코일 유닛

1 팬코일 유닛
코일, 송풍기, 공기 등을 케이싱에 넣어 소형 유닛으로 만든 공기조화장치이며, 실내에 설치하여 냉온수배관과 전기 배선을 하면 실내 공기를 가열 또는 냉각을 할 수 있다. 설치방식으로는 바닥에 두는 형식, 천장에 두는 형식, 벽에 묻는 형식 등이 있다.

2 팬코일 유닛 특징

(1) 팬의 제어나 수량을 조정하여 개실제어 방식으로 사용한다.

(2) 부속장치로는 팬, 냉온수코일, 필터 등이 있다.

(3) 덕트는 환기용으로만 사용하고 각 실의 온도조절은 어렵다.

Section 9 콘벡터 등

1 콘벡터

공기를 자연 대류나 강제 대류를 통해 순환시키는 장치이며. 전기를 사용해 공기를 가열한 후, 그 공기가 자연스럽게 순환하면서 난방하는 방식이다. 콘벡터는 주로 벽에 설치되거나 바닥에서 사용된다.

2 콘벡터 특징

(1) 필요한 공간만 가열할 수 있어 절약에 도움이 된다.

(2) 설치, 보수가 간편하고 유지 관리가 쉽다.

(3) 정밀한 온도조절이 가능하며, 원하는 온도로 쉽게 설정할 수 있다.

(4) 넓은 공간이나 열 손실이 많은 공간에서는 난방 효과가 제한될 수 있다.

제7장 보일러 제어설비 설치

Chapter 1 제어의 개요

Section 1 자동제어의 종류 및 특성

1 자동제어

기계장치를 통하여 자동적으로 제어하고 조작하는 것이다.

2 자동제어의 종류와 특성

① 시퀀스 제어 : 미리 정해진 순서에 따라 다음 동작이 연속적으로 이루어지는 제어이다.

② 피드백 제어 : 제어량의 크기와 목표값을 비교하여 결과 값이 같도록 신호를 보내 수정동작을 하는 제어이다.

Section 2 제어동작

1 자동제어의 동작

(1) 연속동작

① 비례동작 : P동작

② 적분동작 : I동작

③ 미분동작 : D동작

(2) 불연속 동작

① 온-오프동작

② 다위치 동작

(3) 복합 동작

① 비례 적분 동작 : PI동작

② 비례 미분 동작 : PD동작

③ 비례 적분 미분 동작 : PID동작

2 자동제어의 부서별 기능

(1) **비교부** : 기준입력과 주피드백량의 차로, 제어량의 현재값과 목표값의 차이를 판단하는 부분이다.

(2) **제어부** : 동작신호를 여러가지 동작으로 조작신호를 만들어 내는 부분이다.

(3) **조작부** : 제어대상에 대하여 작용을 걸어오는 부분으로 조작 신호를 받아 이것을 조작량으로 바꾸는 부분이다.

(4) **검출부** : 제어량을 검출하여 기준입력과 비교할 수 있도록 같은 종류의 양으로 변환하는 부분이다.

3 자동제어의 블록선도

자동제어의 장치와 제어신호의 전달경로를 블록과 화살표로 표시한다.

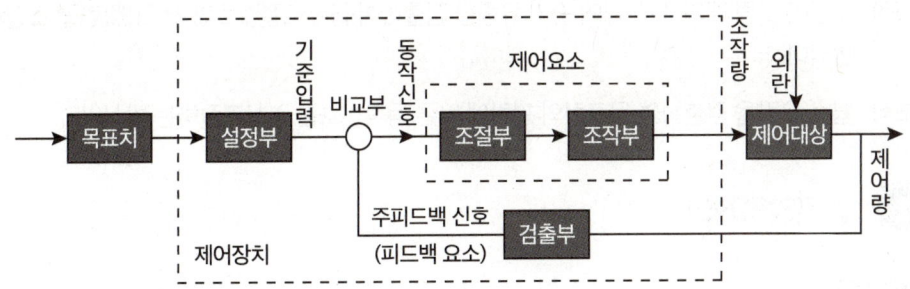

자동제어의 블록선도(피드백 제어 회로도)

Section 3 자동제어 신호전달방식

1 자동제어의 신호전달방식 종류와 특성

① **공기압식** : 공기압을 이용하여 신호를 보내는 방식으로 전송 거리는 100~150m 정도이다.

② **유압식** : 유압을 이용하여 신호를 보내는 방식으로 전송 거리는 300m 정도이다.

③ **전기식** : 전기신호를 이용하는 방식으로 300m~10km 정도이다.

Chapter 2 보일러 제어설비 설치

Section 1 수위제어

1 수위제어 장치
보일러 급수를 일정량씩 공급하여 드럼의 수위를 일정하게 유지하도록 하는 제어이다

2 제어방법의 종류와 특징

(1) **1요소식** : 보일러 드럼 내의 수위만을 검출하고 변화량에 따라서 급수량을 조절하는 방식이다.

(2) **2요소식** : 보일러 드럼 내의 수위 외에 증기 유량을 검출하여 급수조절밸브의 개도(開度)를 조절하는 방식이다.

(3) **3요소식** : 급수 유량을 검출하여 목표치의 편차에 따른 동작신호를 연산조절하는 방식이다.

Section 2 증기압력제어

1 증기압력제어
보일러에 있어서 증발량의 변동에 따른 압력(증기 압력) 변화를 검출하고, 그 압력 상태에 따라 연소량을 자동적으로 가감하여 보일러의 증기 압력을 목표값으로 유지하도록 하는 제어이다.

2 제어방법의 종류와 특징

(1) **비율제어방식** : 2개 이상의 제어값이 일정 비율로 조절되는 제어이다.

(2) **캐스케이드방식** : 2개의 제어계를 조합하여 1차 제어장치가 제어량을 측정하고 2차 제어장치가 명령을 바탕으로 조절하는 제어이다.

Section 3 온수온도제어, 연소제어

1 온수보일러의 자동제어 장치

(1) **프로텍터 릴레이** : 오일버너의 점화 장치로 난방 및 급탕 등의 전용회로에 이용되며, 버너에 부착한다.

(2) **아쿠아 스탯** : 자동온도조절기로 고온·저온차단과 순환펌프 가동용으로 사용되며, 하이리미티드 컨트롤이라고도 한다.

(3) **콤비네이션 릴레이** : 프로텍터와 아쿠아 스탯의 기능을 합한 제어장치로, 버너의 주 안전제어장치이다.

(4) **화염 검출기** : 연소상태를 인지하여 폭발사고를 방지하는 역할로 사용되며, 플레임 아이와 스택 릴레이가 있다.

Section 4 인터록 장치

1 인터록

어떤 조건이 충족될 때까지 다음 동작을 작동하지 못하도록 제어하는 것으로 보일러 운전 중에 연료공급을 차단시켜 위험으로부터 방지하는 역할을 하는 장치이다.

2 인터록의 종류

(1) 압력초과 인터록 : 증기가 일정 압력에 도달할 때 밸브를 닫아 보일러 가동을 정지시키도록 하는 장치이다.

(2) 저수위 인터록 : 수위가 안전 저수위에 도달할 때 밸브를 닫아 보일러 가동을 정지시키도록 하는 장치이다.

(3) 불착화 인터록 : 버너가 불착화 되거나 보일러 운전 중 실화 될 때 밸브를 닫아 보일러 가동을 정지시키도록 하는 장치이다.

(4) 저연소 인터록 : 연소상태가 불량할 때 밸브를 닫아 보일러 가동을 정지시키도록 하는 장치이다.

(5) 프리퍼지 인터록 : 점화 직전에 송풍기가 작동되지 않으면 밸브가 정상으로 작동되지 않는다.

Section 5 O_2 트리밍 시스템(공연비 제어장치)

1 공연비 제어

운전 공기비와 적정 공기비가 차가 크면 불완전 연소가 되거나, 열손실이 발생한다. 이러한 현상을 방지하기 위해 적정 공기비가 되도록 공기와 연료를 조절하는 장치이다.

2 O_2 트리밍 시스템

중·소형 보일러의 출구 산소를 측정하여 공기댐퍼를 제어하고 연소효율을 증가시키는 역할을 한다.

Chapter 3 보일러 원격제어장치 설치

Section 1 원격제어

1 보일러 원격제어장치

보일러 시스템을 원격으로 제어하고 모니터링 할 수 있는 장치이며 사용자에게 스마트폰, 태블릿 또는 컴퓨터를 통해 보일러의 온도, 작동상태, 에너지 사용 등을 실시간으로 확인하고 제어할 수 있는 기능을 제공하는 장치이다.

제8장 보일러 배관설비 설치 및 관리

Chapter 1 배관도면 파악

Section 1 배관 도시기호

1 배관 높이 표시

(1) EL : 배관의 높이를 관의 중심으로 표시한 것이다.

(2) B.O.P : 관의 외경의 아랫면까지의 높이를 표시한 것이다.

(3) T.O.P : 관의 외경의 윗면까지의 높이를 표시한 것이다.

(4) GL : 지면을 기준으로 하여 높이를 표시한 것이다.

(5) FL : 1층의 바닥면까지의 높이를 표시한 것이다.

(6) CL : 배관의 기타 중심선까지의 높이를 표시한 것이다.

2 배관의 도시기호

명칭	도시기호	명칭	도시기호
나사형	─┼─	유니언	─╫─
용접형	─✕─	슬루스 밸브	─▷◁─
플랜지형	─╂─	글로브 밸브	─▶◀─
턱걸이형	─)	체크 밸브	─▷╲─
납땜형	─○─	캡	─⊐

3 유체 종류에 따른 도시기호

유체의 종류	문자기호	색상
공기	A	백색
가스	G	황색
기름	O	황적색
수증기	S	암적색
물	W	청색

Section 2 관 계통도 및 관 장치도

1 관 계통도

배관의 흐름과 연결 상태를 보여주는 것으로 주로, 배관의 경로, 밸브의 위치, 배관 직경 등의 정보를 알 수 있으며, 전반적인 흐름을 파악하는 도면이다.

2 관 장치도

연결된 기기와 장치들(펌프, 탱크, 압력계 등)의 관계를 상세하게 보여주는 것으로 주로, 시스템의 동작 원리와 제어 방법을 알 수 있는 도면이다.

Chapter 2 배관재료 준비

Section 1 관 및 관 이음쇠의 종류 및 특징

1 강관

강철로 만들어진 배관으로, 강도가 높고 내구성이 뛰어나며, 가스, 액체, 고체를 운반하거나 구조적인 용도로 사용하며 이음쇠로는 나사식, 용접식, 플랜지식이 있다

2 강관의 종류와 특징

종류	기호	특징
배관용 탄소강관	SPP	사용압력이 (10kpg/cm² 이하)의 증기, 물, 가스 배관용으로 사용되며 흑관과 백관이 있고, 호칭지름은 6~500A이다.
압력배관용 탄소강관	SPPS	사용압력이 (10~100kpg/cm²) 350℃ 이하의 배관용으로 사용된다.
고압배관용 탄소강관	SPPH	사용압력이 (100kpg/cm² 이상)의 350℃ 이하의 배관용으로 사용된다.
고온배관용 탄소강관	SPHP	350℃ 이상의 배관용으로 사용된다.
배관용 합금강관	SPA	고온의 배관에 사용된다.
배관용 스테인리스 강관	STS	내식성, 내열용, 고온, 저온배관에 사용된다.
배관용 아크용접 탄소강 강관	SPW	사용압력이 (10kpg/cm² 이하)의 증기, 물, 가스의 배관용으로 사용되며 호칭지름은 350~1500A이다.
저온 배관용 탄소강관	SPLT	어는점 이하의 저온도 배관에 사용된다.
수도용 아연도금 강관	SPPW	SPP관에 아연도금을 첨가한 것으로 정수두 100m 이하의 급수배관에 사용되며 호칭지름은 6~500A이다.
수도용 도복장 강관	STPW	SPP, SPW관에 피복한 것으로 정수두100m 이하의 수도배관에 사용되며 호칭지름은 80~1500A이다.

3 동관

구리로 만들어진 배관으로, 구리의 물리적 특성을 활용하여 전기, 냉난방 시스템에서 자주 사용하며, 재질로는 연질과 경질이 있으며 이음쇠로는 용접식, 플랜지식, 압축식이 있다.

4 동관의 종류와 특징

종류	특징
인탈산 동관	동을 인(P)으로 탈산 처리 한 것으로 고온에서도 수소취화 현상이 발생되지 않으며 주로 일반배관 재료에 사용된다.
타프피치 동관	순도가 99.9% 이상으로 높아 전기기기의 재료에 사용된다.
무산소 동관	순도가 99.96% 이상으로 높아서 전기용 재료나 화학 공업용에 사용된다.

5 스테인리스관

크롬이 들어간 합급 배관으로 내식성과 내마모성이 우수하여 급수, 급탕 등 수도배관에 많이 사용되며, 크롬의 함류량에 따라 STS304, STS316, STS410, STS430 등이 있다.

Section 2 신축이음쇠의 종류 및 특징

1 신축이음 목적

고온에 의한 관의 손상이나 장치의 피로도를 방지하기 위하여 신축작용을 흡수할 수 있도록 신축이음쇠를 설치한다.

2 신축이음의 종류와 특징

(1) **루프형** : 강관이나 동관을 구부려서 루프상의 곡관을 만들고 관의 힘을 이용하여 배관의 신축을 흡수하는 방식으로 사용한다.

(2) **슬리브형** : 이음 본체와 슬리브 파이프로 구성되며 온도변화가 있는 물, 기름 등의 배관에 사용하거나 저압증기배관에 사용한다.

(3) **벨로스형** : 파형 신축관 이음이라고도 하며 배관의 열에 의한 신축변형에 의해 흡수시키는 방식으로 사용한다.

(4) **스위블형** : 스윙 조인트라고도 하며 2개 이상의 엘보를 사용하여 이음부의 나사회전을 이용해서 배관의 신축을 흡수하는 방식으로 사용한다.

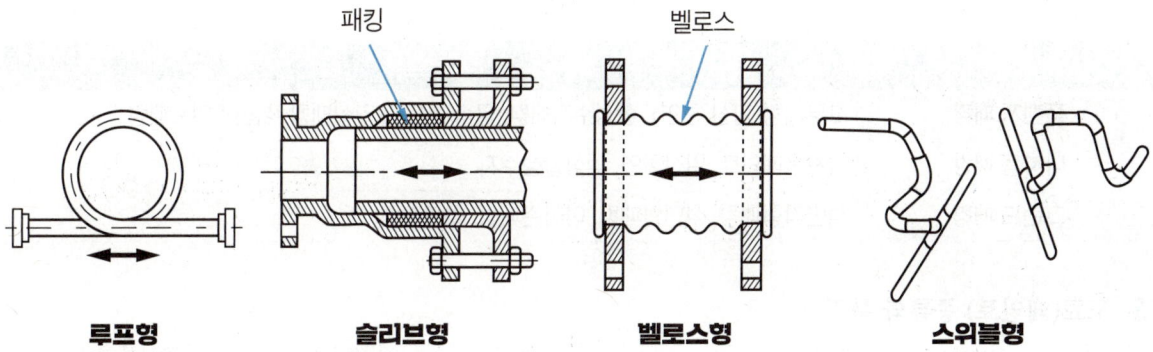

루프형 　 슬리브형 　 벨로스형 　 스위블형

Section 3 밸브 및 트랩의 종류 및 특징

1 밸브의 종류와 특징

(1) **글로브 밸브** : 구형 밸브 또는 옥형밸브라 하며, 유체의 저항이 크며 증기의 유량조절에 적합하고 가볍고 가격이 저렴하다.

(2) **슬루스 밸브** : 게이트 밸브 또는 사절밸브라 하며, 급수, 오일 등 유체 배관용에 많이 사용한다. 또한 관로의 개폐용으로 사용되며 유체저항이 적어 마찰손실이 적은 것이 특징이다.

(3) **체크 밸브** : 유체의 흐름이 한 방향으로 흐르게 하고 역류를 방지하는 목적으로 사용하며 종류는 스윙형, 리프트형, 판형이 있다.

(4) **감압 밸브** : 고압의 유체를 저압으로 감압하여 압력을 일정하게 유지시켜주는 밸브이다.

(5) **버터플라이 밸브** : 나비 밸브라 하며, 원통형의 동체 속에서 원판이 회전하여 개폐가 되는 밸브이다.

(6) **안전 밸브** : 보일러의 기압이 이상 상승 시에 기압을 외부로 분출시켜 파열사고를 사전에 방지하는 밸브이다.

2 트랩의 종류와 특징

(1) **기계식 트랩** : 증기와 응축수의 비중 차를 이용한 것으로 종류로는 상향 버킷형, 하향 버킷형, 레버 플로트형, 자유 플로트형이 있다.

(2) **온도조절식 트랩** : 증기와 응축수의 온도 차를 이용한 것으로 종류로는 바이메탈형, 벨로스형이 있다.

(3) **열역학적 트랩** : 증기와 응축수의 열역학적 특성 차를 이용한 것으로 종류로는 오리피스형, 디스크형이 있다.

Section 4 패킹재 및 도료

1 패킹

관의 이음매 또는 틈새에 물이나 공기가 새지 않도록 끼워 넣는 역할을 하며 패킹재의 종류로는 플랜지, 나사, 그랜드가 있다.

2 패킹재 종류

종류	세부종류
플랜지 패킹	고무패킹(합성, 천연), 합성수지패킹, 금속패킹, 오일실패킹, 석면조인트패킹
나사용 패킹	나사용페인트, 일산화연, 액상합성수지
그랜드 패킹	석면각형패킹, 석면얀패킹, 아마존패킹, 몰드패킹

3 도료(페인트) 종류와 특징

물건의 겉에 칠하여 썩지 않게 하거나 외관상 아름답게 하는 재료. 바니시, 페인트, 옻칠이 있으며, 종류에는 광명단 도료, 합성수지 도료, 산화철 도료, 알루미늄 도료, 타르 및 아스팔트 등이 있다.

Chapter 3 배관설치 및 검사

Section 1 배관 공구 및 장비

1 배관 공구

(1) **파이프 바이스** : 관의 절단이나 나사를 가공하거나 나사조립을 할 경우 관이 움직이지 않게 고정시켜주는 공구이다.

(2) **탁상 바이스** : 관의 절단이나 나사를 가공하거나 나사조립을 할 경우 관이 움직이지 않게 고정시켜주는 공구이다.(파이프 바이스보다 비교적 넓은 면적을 고정할 수 있는 것이 특징이다)

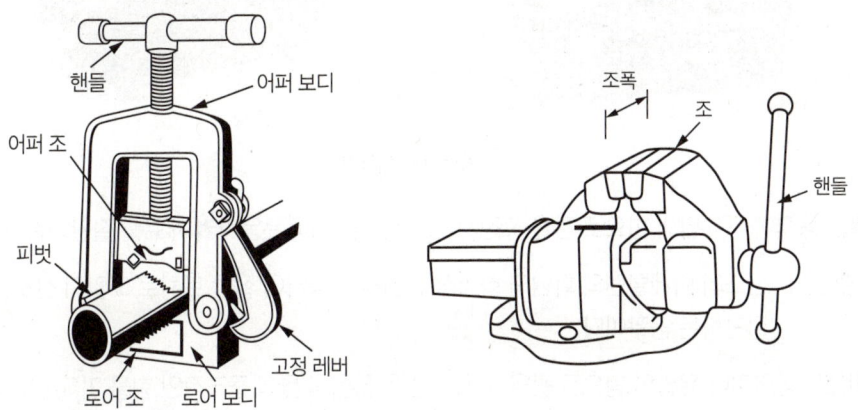

파이프 바이스　　　　　　　　　탁상 바이스

(3) **파이프 렌치** : 관을 조립하거나 분해할 때 사용하는 공구로 관에 렌치를 물려 회전시켜 사용하는 공구이다.

(4) **파이프 리머** : 관을 절단한 후 내면에 생기는 거스러미를 제거하는 공구로 관 내에 유체 흐름이 원활하게 이루어질 수 있도록 하는 공구이다.

(5) **수동 나사절삭기** : 관의 끝부분에 나사를 수동 가공하는 공구로 오스터형, 리드형 등이 있다.

수동 나사 절삭기(리드형)　　　　　　　　　수동 나사 절삭기(드롭헤드형)

2 배관 작업용 장비

(1) 동력나사 절삭기 : 관을 절삭기 축에 고정시킨 후 동력의 힘으로 관을 회전시키고 절삭기를 밀러 넣어서 나사 가공을 하는 공구로 오스터형, 다이헤드형, 호브형 등이 있다.

동력나사 절삭기

(2) 기계톱 : 동력이나 유압의 힘으로 관을 고정시키고 톱날을 자동운동시켜 재료를 절단하는 공구이다.

(3) 가스 절단기 : 산소와 아세틸렌의 화염의 화학적 성질을 이용하여 절단 토치로 고압의 산소를 불어 넣어 절단하는 공구이다.

(4) 벤딩머신 : 동력이나 유압의 힘으로 관을 고정시킨 후 굽힘형 틀의 물리적인 힘을 가해 상온에서도 자유롭게 벤딩을 할 수 있게 하는 공구이다.

Section 2 관의 절단, 접합, 성형

1 관의 절단

강관을 필요한 길이로 수동절단 하는데 사용하는 대표적인 수동공구로는 파이프 커터와 쇠톱이 있고, 동관을 절단하는 공구로는 튜브커터가 있다.

2 관의 접합

(1) 강관 접합 : 강관의 이음 방법으로는 대표적으로 나사이음, 용접이음, 플랜지이음 등이 있다.

(2) 동관 접합 : 동관의 이음 방법으로는 대표적으로 납 접합, 압축접합, 용접접합, 플랜지이음 등이 있다.

(3) 염화비닐관(PVC) 접합 : 염화비닐관의 이음 방법으로는 대표적으로 냉간접합, 열간접합, 기계적접합, 플랜지접합, 테이퍼조인트 접합 등이 있다.

3 관의 성형

(1) **강관 성형** : 강관의 성형 방법으로는 대표적으로 냉간가공, 열간가공 등이 있다.

(2) **동관 성형**

종 류	역 할
플레어링 공구	동관 끝을 나팔 모양으로 넓혀 압축이음을 할 수 있도록 사용하는 공구이다.
사이징 툴	동관 끝을 정확한 치수의 원형으로 교정하기 위하여 사용하는 공구이다.
익스펜더(확관기)	동관의 끝부분의 지름을 넓혀 이음쇠 없이 납땜이음을 할 수 있도록 사용하는 공구이다.
튜브벤더	동관을 상온에서 원하는 각도로 벤딩을 할 수 있도록 사용하는 공구이다.
튜브커터	동관을 원하는 길이로 절단하고 싶을 때 사용하는 공구이다.
티 뽑기	동관에 구멍을 뚫어 이음쇠 없이 T자 모양으로 관을 연결할 수 있도록 사용하는 공구이다.

 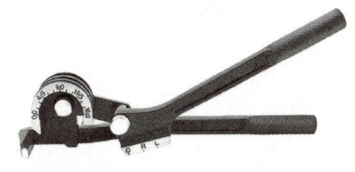 

플레어링 공구 　　　　튜브벤더 　　　　튜브커터

Section 3 배관지지

1 배관의 지지기구 종류와 특징

종 류	역 할
행거	천장 배관의 하중을 위에서 당겨 받치는 지지기구로 리지드 행거, 스프링 행거, 콘스탄트 행거 등이 있다.
서포트	바닥 배관의 하중을 밑에서 위로 받치는 지지기구로 스프링 서포트, 리지드 서포트, 롤러 서포트, 파이프슈 등이 있다.
리스트 레인트	열팽창에 의한 배관의 상하 또는 좌우 이동을 구속하고 제한하는 지지기구로 앵커, 스톱, 가이드 등이 있다.
브레이스	펌프나 압축기에서 발생하는 진동의 충격을 완화시켜 배관의 전달되는 것을 방지하게 하는 지지기구로 완충기, 방진구 등이 있다.

Section 4 난방배관 시공

1 난방배관

건물 내 난방시스템을 설치할 때 사용되는 배관 작업으로 건물의 내부의 온도를 조절하고, 보일러에서 생성된 열을 각 방이나 공간으로 전달하여 실내 온도를 따뜻하게 유지하는 역할을 한다.

2 난방배관의 시공순서

(1) **설계 및 계획** : 공간의 크기, 구조에 맞춰 난방 배관의 경로와 배치 등을 설계한다.

(2) **배관 설치** : 설계에 따라 보일러와 라디에이터를 연결하고 엑셀배관과 동배관을 사용하여 난방배관을 설치한다.

(3) **보온재 설치** : 열 손실을 막기 위해 배관 주위에 보온재를 설치한다.

(4) **보일러 연결 및 테스트** : 배관을 보일러에 연결한 후, 누수 여부를 확인하고 시스템이 제대로 작동하는지 테스트한다.

Section 5 연료배관 시공

1 연료배관

보일러나 난방기기에 연료를 공급하기 위해 운반하는 배관을 설치하는 작업으로. 가스, 등유, LPG, LNG와 같은 연료가 안전하게 이동할 수 있도록 설계 및 설치되고, 난방이나 온수 공급 시스템에서 중요한 역할을 한다.

2 연료배관의 시공순서

(1) **설계 및 계획** : 건물의 구조, 사용 연료 종류, 보일러 및 기기 위치를 고려하여 연료 배관의 경로를 설계하고, 안전 기준과 규정에 따라 배관 설치를 계획한다.

(2) **배관 설치** : 설계에 따라 연료 공급 라인을 깔고, 보일러나 연료 소비 장치에 연결한다. 연료 종류에 따라 배관 재질이 달라지며, 일반적으로 강관, 구리관, 스테인리스관 등을 사용하여 설치한다.

(3) **안전 장치 설치** : 압력 조절기, 차단 밸브, 가스 누출 감지기 등을 설치하여. 연료 누출을 방지하고, 사고 발생 시 연료를 신속히 차단하는 역할을 하도록 한다.

(4) **검사 및 테스트** : 시스템의 정상 작동을 확인하는 검사를 하고. 배관의 가스 누출 여부를 감지하기 위해 비눗물 테스트나 가스 측정기 등을 사용하여 점검한다.

(5) **유지보수** : 정기적인 점검을 통하여 가스 누출 사고를 예방하고 유지보수 및 관리를 한다.

Chapter 4 보온 및 단열재

Section 1 보온재의 종류와 특성

1 보온재

열을 효과적으로 차단하거나 유지할 수 있도록 도와주는 재료이며, 다양한 형태와 종류가 있고, 그 용도와 성능에 따라 선택한다.

2 보온재의 구비조건

(1) 열전도율이 작을 것

(2) 흡수성이 작을 것

(3) 비중이 작을 것

(4) 시공성이 좋고 경제적일 것

(5) 적당한 기계적 강도를 가질 것

3 유기질 보온재 종류와 특징

종 류	특 성
펠트	양모, 우모 펠트가 있다. 아스팔트 가공은 -60℃까지 사용이 가능하다. 곡면에도 사용이 가능하며, 최고 안전 사용온도는 100℃ 이다.
텍스류	톱밥, 목재, 펄프로 제작한다. 압축판 모양으로 제작한다. 최고 안전 사용온도는 120℃ 이다.
코르크	보랭 보온재로 우수하다. 보냉용에 주로 사용한다. 아스팔트와 결합하면 탄화 코르크가 된다. 최고 안전 사용온도는 130℃ 이다.
기포성 수지	다공질 제품으로 만든 것이다. 가벼우며 쉽게 파손이 되지 않는다. 방로재나 보냉재로 적합하다. 사용온도는 -130~140℃ 이다.

4 무기질 보온재 종류와 최고 안전 사용온도

종 류	최고 안전 사용온도	종 류	안전사용온도
석면	550℃	규산 칼슘	650℃
암면	600℃	펄라이트	650℃
규조토	500℃	스티로폼	70℃
유리섬유	350℃	실리카 파이버	1100℃
탄산 마그네슘	250℃	세라믹 파이버	1300℃

Section 2 보온효율 계산

1 보온효율 공식

> **공식**
>
> $$\eta = \frac{Q_1 - Q_2}{Q_1} \times 100$$
>
> - Q_1 : 보온 전의 방산열량
> - Q_2 : 보온 후의 방산열량

Section 3 단열재의 종류와 특성

1 단열재

열효율을 높이기 위해 열전도율이 적은 물질을 이용하여 밖으로 방출되는 열손실을 차단하는 것이다.

2 단열재의 종류와 특징

종류	특징
저온용	규조토질 단열 벽돌이 있으며, 압축강도와 내마모성이 적고 가열 수축이 크다. (사용온도 : 900~1200℃)
고온용	점토질 내화 단열 벽돌이 있으며, 내화재와 단열재의 역할을 한다.(사용온도 : 1300~1500℃)

제9장 보일러 운전

Chapter 1 설비 파악

Section 1 증기 보일러의 운전 및 조작

1 증기 보일러 운전 및 조작순서

(1) **운전 전 준비사항** : 필요한 연료를 확인하고 급수의 상태를 점검한다. 물의 용적을 확인하고 각종 밸브와 배관의 상태를 점검하고 테스트해야 한다.

(2) **보일러 가동** : 연소기를 점화하여 연료가 정상적으로 연소되는지 확인한다. 보일러 내 압력 상승을 압력 게이지를 통해 확인한다. 수위 조절기가 정상적으로 작동하는지 확인한다.

(3) **보일러 운전 관리** : 작동 중 압력과 온도가 적정 범위 내에서 유지되도록 지속적으로 점검한다. 연료의 공급량을 수시로 점검하고 조절하여 효율적인 연소가 이루어지도록 한다. 보일러 내부의 물 수위를 일정하게 유지하기 위해 급수펌프를 조절하거나 수동으로 물을 보충해야 한다. 정기적으로 보일러 내부의 스케일(석회질) 및 슬러지 제거 작업을 수행하여 최상의 보일러 성능을 유지한다.

Section 2 온수 보일러의 운전 및 조작

1 온수 보일러 운전 및 조작순서

(1) **운전 전 준비사항** : 필요한 연료를 확인하고 급수의 상태를 점검한다. 물의 용적을 확인하고 각종 밸브와 배관의 상태를 점검하고 테스트해야 한다. 압력 게이지와 수온계를 점검하여 보일러가 정상적으로 운전될 수 있는 상태인지 한다.

(2) **보일러 가동** : 연소기를 점화하여. 연소상태를 확인한다, 물이 가열되기 시작하면, 온도계를 통해 물의 온도를 확인한다. 순환펌프를 가동하여 가열된 물이 공급되도록 한다. 온수보일러가 설정된 온도와 압력 내에서 안정적으로 운전되는지 지속적으로 확인한다.

(3) **보일러 운전 관리** : 보일러의 압력이 너무 높아지지 않도록 주기적으로 압력 게이지를 확인하고, 압력 상승 시에는 안전밸브가 제대로 작동하는지 점검한다. 온수가 정상적으로 순환하는지 확인하며, 순환펌프의 상태를 주기적으로 점검하여, 연소가 효율적으로 이루어질 수 있도록 유지한다.

Chapter 2 보일러가동 준비

Section 1 신설 보일러의 가동 전 준비

1 신설 보일러의 가동 전 준비

(1) **내부점검** : 기수분리기 기타 부품의 부착 상황을 확인하고 점검한다. 내부 이상 유무를 확인하고 공기빼기 밸브를 열어둔 후에 급수를 하여, 인터로크가 정확하게 작동하는지 확인한다. 만수 시킨 후에 공기빼기 밸브를 닫고 정상사용압력보다 10% 이상의 수압을 가해 누수 여부를 확인한다. 수압시험이 끝나고 다시 적정수위로 맞춘다.

(2) **연소실 점검** : 연소실의 상태점검을 하고 연소가스가 누설되지 않는지 확인한다. 댐퍼의 작동 여부를 점검하고, 매연제거장치와 공기예열기의 이상유무를 점검한다.

(3) **계측기 밸브 점검** : 압력계와 수위계의 이상유무를 점검하고 수면측정장치의 정상수위상태를 확인한다. 안전밸브의 설치상태를 확인하고, 급수 밸브 및 체크밸브를 점검한다.

(4) **자동제어장치 점검** : 전기배선의 상태를 점검하고 각종 검출기의 정상 작동 여부를 확인한다.

Section 2 사용중인 보일러의 가동 전 준비

1 사용중인 보일러의 가동 전 준비

(1) 수면계의 수위를 점검한다.

(2) 자동제어장치를 점검한다.

(3) 연료, 급수계통을 점검한다.

(4) 각종 밸브의 개폐 상태를 확인한다.

(5) 댐퍼를 개방하고 프리퍼지를 행한다.

Chapter 3 보일러 운전

Section 1 기름 보일러의 점화

1 자동 점화

보일러 제어반의 점화스위치를 자동으로 설정하고 메인스위치를 작동시켜 시퀀스제어와 인터록을 통해 점화한다.

📝 **자동운전순서**

2 수동 점화

(1) 프리퍼지를 실시하여 미연소 가스를 배출시킨다.

(2) 연료 압력을 확인한다.

(3) 버너의 기동 스위치를 넣는다.

(4) 점화상태를 확인하며 연료밸브를 천천히 개방한다.

Section 2 가스 보일러의 점화

1 가스 보일러의 점화

(1) 유류보일러에 비해 폭발의 위험성이 크다.

(2) 비눗물을 이용하여 누설유무를 점검한다.

(3) 점화는 1회에 이루어지도록 큰 불씨를 사용한다.

(4) 노 내 환기에 주의하고 실화 시 즉시 연료공급을 차단하고 원인을 파악 후 재점화한다.

(5) 사전 점검을 철저히 한다.

Section 3 증기발생시의 취급

1 연소 초기의 취급

(1) 점화 후 증기 발생 시 연소량을 조금씩 가감한다.

(2) 두 개의 수면계를 철저히 주시한다.

(3) 급격한 연소로 인해 보일러가 과열 손상되지 않게 천천히 연소시킨다.

2 증기압이 오르기 시작할 때 취급

(1) 공기빼기 밸브를 닫는다.

(2) 급수장치의 기능을 확인한다.

(3) 증기 압력이 75% 이상 될 때 안전밸브를 분출시킨다.

(4) 장치와 부속품의 누설유무를 점검하고 조치한다.

(5) 자동제어 장치의 작동상태를 점검한다.

3 증기를 송기할 때 취급

(1) 캐리오버나 수격작용이 발생하지 않도록 한다.

(2) 송기 하기 전 주증기 밸브의 드레인을 제거한다.

(3) 주증기 밸브를 열 때 1회전의 소요시간은 3분 이상으로 천천히 연다.

(4) 일정한 압력을 유지한다.

(5) 연소상태를 확인하여 정상적인 연소가 이루어지도록 한다.

Chapter 4 보일러 가동후 점검하기

Section 1 정상 정지시의 취급

1 정상 정지시 일반사항

(1) 노벽 전열면의 급냉을 방지할 수 있는 조치한다.

(2) 보일러 압력이 급격하게 떨어지지 않도록 조치한다.

(3) 증기 사용처에 확인을 하여 작업 종료 시 까지 필요한 증기를 남기고 운전을 정지한다.

(4) 정지 후에는 노 내 환기를 충분하게 하고 댐퍼를 닫는다.

(5) 보일러 수위를 정상수위보다 약간 높게 급수 시킨다.

2 일반적인 운전 정지 순서

(1) 연료공급을 정지하고 공기공급을 정지한다.

(2) 급수를 행하고, 압력을 떨어뜨리며 급수밸브를 닫고 급수펌프를 정지시킨다.

(3) 주증기 밸브를 닫고 드레인 밸브를 개방한다.

(4) 댐퍼를 닫는다.

3 정지 후의 조치사항

(1) 버너 팁의 이물질을 제거한다.

(2) 각종 밸브의 누설 유무를 점검한다.

(3) 노벽의 열로 인한 압력 상승은 없는지 확인한다.

(4) 보일러 수위를 확인한다.

(5) 각종 배관의 누설 유무를 확인한다.

Section 2 보일러 청소

1 보일러 청소의 목적

  (1) 통풍 저항을 방지하기 위해

  (2) 보일러 수명의 연장을 위해

  (3) 연료 절감 및 열효율을 향상시키기 위해

  (4) 전열효율의 저하를 방지하기 위해

  (5) 관수의 순환 저해를 방지하기 위해

  (6) 과열 원인 제거와 부식을 방지하기 위해

2 보일러 내부 청소방법

내부	외부
스케일 해머, 스크레이퍼, 와이어 브러쉬, 튜브 크리닝, 전동핸드, 알칼리 세관, 유기산 세관, 부식억제제 등	슈트 블로어, 샌드 블라스크, 스팀쇼킹, 워터쇼킹, 수세법, 스틸쇼트 크리닝 등

Section 3 보일러 보존법

1 보일러 보존법

보일러 가동을 중지하고 오랜기간 방치하게 된다면 내부와 외부에 부식이 발생되어 좋지않은 영향을 미치게 되고, 이를 방지하고자 보일러의 환경, 중기기간, 등을 고려하여 보일러가 적절하게 유지될 수 있도록 도와주는 방법이다.

2 건조 보존법

  (1) **석회 밀폐건조법** : 보일러 내부와 외부를 청소한 후에 완전 건조를 시킨 후, 내부에 흡습제를 넣은 후 밀폐 보존하는 방법이다.

  (2) **질소가스 봉입법** : 주로 높은 압력의 대용량 보일러에 사용되며, 질소가스를 $0.6kg/cm^2$ 정도 압입하여 내부의 산소를 치환하여 부식을 방지하는 방법이다.

  (3) **가화성 부식 억제 투입법** : 보일러 내부를 건조시킨 후 기화성 부식억제제를 투입하여 밀폐 보존하는 방법이다.

3 만수 보존법

  (1) **보통 만수 보존법** : 보일러 내부를 청소한 후에 수위를 만수로 채워 관수를 비등시키고 공기와 탄산가스를 제거한 후에 천천히 냉각을 시켜 보존하는 방법이다.

  (2) **소다 만수 보존법** : 관수를 배출한 후에 보일러 내부와 외부를 청소하고 알칼리성의 물을 채워 보존하는 방법이다.

Chapter 5 보일러 고장시 조치하기

Section 1 비상 정지시의 취급

1 비상 정지에 해당되는 사항

(1) 보일러의 수위에 이상 감수가 발생한 경우

(2) 전열면의 과열이 있을 경우

(3) 정전이 되었을 경우

(4) 지진 등 천재지변이 발생 되었을 경우

2 비상 정지 순서

(1) 연료공급을 정지하고 공기공급을 정지한다.

(2) 급수를 행하고, 다른 보일러의 연결을 차단한다.

(3) 자연 냉각 후 사고 원인을 파악한다.

(4) 전열면의 변형 유무를 파악한다.

(5) 이상이 없으면 급수 후에 재점화하여 사용한다.

보일러 수질 관리

Chapter 1 수처리 설비 운영

Section 1 수처리 설비

1 수처리 설비 역할

보일러의 효율성을 유지하고 장기적인 손상을 방지하기 위해 물을 처리하는 설비이며, 보일러가 고온, 고압 상태에서 물을 가열하여 증기를 발생시키기 때문에, 물속에 포함된 불순물이나 미네랄이 축적되어 부식, 열효율 저하 등이 발생하게 되는데 이러한 문제를 방지해주는 역할을 한다.

2 수처리 설비 방법

수처리를 통한 방법으로는 불순물 제거, 거품방지, 연수처리, 탈기처리, 부유물질저감, 증기 순도유지, 화학적 처리 등이 있다.

Chapter 2 보일러수 관리

Section 1 보일러 용수의 개요

1 보일러 용수

보일러 내부에서 증기를 발생시키기 위해 사용되는 물을 말하며, 보일러에 공급되는 용수의 품질은 보일러의 성능과 수명을 좌우하는 중요한 역할을 하여 용도별로 다양한 용수가 사용된다.

Section 2 보일러 용수 측정 및 처리

1 보일러 용수 측정 항목

(1) **경도** : 수중에 포함된 칼슘 및 마그네슘의 이온의 농도를 나타내며, 보일러 내부 스케일이 생기는 주요 원인 중 하나로, 경수 연화 처리가 필요하다. 측정 방법으로는 화학적 시약 또는 전기 전도도를 사용하여 경도를 측정한다.

(2) **pH** : 물의 산도 또는 알칼리도를 나타내며, 측정값으로는 1~14가 있고 숫자가 높을수록 알칼리성이 강한 수치로 판단한다. 그중에서 보일러 급수의 pH로 적합한 것은 7~9이며, 측정 방법으로는 물속의 수소 이온 농도를 전기적으로 측정한다.

(3) **알칼리도** : 수중에 탄산염, 수산화 이온의 농도를 나타내며. 적정한 알칼리도는 pH 조절 및 부식 방지에 도움이 된다. 측정 방법으로는 적정을 통해 알칼리도 수준을 분석한다.

2 보일러 급수 처리 목적

(1) 스케일 생성을 방지하기 위해

(2) 보일러의 부식을 방지하기 위해

(3) 가성취화현상을 방지하기 위해

(4) 캐리오버현상을 방지하기 위해

(5) 보일러 수가 농축되는 것을 방지하기 위해

3 보일러 용수 처리 종류

종류	세부종류	설명
고체 협잡물	침강법	물과 고형물의 비중 차에 의해 고형물이 바닥에 침강하여 분리시키는 방법이다.
	여과법	활성탄소로 이루어진 여과제 층에 급수를 통과시켜 불순물을 제거하는 방법이다.
	응집법	미세한 입자에 응집제(황산 알류미늄 등)를 주입하여 흡착시키게 하고 응집시켜 제거하는 방법이다.
용해 고형물	이온교환 수지법	급수의 이온을 수지의 이온과 교환하여 고형물을 제거하는 방법이다 .
	증류법	물을 가열하여 발생한 증기를 냉각시켜 응축수를 만드는 방법이다.
	약품 처리법	급수에 소석회, 가성소다 등을 첨가하여 칼슘, 마그네슘 같은 경도 성분을 침전시켜 제거하는 방법이다.
용존가스	기폭법	급수중에 포함되어 있는 탄산가스, 암모니아 등의 기체 성분과 철,망간 등을 급수 중에 공기를 흡입하는 방법이다.
	탈기법	탈기기를 이용하여 급수 중의 용존가스를 제거하는 방법이다.

Chapter 3 청관제 사용방법

1 청관제 용도
보일러 수관을 안전하게 보호하는 역할로, 스케일 생성을 방지하고 급수의 용존산소를 제거하여 수관의 수명을 연장시키고 관수의 pH를 조절하여 부식을 방지하게 해주는 역할이다.

2 청관제 사용방법
(1) 보일러의 용량 공급수의 경도, 수질 상태에 따라서 적정량을 주입한다.

(2) 물의 품질을 조정할 수 있도록 보일러가 가동되기 전에 투입한다.

(3) 제품 사양에 따른 배합 비율을 맞추어 공급수와 함께 투입한다.

(4) 정기적인 투입을 하여 관리를 하는 것이 좋다.

제11장 보일러 안전관리

Chapter 1 공사 안전관리

Section 1 안전일반

1 보일러 안전일반

보일러를 설치, 운영, 보수하는 과정에서 기본적으로 지켜야 할 안전 수칙을 의미하며, 안정적인 작동을 보장하고, 사고를 예방하여 인명 및 재산 피해를 최소화하는 데 중요한 역할을 한다.

Section 2 작업 및 공구 취급 시의 안전

1 용접작업시 안전

(1) 차광안경과 용접마스크, 용접장갑 등 상황에 맞는 개인 보호구를 착용 후 작업한다.

(2) 가스용기는 작업공간으로부터 먼 곳에 비치 후 작업한다.

(3) 가스호스는 손상되지 않도록 하고 주기적으로 관리한다.

(4) 점검받은 압력조정기를 사용하고, 역화방지를 위한 안전장치를 확인하고 작업한다.

(5) 용접 작업 중 화상에 입지 않게 주의하여 작업한다.

2 드릴 작업 시 안전

(1) 회전 중인 옷가지가 감기지 않도록 주의하여 작업한다.

(2) 드릴 작업 중에는 절대 만지지 않도록 주의하여 작업한다.

(3) 장갑을 착용하고 작업하지 않는다.

(4) 보안경을 착용하여 작업한다.

(5) 작업 중에 문제 발생 시 전원을 차단 후에 점검한다.

3 수 공구 작업 시 안전

(1) 개인의 역량에 맞는 공구를 선택하여 작업한다.

(2) 안전 보호구 착용을 철저히 한다.

(3) 2인 이상 공동작업 시에는 작업자간의 소통을 충분히 한다.

(4) 렌치 사용 시에 정확한 물림을 하고 무리하지 않게 끌어당기는 자세로 작업한다.

(5) 큰 힘을 얻기 위해서 길이를 연장하거나 임의로 보완하지 않는다.

(6) 공구 사용 전에 공구 상태를 확인 후 작업한다.

Section 3 화재 방호

1 보일러 화재 방호

보일러는 고온과 연료를 사용하는 장비이기 때문에 화재 발생 시 적절히 대응하기 위해서는 상황에 대한 예방 조치와 안전을 갖추어야 한다. 그렇기 때문에 화재 방호는 중요한 안전관리 요소이다.

Section 4 이상연소의 원인과 조치

1 점화 불량의 원인

(1) 연료가 분사되지 않는 경우

(2) 배관 속에 물이나 슬러지가 유입된 경우

(3) 연료의 온도가 높거나 낮으며, 점도가 높은 경우

(4) 버너 유압이 맞지 않고 노즐이 폐쇄된 경우

(5) 1차 공기압이 과대한 경우

(6) 전기 스파크가 불량한 경우

2 가마울림의 원인

(1) 연소실의 온도가 낮은 경우

(2) 연도의 이음이 불량한 경우

(3) 통풍력이 적당하지 않을 경우

(4) 연료 중에 수분이 많은 경우

(5) 노 내 압력이 많이 높은 경우

3 맥동연소의 원인

(1) 연료 중에 수분이 많은 경우

(2) 2차 연소를 일으킨 경우

(3) 공급 공기량이 과부족일 경우

(4) 연소량이 일정하지 않거나 연소실 틈 사이에 공기가 새는 경우

(5) 무리한 연소를 하는 경우

(6) 혼합 불량으로 인해 연소 속도가 느린 경우

4 매연 발생의 원인

(1) 통풍력이 매우 크거나 작은 경우

(2) 무리한 연소를 한 경우

(3) 연소실의 온도가 매우 낮은 경우

(4) 연소장치가 불량하고, 연소실의 크기가 작을 경우

(5) 연료의 조성이 맞지 않는 경우

5 연소실 내에서 불안정한 연소의 원인

(1) 연료에 이물질이 혼입된 경우

(2) 연료의 점도가 매우 높은 경우

(3) 공기와 연료의 압력이 불안전한 경우

(4) 오일의 예열 온도가 매우 높은 경우

6 역화 발생의 원인

(1) 점화 시 착화 시간이 지연된 경우

(2) 통풍 압력이 부적합한 경우

(3) 프리퍼지가 불충분한 경우

(4) 연도의 상태가 부적합한 경우

(5) 연료 분부량이 급격히 증가하거나 무리한 연소를 하는 경우

(6) 연료에 불순물이 많거나 불필요한 공기가 혼입되어 있는 경우

7 노 내 가스폭발의 원인

(1) 불안전한 연소를 한 경우

(2) 연도의 굴곡이 심하거나 길이가 긴 경우

(3) 연소 중에 실화가 있는 경우

(4) 노 내에 많은 그을음이 쌓여 있는 경우

(5) 연도에 습기가 잘 생기는 경우

8 이상연소의 조치

(1) 프리퍼지를 충분하게 한다.

(2) 포스트퍼지를 충분하게 한다.

(3) 연료 중에 수분이나 슬러지는 충분히 제거한다.

(4) 급격한 부하 변동을 피한다.

(5) 전열면에 그을음 부착 및 퇴적 방지를 위해 수트 블로워를 설치한다.

(6) 배관이나 각종 밸브의 상태를 점검한다.

Section 5 이상소화의 원인과 조치

1 이상소화의 원인

(1) 배관의 스트레이너가 막힌 경우

(2) 연료 공급량에 비해 통풍이 강한 경우

(3) 연료에 수분이 많이 함유되어 있는 경우

(4) 연료 가열 부족으로 인한 분무상태가 불량한 경우

(5) 연료 서비스탱크에 연료가 없는 경우

2 이상소화의 조치

(1) 배관의 스트레이너 청소를 자주한다.

(2) 연료 공급량에 따라 통풍을 적당히 한다.

(3) 연료에 수분 제거를 확실히 한다.

(4) 연료 가열상태를 점검하여 분무 상태를 양호하게 한다.

(5) 연료 서비스탱크 연료상태를 주기적으로 확인한다.

Section 6   보일러 손상의 종류와 특징

1 보일러 손상의 원인

(1) 보일러의 수위가 낮은 경우

(2) 관내에 스케일이 생성된 경우

(3) 보일러 수가 농축되어 순환이 이루어지지 않는 경우

(4) 전열면에 국부적인 열을 받았을 경우

(5) 연소실에 열부하가 매우 큰 경우

2 보일러 손상의 종류와 특징

(1) **압궤** : 스케일 부착에 의해 전열면이 과열되어 압력을 받아 안쪽으로 들어가는 현상이다.

(2) **팽출** : 동체, 수관 등에 인장응력을 받는 부분이 압력을 받아 바깥쪽으로 부풀어 나오는 현상이다.

(3) **블리스터** : 금속 또는 피막에 가스, 액체 또는 부식생성물이 축적하여 국부적으로 부풀어 있는 현상이다

(4) **라미네이션** : 압연 강판이나 관의 두께에 가스가 존재하는 상태에서 가공했을 때 2장의 층을 형성하여 분리되는 현상이다.

(5) **가성취화** : 고온 고압 보일러에 알칼리도가 높아져 재질을 열화, 취하시키는 응력부식 균열 현상이다.

(6) **보일러 외부부식** : 저온부식과 고온부식, 산화부식이 있으며, 저온부식은 황(S)에 의한 부식이고 고온부식은 바나듐(V)에 의한 부식이다.

(7) **보일러 내부부식** : 내부부식의 형태로는 점식, 국부부식. 전면부식, 구상부식, 알칼리부식 등이 있다.

Section 7   보일러 손상 방지대책

1 외부부식 방지대책

(1) 연료를 전처리하여 불순물을 제거한다.

(2) 전열면 표면에 내식성 재료를 사용한다.

(3) 부착물의 성상을 바꾸어 전열면에 부착하지 못하게 한다.

(4) 연료의 첨가제를 사용하여 노점온도를 낮춘다.

(5) 배기가스의 온도를 노점온도 이상으로 유지한다.

(6) 연료가 완전 연소가 되도록 방법을 개선한다.

2 내부부식 방지대책

(1) 보일러 수중에 용존산소와 탄산가스를 제거한다.

(2) 보일러 내면에 보호피막과 방청을 한다.

(3) 보일러 수중에 아연판을 설치한다.

(4) 약한 전류를 통전시킨다.

Section 8 보일러 사고의 종류와 특징

1 보일러 사고의 종류

(1) 동체나 드럼의 폭발 및 파열

(2) 전열면의 팽출 및 압궤

(3) 부속장치와 부속기기의 파열

(4) 노 내부 및 연도에서의 가스폭발

(5) 노통, 연소실판, 수관 등의 파열

2 보일러 사고의 특징

(1) **제작상의 원인** : 재료불량, 강도부족, 설계불량, 구조불량, 용접불량, 부속기기 설비의 미비 등이 있다.

(2) **취급상의 원인** : 압력초과, 저수위, 급수처리불량, 부식, 과열, 미연소 가스 폭발, 부속기기 정비불량 등이 있다.

Section 9 보일러 사고 방지대책

1 보일러 사고 방지대책

(1) **설비구입** : 제조업 허가를 받은 사업장에서 형식승인을 취득하고 제조된 것을 구입하고 사용하여야 한다.

(2) **연소관리** : 연료의 적정 점도를 유지하고 프리퍼지, 포스트퍼지를 행한 후 점화시켜 화염을 철저하게 감시한다. 만약 저수위 현상이 있다고 판단될 시 즉시 연소를 중지한다.

(3) **수위관리** : 연속적으로 일정한 급수를 하여 급수장치 및 급수 조절장치기능을 완전하게유지하고, 만약 연소기 및 연소상태에 이상이 있을 경우에는 원인을 찾아 제거하고, 부하변동은 사용처와 사전에 연락이 되도록 한다.

(4) **용수관리** : 순수와 연수로 처리된 처리수를 사용하고 불순물의 농도를 기준치 이하로 유지하여 수시로 수질검사를 하여 관리하고 급수와 관수의 한계치를 유지하고 매 정기점검을 철저히 실시한다.

제12장 에너지 관계법규

Chapter 1 에너지법

Section 1 법, 시행령, 시행규칙

1 목적

안정적이고 효율적이며 환경친화적인 에너지 수급 구조를 실현하기 위한 에너지정책 및 에너지 관련 계획의 수립, 시행에 관한 기본적인 사항을 정함으로써 국민경제의 지속 가능한 발전과 국민의 복리향상에 이바지함을 목적으로 한다.

2 용어의 정의

(1) **에너지** : 연료, 열 및 전기를 말한다.

(2) **연료** : 석유, 가스, 석탄 그 밖에 열을 발생하는 열원을 말한다. 다만, 제품의 원료로 사용되는 것을 제외한다.

(3) **신재생에너지** : [신에너지 및 재생에너지 개발, 이용, 보급촉진법 제2조 제1호]의 규정에 따른 에너지를 말한다.

(4) **에너지 사용시설** : 에너지를 사용하는 공장, 사업장 등의 시설이나 에너지를 전환하여 사용하는 시설을 말한다.

(5) **에너지 사용자** : 에너지사용시설의 소유자 또는 관리자를 말한다.

(6) **에너지 공급설비** : 에너지를 생산, 전환, 수송 또는 저장하기 위하여 설치하는 설비를 말한다.

(7) **에너지 공급자** : 에너지를 생산, 수입, 전환, 수송, 저장 또는 판매하는 사업자를 말한다.

(8) **에너지사용 기자재** : 열사용기자재 그 밖에 에너지를 사용하는 기자재를 말한다.

(9) **열사용기자재** : 연료 및 열을 사용하는 기기, 축열식 전기기기와 단열성자재로서 산업통상자원부령이 정하는 것을 말한다.

(10) **온실가스** : 적외선복사열을 흡수하거나 재방출하여 온실효과를 유발하는 대기 중의 가스상태의 물질로서 이산화탄소(CO_2), 메탄(CH_4), 아산화질소(N_2O), 수소불화탄소(HFCs), 과불화탄소(PFCs) 또는 육불화황(SF_6)을 말한다.

3 지역 에너지계획의 수립

(1) **수립 및 시행** : 특별시장, 광역시장, 도지사 또는 특별자치도지사(시·도지사)가 관할 구역의 지역적 특성을 고려하여 5년마다 5년 이상을 계획기간으로 하여 수립, 시행

(2) **계획 사항**

① 에너지 수급의 추이와 전망에 관한 사항

② 에너지의 안정적 공급을 위한 대책에 관한 사항

③ 신·재생에너지 등 환경친화적 에너지 사용을 위한 대책에 관한 사항

④ 에너지 사용의 합리화와 이를 통한 온실가스의 배출감소를 위한 대책에 관한 사항

⑤ 집단에너지 공급대상지역의 집단에너지 공급을 위한 대책에 관한 사항

⑥ 미활용 에너지원의 개발, 사용을 위한 대책에 관한 사항

⑦ 에너지시책 및 관련 사업을 위하여 시도지사가 필요하다고 인정하는 사항

4 비상시 에너지 수급계획의 수립

(1) **수립** : 에너지 수급에 중대한 차질이 발생할 경우에 대비하여 산업통상자원부장관이 수립하여 에너지위원회의 심의를 거쳐 확정

(2) **계획 사항**

① 국내외 에너지 수급의 추이와 전망에 관한 사항

② 비상시 에너지소비 절감을 위한 대책에 관한 사항

③ 비상시 비축에너지의 활용에 관한 대책에 관한 사항

④ 비상시 에너지의 할당, 배급 등 수급 조정에 관한 대책에 관한 사항

⑤ 비상시 에너지 수급 안정을 위한 국제협력에 관한 대책에 관한 사항

⑥ 비상계획의 효율적 시행을 위한 행정계획에 관한 사항

5 에너지기술개발 계획

(1) **수립 및 시행** : 정부는 10년 이상을 계획기간으로 하는 에너지기술 개발 계획을 5년마다 수립하고, 이에 따른 연차별 실행계획을 수립, 시행

(2) **계획 사항**

① 에너지의 효율적 사용을 위한 기술개발에 관한 사항

② 신·재생에너지 등 환경친화적 에너지에 관련된 기술개발에 관한 사항

③ 에너지 사용에 따른 환경오염 저감을 위한 기술개발에 관한 사항

④ 온실가스 배출을 줄이기 위한 기술개발에 관한 사항

⑤ 개발된 에너지 기술의 실용화의 촉진에 관한 사항

⑥ 국제에너지기술협력의 촉진에 관한 사항

⑦ 에너지기술에 관련된 인력, 정보, 시설 등 기술개발자원의 확대 및 효율적 활용에 관한 사항

6 에너지 관련 통계의 관리, 공표

(1) 산업통상자원부장관은 기본계획 및 에너지 관련 시책의 효과적인 수립·시행을 위하여 국내외 에너지 수급에 관한 통계를 작성·분석·관리하며, 관련 법령에 저촉되지 아니하는 범위에서 이를 공표할 수 있다.

(2) 산업통상자원부장관은 매년 다음 각 호에 따른 통계를 작성·분석하며, 그 결과를 공표할 수 있다.

① 에너지 사용 및 산업 공정에서 발생하는 온실가스 배출량

② 에너지 이용 소외계층의 에너지 이용현황 등

(3) 산업통상자원부장관은 필요하다고 인정하면 다음에 따라 에너지 총조사를 할 수 있다.

- 에너지 수급에 관한 통계를 작성하는 경우에는 산업통상자원부령으로 정하는 에너지열량 환산기준을 적용하여야 한다.

(4) 에너지 총조사는 3년마다 실시하되, 산업통상자원부장관이 필요하다고 인정할 때에는 간이조사를 실시할 수 있다.

Chapter 2 에너지이용 합리화법

Section 1 법, 시행령, 시행규칙

1 목적

에너지의 수급을 안정시키고 에너지의 합리적이고 효율적인 이용을 증진하며 에너지소비로 인한 환경피해를 줄임으로써 국민경제의 건전한 발전 및 국민복지의 증진과 지구온난화의 최소화에 이바지함을 목적으로 한다.

2 정부와 에너지사용자, 공급자 등의 책무

(1) **정부** : 에너지의 수급 안정과 합리적이고 효율적인 이용을 도모하고 이를 통한 온실가스의 배출을 줄이기 위한 기본적이고 종합적인 시책을 강구하고 시행할 책무를 진다.

(2) **지방자치단체** : 관할 지역의 특성을 고려하여 국가에너지정책의 효과적인 수행과 지역경제의 발전을 도모하기 위한 지역에너지시책을 강구하고 시행할 책무를 진다.

(3) **에너지사용자와 에너지공급자** : 국가나 지방자치단체의 에너지시책에 적극 참여하고 협력하여야 하며, 에너지의 생산, 전환, 수송, 저장, 이용 등에서 그 효율을 극대화하고 온실가스의 배출을 줄이도록 노력하여야 한다.

(4) **에너지사용기자재와 에너지공급설비를 생산하는 제조업자** : 기자재와 설비의 에너지효율을 높이고 온실가스의 배출을 줄이기 위한 기술의 개발과 도입을 위하여 노력하여야 한다.

(5) **국민** : 일상생활에서 에너지를 합리적으로 이용하여 온실가스의 배출을 줄이도록 노력하여야 한다.

3 에너지이용 합리화를 위한 계획 및 조치

에너지이용 합리화 기본계획 : 산업통상자원부장관은 에너지를 합리적으로 이용하게 하기 위하여 에너지이용 합리화에 관한 기본계획을 수립하여야 한다. 또한 기본계획을 수립하려면 관계 행정기관의 장과 협의한 에너지위원회의 심의를 거쳐야 한다.

(1) 기본계획 사항
 ① 에너지절약형 경제구조로의 전환
 ② 에너지이용 효율의 증대
 ③ 에너지이용 합리화를 위한 기술개발
 ④ 에너지이용 합리화를 위한 홍보 및 교육
 ⑤ 에너지원간 대체
 ⑥ 열사용기자재의 안전관리
 ⑦ 에너지이용 합리화를 위한 가격예시제의 시행에 관한 사항
 ⑧ 에너지의 합리적인 이용을 통한 온실가스의 배출을 줄이기 위한 대책
 ⑨ 그 밖에 에너지이용 합리화를 추진하기 위하여 필요한 사항으로서 산업통상자원부령으로 정하는 사항

(2) 에너지이용 합리화 실시계획
 ① 관계 행정기관의 장과 특별시장, 광역시장, 도지사 또는 특별자치도지사는 기본계획에 따라 에너지이용 합리화에 관한 실시계획을 수립하고 시행하여야 한다.
 ② 관계 행정기관의 장 및 시·도지사는 실시계획과 그 시행 결과를 산업통상자원부장관에게 제출하여야 한다.
 ③ 산업통상자원부장관은 위원회의 심의를 거쳐 제출된 실시계획을 종합, 조정하고 추진상황을 점검, 평가하여야 한다.

4 수급안정을 위한 조치

산업통상자원부장관은 국내외 에너지사정의 변동에 따른 에너지의 수급차질에 대비하기 위하여 대통령령으로 정하는 주요 에너지사용자와 에너지공급자에게 에너지저장시설을 보유하고 에너지를 저장하는 의무를 부과할 수 있다.

(1) 에너지저장의무 부과대상자
 ① 전기사업자
 ② 도시가스사업자
 ③ 석탄가공업자
 ④ 집단에너지사업자
 ⑤ 연간 2만 석유환산톤 이상의 에너지를 사용하는 자

(2) 에너지저장의무를 부과할 때 고시할 사항

① 대상자

② 저장시설의 종류 및 규모

③ 저장하여야 할 에너지의 종류 및 저장의무량

④ 그 밖에 필요한 사항

(3) 수급안정을 위한 조정, 명령, 그밖에 필요한 조치 내용

① 지역별, 주요 수급자별 에너지 할당

② 에너지 공급설비의 가동 및 조업

③ 에너지의 비축과 저장

④ 에너지의 도입, 수출입 및 위탁가공

⑤ 에너지공급자 상호 간의 에너지의 교환 또는 분배 사용

⑥ 에너지의 유통시설과 그 사용 및 유통경로

⑦ 에너지의 배급

⑧ 에너지의 양도, 양수의 제한 또는 금지

⑨ 에너지사용의 시기, 방법 및 에너지사용기자재의 사용 제한 또는 금지 등 대통령령으로 정하는 사항

⑩ 그 밖에 에너지 수급을 안정시키기 위하여 대통령령으로 정하는 사항

Chapter 3 열사용기자재의 검사 및 검사면제에 관한 기준

Section 1 특정열사용기자재

1 열사용 기자재

연료 및 열을 사용하는 기기, 축열식 전기기기와 단열성 자재로서 산업통상자원부령이 정하는 것을 말한다.

구분	품목명	적용범위
보일러	강철제보일러 주철제보일러	다음 각 호의 어느 하나에 해당하는 것을 말한다. 1. 1종관류보일러 : 강철제보일러중 헤더의 안지름이 150mm 이하이고, 전열면적이 $5m^2$ 초과 $10m^2$ 이하이며, 최고사용압력이 1MPa 이하인 관류보일러(기수분리기를 장치한 경우에는 기수분리기의 안지름이 300mm 이하이고, 그 내용적이 $0.07m^2$ 이하인 것에 한한다)를 말한다. 2. 2종관류보일러 : 강철제보일러 중 헤더의 안지름이 150mm 이하이고, 전열면적이 $5m^2$ 이하이며, 최고사용압력이 1MPa 이하인 관류보일러(기수분리기를 장치한 경우에는 기수분리기 안지름 200mm 이하이고, 그 내용적이 $0.02m^2$ 이하인 것에 한한다)를 말한다. 3. 제1호 및 제2호 외의 금속(주철을 포함한다)으로 만든 것. 다만, 소형온수보일러·구멍탄용 온수보일러 및 축열식전기보일러를 제외한다.
	소형온수 보일러	전열면적이 $14m^2$ 이하이며, 최고사용압력이 0.35MPa 이하의 온수를 발생하는 것. 다만, 구멍탄용온수보일러·축열식전기보일러 및 가스사용량이 17kg/h(도시가스 232.6kW) 이하인 가스용온수보일러를 제외한다.
	구멍탄용 온수보일러	「석탄산업법 시행령」제2조 제2호의 규정에 의한 연탄을 연료로 사용하여 온수를 발생시키는 것으로서 금속제에 한한다.
	축열식전기 보일러	심야전력을 사용하여 온수를 발생시켜 축열조에 저장한 후 난방에 이용하는 것으로서 정격소비전력이 30kW 이하이며, 최고사용압력이 0.35MPa 이하인 것
태양열집열기		
압력용기	1종 압력용기	최고사용압력(MPa)과 내용적(m^2)을 곱한 수치가 0.004를 초과하는 다음 각호의 1에 해당하는 것 1. 증기 그 밖의 열매체를 받아들이거나 증기를 발생시켜 고체 또는 액체를 가열하는 기기로서 용기안의 압력이 대기압을 넘는 것 2. 용기안의 화학반응에 의하여 증기를 발생하는 용기로서 용기안의 압력이 대기압을 넘는 것 3. 용기안의 액체의 성분을 분리하기 위하여 해당액체를 가열하거나 증기를 발생시키는 용기로서 용기안의 압력이 대기압을 넘는 것 4. 용기안의 액체의 온도가 대기압에서의 비점을 넘는 것
	2종 압력용기	최고사용압력이 0.2MPa를 초과하는 기체를 그 안에 보유하는 용기로서 다음 각호의 1에 해당하는 것 1. 내용적이 $0.04m^2$ 이상인 것 2. 동체의 안지름이 200mm 이상(증기헤더의 경우에는 동체의 안지름이 300mm 초과)이고, 그 길이가 1천mm 이상인 것
요로	요업요로	연속식유리용융가마·불연속식유리용융가마·유리용 융도가니가마·터널가마·도염식가마·셔틀가마·회전가마 및 석회용선가마
	금속요로	용선로·비철금속용융로·금속소둔로·철금속가열로 및 금속균열로

2 특정열사용 기자재

열사용 기자재 중 제조, 설치, 시공 및 사용에서의 안전관리, 위해방지 또는 에너지이용의 효율관리가 특히 필요하다고 인정되는 것으로서 산업통상자원부령으로 정하는 열사용기자재

구 분	품목명	설치·시공범위
보일러	강철제보일러 주철제보일러 온수보일러 구멍탄용 온수보일러 축열식 전기보일러 캐스케이드 보일러 가정용 화목보일러	해당 기기의 설치, 배관 및 세관
태양열집진기	태양열집진기	해당 기기의 설치, 배관 및 세관
압력용기	1종 압력용기 2종 압력용기	해당 기기의 설치, 배관 및 세관
요업요로	연속식 유리용융가마 불연속식 유리용융가마 유리용융도가니가마 터널가마 도염식각가마 셔틀가마 회전가마 석회용선가마	해당 기기의 설치를 위한 시공
금속요로	용선로 비철금속용융로 금속소둔로 철금속가열로 금속균열로	해당 기기의 설치를 위한 시공

Section 2 검사대상기기의 검사 등

1 검사대상기기와 적용범위

다음의 검사대상기기 제조업자 또는 검사대상기기설치자는 제조 또는 설치에 관하여 한국에너지공단이사장에게 검사를 받아야 한다.

구 분	감사대상기기	적용 범위
보일러	강철제보일러 주철제보일러	다음 각 호의 어느 하나에 해당하는 것을 제외한다. 1. 최고사용압력이 0.1MPa 이하이고, 동체의 안지름이 300mm 이하이며, 길이가 600mm 이하인 것 2. 최고사용압력이 0.1MPa 이하이고, 전열면적이 5m^2 이하인 것 3. 2종관류보일러 4. 온수를 발생시키는 보일러로서 대기개방형인 것
	소형온수보일러	가스를 사용하는 것으로서 가스사용량이 17kg/h(도시가스는 232.6kW)를 초과하는 것
압력용기	1종압력용기 2종압력용기	별표 1의 규정에 의한 압력용기의 적용범위에 의한다.
요로	철금속가열로	정격용량이 0.58MW를 초과하는 것

2 검사의 종류 및 적용대상

검사의 종류		적용대상
제조검사	용접검사	동체·경판 및 이와 유사한 부분을 용접으로 제조하는 경우의 검사
	구조검사	강판·관 또는 주물류를 용접·확대·조립·주조 등에 의하여 제조하는 경우의 검사
설치검사		신설한 경우의 검사(사용연료의 변경에 의하여 검사대상이 아닌 보일러가 검사대상으로 되는 경우의 검사를 포함한다)

개조검사		다음 각호의 1에 해당하는 경우의 검사
		  1. 증기보일러를 온수보일러로 개조하는 경우
		  2. 보일러 섹션의 증감에 의하여 용량을 변경하는 경우
		  3. 동체·돔·노통·연소실·경판·천정판·관판·관모음 또는 스테이의 변경으로서 산업자원부장관이 정하여 고시하는 대수리의 경우
		  4. 연료 또는 연소방법을 변경하는 경우
		  5. 철금속가열로로서 산업자원부장관이 정하여 고시하는 경우의 수리

설치장소변경검사		설치장소를 변경한 경우의 검사. 다만, 이동식 검사대상기기를 제외한다.
계속사용검사	안전검사	설치검사·개조검사·설치장소변경검사 또는 재사용검사 후 안전 부문에 대한 유효기간을 연장하고자 하는 경우의 검사

	운전성능검사	다음 각호의 1에 해당하는 기기에 대한 검사로서 설치검사 후 운전성능부문에 대한 유효기간을 연장하고자 하는 경우검사
		  1. 용량이 1t/h(난방용의 경우에는 5t/h)이상인 강철제 보일러 및 주철제 보일러
		  2. 철금속 가열로

	재사용검사	사용 중지 후 재사용하고자 하는 경우의 검사

3 검사의 유효기간

검사의 종류		검사유효기간
설치검사		1. 보일러 : 1년. 다만, 운전성능부문의 경우에는 3년 1개월로 한다. 2. 압력용기 및 철금속 가열로 : 2년
개조검사		1. 보일러 : 1년 2. 압력용기 및 철금속 가열로 : 2년
설치장소변경검사		1. 보일러 : 1년 2. 압력용기 및 철금속 가열로 : 2년
재사용검사		1. 보일러 : 1년 2. 압력용기 및 철금속 가열로 : 2년
계속사용검사	안전검사	1. 보일러 : 1년 2. 압력용기 : 2년
	운전성능검사	1. 보일러 : 1년 2. 철금속 가열로 : 2년

4 검사대상기기관리자의 선임

검사기기설치자는 검사대상기기의 안전관리, 위해방지 및 에너지이용의 효율관리를 위하여 검사대상기기 관리자를 선임하여야 한다.

관리자의 자격	관리 범위
에너지관리기능장 또는 에너지관리기사	용량이 30[t/h]를 초과하는 보일러
에너지관리기능장, 에너지관리기사, 에너지관리산업기사	용량이 10[t/h]를 초과하고 30[t/h] 이하인 보일러
에너지관리기능장, 에너지관리기사, 에너지관리산업기사 또는 에너지관리기능사	용량이 10[t/h] 이하인 보일러
에너지관리기능장, 에너지관리기사, 에너지관리산업기사, 에너지관리기능사 또는 인정검사대상기기 관리자의 교육을 이수한자	1. 증기보일러로서 최고사용압력이 1[MPa] 이하이고, 전열면적이 10[m^2] 이하인 것 2. 온수 발생 또는 열매체를 가열하는 보일러로서 출력이 581.5[kW] 이하인 것 3. 압력용기

[비고]
1. 온수발생 및 열매체를 가열하는 보일러의 용량은 697.8[kW]를 1[t/h]로 본다.
2. 제48조 제2항에 따른 1구역에서 가스 연료를 사용하는 1종 관류보일러의 용량은 이를 구성하는 보일러의 개별 용량을 합산한 값으로 한다.
3. 계속사용검사 중 안전검사를 실시하지 않는 검사대상기기 또는 가스 외의 연료를 사용하는 1종 관류보일러의 경우에는 관리자의 자격에 제한을 두지 아니한다.
4. 가스를 연료로 사용하는 보일러의 검사대상기기 관리자의 자격은 위 표에 따른 자격을 가진 사람으로서 제47조 2항에 따라 산업통상자원부장관이 정하는 관련 교육을 이수한 사람 또는 [도시가스사업법 시행령] 별표 1에 따라 특정 가스 사용시설의 안전관리 책임자의 자격을 가진 사람으로 한다.

PART II

기출 복원 문제

2013년 1회 기출 복원 문제
2013년 1월 27일

01 통풍 방식에 있어서 소요 동력이 비교적 많으나 통풍력 조절이 용이하고 노내압을 정압 및 부압으로 임의로 조절이 가능한 방식은?
① 흡인통풍
② 평형통풍
③ 압입통풍
④ 자연통풍

02 보일러 자동연소제어(A.C.C)의 조작량에 해당하지 않는 것은?
① 연소 가스량
② 공기량
③ 연료량
④ 급수량

03 다음 도시가스의 종류를 크게 천연가스와 석유계 가스, 석탄계 가스로 구분할 때 석유계 가스에 속하지 않는 것은?
① 코르크 가스
② LPG 변성가스
③ 나프타 분해가스
④ 정제소 가스

04 다음 중 증기의 건도를 향상시키는 방법으로 틀린 것은?
① 증기 공간내의 공기를 제거한다.
② 기수분리기를 사용한다.
③ 증기주관에서 효율적인 드레인 처리를 한다.
④ 증기의 압력을 더욱 높여서 초고압 상태로 만든다.

05 다음 중 연소 시에 매연 등의 공해 물질이 가장 적게 발생되는 연료는?
① 석탄
② 액화천연가스
③ 중유
④ 경유

06 다음 중 수관식 보일러에 해당되는 것은?
① 스코치 보일러
② 배브콕 보일러
③ 코크란 보일러
④ 케와니 보일러

07 1보일러 마력을 열량으로 환산하면 몇 kcal/h인가?
① 8435kcal/h
② 9435kcal/h
③ 7435kcal/h
④ 10173kcal/h

08 보일러 열효율 향상을 위한 방안으로 잘못 설명한 것은?
① 절탄기 또는 공기예열기를 설치하여 배기가스 열을 회수한다.
② 버너 연소부하조건을 낮게 하거나 연속운전을 간헐운전으로 개선한다.
③ 급수온도가 높으면 연료가 절감되므로 고온의 응축수는 회수한다.
④ 온도가 높은 블로우 다운수를 회수하여 급수 및 온수제조 열원으로 활용한다.

09 석탄의 함유 성분에 대해서 그 성분이 많을수록 연소에 미치는 영향에 대한 설명으로 틀린 것은?
① 수분 : 착화성이 저하된다.
② 회분 : 연소효율이 증가한다.
③ 휘발분 : 검은 매연이 발생하기 쉽다.
④ 고정탄소 : 발열량이 증가한다.

10 시간당 100kg의 중류를 사용하는 보일러에서 총 손실열량이 200000kcal/h일 때 보일러의 효율은 약 얼마인가? (단, 중유의 발열량은 10000kcal/kg이다.)
① 75%
② 80%
③ 85%
④ 90%

11 오일버너 종류 중 회전컵의 회전운동에 의한 원심력과 미립회용 1차공기의 운동에너지를 이용하여 연료를 분무시키는 버너는?
① 건타입 버너
② 로터리 버너
③ 유압식 버너
④ 기류 분무식 버너

정답 01 ② 02 ④ 03 ① 04 ④ 05 ② 06 ② 07 ① 08 ② 09 ② 10 ② 11 ②

12 프라이밍의 발생 원인으로 거리가 먼 것은?
① 보일러 수위가 높을 때
② 보일러수가 농축되어 있을 때
③ 송기 시 증기밸브를 급개할 때
④ 증발능력에 비하여 보일러수의 표면적이 클 때

13 오일 여과기의 기능으로 거리가 먼 것은?
① 펌프를 보호한다.
② 유량계를 보호한다.
③ 연료노즐 및 연료조절 밸브를 보호한다.
④ 분무효과를 높여 연소를 양호하게 하고, 연소생성물을 활성화 시킨다.

14 다음 중 목표값이 변화되어 목표값을 측정하면서 제어목표량을 목표량에 맞도록 하는 제어에 속하지 않는 것은?
① 추종 제어   ② 비율 제어
③ 정치 제어   ④ 캐스캐이드 제어

15 노동 보일러에서 갤러웨이 관(galloway tuve)을 설치하는 목적으로 가장 옳은 것은?
① 스케일 부착을 방지하기 위하여
② 노통의 보강과 양호한 물 순환을 위하여
③ 노통의 진동을 방지하기 위하여
④ 연료의 완전연소를 위하여

16 다음 중 수트 블로워의 종류가 아닌 것은?
① 장발형   ② 건타입형
③ 정치회전형   ④ 콤버스터형

17 건 배기가스 중의 이산화탄소분 최대값이 15.7%이다. 공기비를 1.2로 할 경우 건 배기가스 중의 이산화소분은 몇 %인가?
① 11.21%   ② 12.07%
③ 13.08%   ④ 17.58%

18 보일러 급수펌프 중 비용적식 펌프로서 원심펌프인 것은?
① 워싱턴펌프   ② 웨이펌프
③ 플런저펌프   ④ 볼류트펌프

19 다음 자동제어에 대한 설명에서 온-오프(on-off) 제어에 해당되는 것은?
① 제어량이 목표값을 기준으로 열거나 닫는 2개의 조작량을 가진다.
② 비교부의 출력이 조작량에 비례하여 변화한다.
③ 출력편차량의 시간 적분에 비례한 속도로 조작량을 변화시킨다.
④ 어떤 출력편차의 시간 변화에 비례하여 조작량을 변화시킨다.

20 다음 중 비열에 대한 설명으로 옳은 것은?
① 비열은 물질 종류에 관계없이 1:4로 동일하다.
② 질량이 동일할 때 열용량이 크면 비열이 크다.
③ 공기의 비열이 물보다 크다.
④ 기체의 비열비는 항상 1보다 작다.

21 보일러 부속장치에 관한 설명으로 틀린 것은?
① 고압증기 터빈에서 팽창되어 압력이 저하된 증기를 재과열하는 것을 과열기라 한다.
② 배기가스의 열로 연소용 공기를 예열하는 것을 공기예열기라 한다.
③ 배기가스의 여열을 이용하여 급수를 예열하는 장치를 절탄기라 한다.
④ 오일 프리히터는 기름을 예열하여 점도를 낮추고, 연소를 원활히 하는데 목적이 있다.

22 KS에서 규정하는 보일러의 열정산은 원칙적으로 정격 부하 이상에서 정상 상태(steady state)로 적어도 몇 시간 이상의 운전결과에 따라야 하는가?
① 1시간   ② 2시간
③ 3시간   ④ 5시간

23 전기식 증기압력조절기에서 증기가 벨로즈 내에 직접 침입하지 않도록 설치하는 것으로 가장 적합한 것은?
① 신축 이음쇠   ② 균압 관
③ 사이폰 관   ④ 안전 밸브

24 외분식 보일러의 특징 설명으로 거리가 먼 것은?
① 연소실 개조가 용이하다
② 노내 온도가 높다
③ 연료의 선택 범위가 넓다
④ 복사열의 흡수가 많다

25 열사용기자재의 검사 및 검사의 면제에 관한 기준에 따라 온수 발생 보일러(액상식 열매체 보일러 포함)에서 사용하는 방출밸브와 방출관의 설치 기준에 관한 설명으로 옳은 것은?
① 인화성 액체를 방출하는 열매체 보일러의 경우 방출밸브 또는 방출관은 밀폐식 구조로 하든가 보일러 밖의 안전한 장소에 방출시킬 수 있는 구조이어야 한다.
② 온수발생보일러에는 압력이 보일러의 최고사용압력에 달하면 즉시 작동하는 방출밸브 또는 안전밸브를 2개 이상 갖추어야 한다.
③ 393K의 온도를 초과하는 온수발생보일러에는 안전밸브를 설치하여야 하며, 그 크기는 호칭지름 10mm 이상이어야 한다.
④ 액상식 열매체 보일러 및 온도 393K 이하의 온수발생 보일러에는 방출밸브를 설치하여야 하며, 그 지름은 10mm 이상으로 하고, 보일러의 압력이 보일러의 최고사용압력에 그 5%(그 값이 0.035Mpa 미만인 경우에 는 0.035Mpa로 한다.)를 더한 값을 초과하지 않도록 지름과 개수를 정하여야 한다.

26 보일러와 관련한 기초 열역학에서 사용하는 용어에 대한 설명으로 틀린 것은?
① 절대압력 : 완전 진공상태를 0으로 기준하여 측정한 압력
② 비체적 : 단위 체적당 질량으로 단위는 kg/m^3 임
③ 현열 : 물질 상태의 변화 없이 온도가 변화하는데 필요한 열량
④ 잠열 : 온도의 변화 없이 물질 상태가 변화하는데 필요한 열량

27 보일러에서 사용하는 안전밸브 구조의 일반사항에 대한 설명으로 틀린 것은?
① 설정압력이 3Mpa를 초과하는 증기 또는 온도가 508K를 초과하는 유체에 사용하는 안전밸브에는 스프링이 분출하는 유체에 직접 노출되지 않도록 하여야 한다.
② 안전밸브는 그 일부가 파손하여도 충분한 분출량을 얻을 수 있는 것이어야 한다.
③ 안전밸브는 쉽게 조정이 가능하도록 잘 보이는 곳에 설치하고 봉인하지 않도록 한다.
④ 안전밸브의 부착부는 배기에 의한 반동력에 대하여 충분한 강도가 있어야 한다.

28 함진 배기가스를 액방울이나 액막에 충돌시켜 분진 입자를 포집 분리하는 집진장치는?
① 중력식 집진장치 ② 관성력식 집진창지
③ 원심력식 집진장치 ④ 세정식 집진장치

29 보일러 가동 중 실화(失火)가 되거나, 압력이 규정치를 초과하는 경우는 연료 공급이 자동적으로 차단하는 장치는?
① 광전관 ② 화염검출기
③ 전자밸브 ④ 체크밸브

30 보일러 내처리로 사용되는 약제의 종류에서 pH, 알칼리 조정 작용을 하는 내처리제에 해당하지 않는 것은?
① 수산화나트륨 ② 히드라진
③ 인산 ④ 암모니아

31 보일러에서 발생하는 부식 형태가 아닌 것은?
① 점식 ② 수소취화
③ 알칼리 부식 ④ 라미네이션

32 보일러의 휴지(休止) 보존 시에 질소가스 봉입보존법을 사용할 경우 질소 가스의 압력을 몇 Mpa 정도로 보존하는가?
① 0.2 ② 0.6
③ 0.02 ④ 0.06

33 증기, 물, 기름 배관 등에 사용되며 관내의 이물질, 찌꺼기 등을 제거할 목적으로 사용 되는 것은?
① 플로트 밸브   ② 스트레이너
③ 세정밸브   ④ 분수밸브

34 보일러 저수위 사고의 원인으로 가장 거리가 먼 것은?
① 보일러 이음부에서의 누설
② 수면계 수위의 오판
③ 급수장치가 증발능력에 비해 과소
④ 연료 공급 노즐의 막힘

35 보일러에서 사용하는 수면계 설치 기준에 관한 설명 중 잘못된 것은?
① 유리 수면계는 보일러의 최고사용압력과 그에 상당하는 증기온도에서 원활히 작용하는 기능을 가져야 한다.
② 소용량 및 소형관류보일러에는 2개 이상의 유리 수면계를 부착해야 한다.
③ 최고사용압력 1Mpa 이하로서 동체 안지름이 750mm 미만인 경우에 있어서는 수면계 중 1개는 다른 종류의 수면측정 장치로 할 수 있다.
④ 2개 이상의 원격지시 수면계를 시설하는 경우에 한하여 유리 수면계를 1개 이상으로 할 수 있다.

36 증기난방에서 응축수의 환수방법에 따른 분류 중 증기의 순환과 응축수의 배출이 빠르며, 방열량도 광범위하게 조절 할 수 있어서 대규모 난방에서 많이 채택하는 방식은?
① 진공 환수식 증기난방
② 복관 중력 환수식 증기난방
③ 기계 환수식 증기난방
④ 단관 중력 환수식 증기난방

37 온수난방을 하는 방열기의 표준 방열량은 몇 kcal/m²·h 인가?
① 440   ② 450
③ 460   ④ 470

38 증기난방과 비교하여 온수난방의 특징을 설명한 것으로 틀린 것은?
① 난방 부하의 변동에 따라서 열량조절이 용이하다.
② 예열 시간이 짧고, 가열 후에 냉각시간도 짧다.
③ 방열기의 화상이나, 공기 중의 먼지 등이 눌어붙어 생기는 나쁜 냄새가 적어 실내의 쾌적도가 높다.
④ 동일 발열량에 대하여 방열 면적이 커야하고 관경도 굵어야 하기 때문에 설비비가 많이 드는 편이다.

39 배관 내에 흐르는 유체의 종류를 표시하는 기호 중 증기를 나타내는 것은?
① A   ② G
③ O   ④ S

40 보온시공 시 주의사항에 대한 설명으로 틀린 것은?
① 보온재와 보온재의 틈새는 되도록 적게 한다.
② 겹침부의 이음새는 동일 선상을 피해서 부착한다.
③ 테이프 감기는 물, 먼지 등의 침입을 막기 위해 위에서 아래쪽으로 향하여 감아 내리는 것이 좋다.
④ 보온의 끝 단면은 사용하는 보온재 및 보온 목적에 따라서 필요한 보호를 한다.

41 표준방열량을 가진 증기방열기가 설치된 실내의 난방 부하가 20,000kcal/h 일 때 방열 면적은 몇 m² 인가?
① 30.8   ② 36.4
③ 44.4   ④ 57.1

42 보일러 배관 중에 신축이음을 하는 목적으로 가장 적합한 것은?
① 증기 속의 이물질을 제거하기 위하여
② 열팽창에 의한 관의 파열을 막기 위하여
③ 보일러 수의 누수를 막기 위하여
④ 증기 속의 수분을 분리하기 위하여

43 가동 중인 보일러의 취급 시 주의사항으로 틀린 것은?
① 보일러수가 항시 일정수위(상용수위)가 되도록 한다.
② 보일러 부하에 응해서 연소율을 가감한다.
③ 연소량을 증가 시킬 경우에는 먼저 연료량을 증가시키고 난 후 통풍량을 증가 시켜야 한다.
④ 보일러수의 농축을 방지하기 위해 주기적으로 블로우 다운을 실시한다.

44 증기 보일러에는 원칙적으로 2개 이상의 안전밸브를 부착해야 하는데 전열면적이 몇 m² 이하이면 안전밸브를 1개 이상 부착해도 되는가?
① 50m² ② 30m²
③ 80m² ④ 100m²

45 배관의 나사이음과 비교한 용접이음의 특징으로 잘못 설명된 것은?
① 나사 이음부와 같이 관의 두께에 불균일한 부분이 없다.
② 돌기부가 없어 배관상의 공간효율이 좋다.
③ 이음부의 강도가 적고, 누수의 우려가 크다.
④ 변형과 수축, 잔류응력이 발생 할 수 있다.

46 부식억제제의 구비조건에 해당하지 않는 것은?
① 스케일의 생성을 촉진할 것
② 정지나 유동시에도 부식억제 효과가 클 것
③ 방식 피막이 두꺼우며 열전도에 지장이 없을 것
④ 이종금속과의 접촉부식 및 이종 금속에 대한 부식 촉진 작용이 없을 것

47 로터리 밸브의 일종으로 원통 또는 원뿔에 구멍을 뚫고 축을 회전함에 따라 개폐하는 것으로 플러그 밸브라고도 하며 0~90°, 사이에 임의의 각도로 회전함으로써 유량을 조절하는 밸브는?
① 글로브 밸브 ② 체크 밸브
③ 슬루스 밸브 ④ 콕(Cock)

48 열사용기자재 검사기준에 따라 수압시험을 할 때 강철제 보일러의 최고사용압력이 0.43Mpa를 초과, 1.5Mpa 이하인 보일러의 수압시험 압력은?
① 최고 사용압력의 2배 +0.1Mpa
② 최고 사용압력의 1.5배 +0.2Mpa
③ 최고 사용압력의 1.3배 +0.3Mpa
④ 최고 사용압력의 2.5배 +0.5Mpa

49 방열기의 종류 중 관과 핀으로 이루어지는 엘리먼트와 이것을 보호하기 위한 덮개로 이루어지며, 실내 벽면 아랫부분의 나비 나무 부분을 따라서 부착하여 방열하는 형식의 것은?
① 컨벡터 ② 패널라디에이터
③ 섹셔널 라디에이터 ④ 베이스 보드 히터

50 신축곡관이라고도 하며 고온, 고압용 증기관 등의 옥외 배관에 많이 쓰이는 신축 이음은?
① 벨로스형 ② 슬리브형
③ 스위블형 ④ 루프형

51 신·재생 에너지 설비 중 태양의 열에너지를 변환시켜 전기를 생산하거나 에너지원으로 이용하는 설비로 맞는 것은?
① 태양열 설비 ② 태양광 설비
③ 바이오에너지 설비 ④ 풍력 설비

52 에너지이용 합리화법상 효율관리기자재에 해당하지 않는 것은?
① 전기냉장고 ② 전기냉방기
③ 자동차 ④ 범용선반

53 에너지이용 합리화법에 따라 지식경제부령으로 정하는 광고매체를 이용하여 효율관리기자재의 광고를 하는 경우에는 그 광고 내용에 에너지 소비효율, 에너지소비 효율등급을 포함시켜야 할 의무가 있는 자가 아닌 것은?
① 효율관리기자재 제조업자
② 효율관리기자재 광고업자
③ 효율관리기자재 수입업자
④ 효율관리기자재 판매업자

54 에너지이용 합리화법에 따라 에너지 사용계획을 수립하여 지식경제부 장관에게 제출하여야 하는 민간사업주관자의 시설규모로 맞는 것은?
① 연간 2500 티·오·이 이상의 연료 및 열을 사용하는 시설
② 연간 5000 티·오·이 이상의 연료 및 열을 사용하는 시설
③ 연간 1천만 킬로와트 이상의 전력을 사용하는 시설
④ 연간 500만 킬로와트 이상의 전력을 사용하는 시설

55 효율관리기자재 운용규정에 따라 가정용가스보일러에서 시험성적서 기재 항목에 포함되지 않는 것은?
① 난방열효율 ② 가스소비량
③ 부하손실 ④ 대기전력

56 온수 순환 방법에서 순환이 빠르고 균일하게 급탕할 수 있는 방법은?
① 단관 중력순환식 배관법
② 복관 중력순환식 배관법
③ 건식 순환식 배관법
④ 강제 순환식 배관법

57 연료(중유) 배관에서 연료 저장탱크와 버너 사이에 설치되지 않는 것은?
① 오일펌프 ② 여과기
③ 중유가열기 ④ 축열기

58 보일러 점화조작 시 주의사항에 대한 설명으로 틀린 것은?
① 연소실의 온도가 높으면 연료의 확산이 불량해져서 착화가 잘 안 된다.
② 연료가스의 유출 속도가 너무 빠르면 실화 등이 일어나고, 너무 늦으면 역화가 발생한다.
③ 연료의 유압이 낮으면 점화 및 분사가 불량하고 높으면 그을음이 축적된다.
④ 프리퍼지 시간이 너무 길면 연소실의 냉각을 초래하고 너무 늦으면 역화를 일으킬 수 있다.

59 보일러 가동 시 맥동연소가 발생하지 않도록 하는 방법으로 틀린 것은?
① 연료 속에 함유된 수분이나 공기를 제거한다.
② 2차 연소를 촉진시킨다.
③ 무리한 연소를 하지 않는다.
④ 연소량의 급격한 변동을 피한다.

60 에너지 이용 합리화법에서 정한 국가에너지 절약 추진위원회의 위원장은 누구인가?
① 지식경제부장관 ② 지방자치단체의 장
③ 국무총리 ④ 대통령

정답 56 ④ 57 ④ 58 ① 59 ② 60 ①

2013년 2회 기출 복원 문제
2013년 4월 14일

01 다음 각각의 자동제어에 관한 설명 중 맞는 것은?
① 목표 값이 일정한 자동제어를 추치제어라고 한다.
② 어느 한쪽의 조건이 구비되지 않으면 다른 제어를 정지 시키는 것은 피드백 제어이다.
③ 결과가 원인으로 되어 제어단계를 진행하는 것을 인터록 제어라고 한다.
④ 미리 정해진 순서에 따라 제어의 각 단계를 차례로 진행하는 제어는 시퀀스 제어이다.

02 난방 및 온수 사용열량이 400,000kcal/h인 건물에, 효율 80%인 보일러로서 저위발열량 10,000kcal/Nm^3 인 기체연료를 연소시키는 경우, 시간당 소요연료량은 약 몇 Nm^3/h 인가?
① 45   ② 60
③ 56   ④ 50

03 다음 중 여과식 집진장치의 종류가 아닌 것은?
① 유수식   ② 원통식
③ 평판식   ④ 역기류 분사식

04 보일러의 안전장치와 거리가 가장 먼 것은?
① 과열기   ② 안전밸브
③ 저수위 경보기   ④ 방폭문

05 보일러 마력(Boiler Horsepower)에 대한 정의로 가장 옳은 것은?
① 0℃ 물 15.65kg을 1시간에 증기로 만들 수 있는 능력
② 100℃ 물 15.65kg을 1시간에 증기로 만들 수 있는 능력
③ 0℃ 물 15.65kg을 10분에 증기로 만들 수 있는 능력
④ 100℃ 물 15.65kg을 10분에 증기로 만들 수 있는 능력

06 엔탈피가 25kcal/kg 인 급수를 받아 1시간당 20000kg의 증기를 발생하는 경우 이 보일러의 매시 환산 증발량은 몇 kg/h 인가? (단, 발생증기의 엔탈피는 725kcal/kg이다)
① 3,246 kg/h   ② 6,493 kg/h
③ 12,987 kg/h   ④ 25,974 kg/h

07 수트 블로워에 관한 설명으로 잘못된 것은?
① 전열면 외측의 그을음 등을 제거하는 장치이다.
② 분출기 내의 응축수를 배출시킨 후 사용한다.
③ 부하가 50% 이하인 경우에만 블로우 한다.
④ 블로우 시에는 댐퍼를 열고 흡입통풍을 증가시킨다.

08 보일러에 부착하는 압력계의 취급상 주의사항으로 틀린 것은?
① 온도가 353K 이상 올라가지 않도록 한다.
② 압력계는 고장이 날 때 까지 계속 사용하는 것이 아니라 일정사용 시간을 정하고 정기적으로 교체 하여야 한다.
③ 압력계 사이폰 관의 수직부에 콕크를 설치하고 콕크의 핸들이 축 방향과 일치할 때에 열린 것이어야 한다.
④ 부르돈관 내에 직접 증기가 들어가면 고장이 나기 쉬우므로 사이폰 관에 물이 가득차지 않도록 한다.

09 보일러 저수위 경보장치 종류에 속하지 않는 것은?
① 플로트식   ② 압력제어식
③ 열팽창관식   ④ 전극식

정답 01 ④ 02 ④ 03 ① 04 ① 05 ② 06 ④ 07 ③ 08 ④ 09 ②

10 고체연료에서 탄화가 많이 될수록 나타나는 현상으로 옳은 것은?
① 고정탄소가 감소하고, 휘발분은 증가되어 연료비는 감소한다.
② 고정탄소가 증가하고, 휘발분은 감소되어 연료비는 감소한다.
③ 고정탄소가 감소하고, 휘발분은 증가되어 연료비는 증가한다.
④ 고정탄소가 증가하고, 휘발분은 감소되어 연료비는 증가한다.

11 공기예열기에서 전열 방법에 따른 분류에 속하지 않는 것은?
① 열팽창식 ② 재생식
③ 히트파이프식 ④ 전도식

12 다음 보기에서 그 연결이 잘못된 것은?

① 가압수식집진장치 - 임펄스 스크레버식
② 전기식집진장치 - 코트렐 집진장치
③ 저유수식집진장치 - 로터리 스크레버식
④ 관성력집진장치 - 충돌식, 반전식

① ① ② ②
③ ③ ④ ④

13 보일러 자동제어에서 급수제어의 약호는?
① A.B.C ② F.W.C
③ S.T.C ④ A.C.C

14 외분식 보일러의 특징 설명으로 잘못된 것은?
① 연소실의 크기나 형상을 자유롭게 할 수 있다.
② 연소율이 좋다.
③ 사용연료의 선택이 자유롭다.
④ 방사 손실이 거의 없다.

15 원통형 보일러와 비교할 때 수관식 보일러의 특징 설명으로 틀린 것은?
① 수관의 내경이 적어 고압에 잘 견딘다.
② 보유수가 적어서 부하변동 시 압력변화가 적다.
③ 보일러수의 순환이 빠르고 효율이 높다.
④ 구조가 복잡하여 청소가 곤란하다.

16 절대온도 380 K를 섭씨온도로 환산하면 약 몇 ℃인가?
① 107℃ ② 380℃
③ 653℃ ④ 926℃

17 연료의 연소 시 과잉공기계수(공기비)를 구하는 올바른 식은?
① (연소가스량 / 이론공기량)
② (실제공기량 / 이론공기량)
③ (배기가스량 / 사용공기량)
④ (사용공기량 / 배기가스량)

18 증기 중에 수분이 많을 경우의 설명으로 잘못된 것은?
① 건조도가 저하된다.
② 증기의 손실이 많아진다.
③ 증기 엔탈피가 증가한다.
④ 수격작용이 발생할 수 있다.

19 다음 중 고체연료의 연소방식에 속하지 않는 것은?
① 화격자 연소방식 ② 확산 연소방식
③ 미분탄 연소방식 ④ 유동층 연소방식

20 보일러 열정산 시 증기의 건도는 몇 % 이상에서 시험함을 원칙으로 하는가?
① 96% ② 97%
③ 98% ④ 99%

21 어떤 거실의 난방부하가 5,000kcal/h이고, 주철제 온수 방열기로 난방할 때 필요한 방열기의 쪽수(절수)는?
(단, 방열기 1쪽당 방열면적은 $0.26m^2$이고, 방열량은 표준 방열량으로 한다.)
① 11 ② 21
③ 30 ④ 43

22 점화장치로 이용되는 파이로트 버너는 화염을 안정시키기 위해 보염식 버너가 이용되고 있는데, 이 보염식 버너의 구조에 관한 설명으로 가장 옳은 것은?
① 동일한 화염 구멍이 8~9개 내외로 나뉘어져 있다.
② 화염 구멍이 가느다란 타원형으로 되어 있다.
③ 중앙의 화염 구멍 주변으로 여러 개의 작은 화염 구멍이 설치되어 있다.
④ 화염 구멍부 구조가 원뿔 형태와 같이 되어 있다.

23 압축기 진동과 서징, 관의 수격작용, 지진 등에서 발생하는 진동을 억제하는 데 사용되는 지지 장치는?
① 벤드벤   ② 플랩 밸브
③ 그랜드 패킹   ④ 브레이스

24 관의 결합방식 표시방법 중 플랜지식의 그림기호로 맞는 것은?

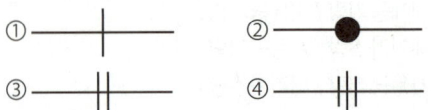

25 평소 사용하고 있는 보일러의 가동 전 준비사항으로 틀린 것은?
① 각종기기의 기능을 검사하고 급수계통의 이상 유무를 확인한다.
② 댐퍼를 닫고 프리퍼지를 행한다.
③ 각 밸브의 개폐상태를 확인한다.
④ 보일러수의 물의 높이는 상용수위로 하여 수면계로 확인한다.

26 다음 보기 중에서 보일러의 운전정지 순서를 올바르게 나열한 것은?

① 증기밸브를 닫고, 드레인 밸브를 연다.
② 공기의 공급을 정지시킨다.
③ 댐퍼를 닫는다.
④ 연료의 공급을 정지시킨다.

① ②→④→①→③   ② ④→②→①→③
③ ③→④→①→②   ④ ①→④→②→③

27 증기 트랩의 설치 시 주의사항에 관한 설명으로 틀린 것은?
① 응축수 배출점이 여러 개가 있을 경우 응축수 배출점을 묶어서 그룹 트랩핑을 하는 것이 좋다.
② 증기가 트랩에 유입되면 즉시 배출시켜 운전에 영향을 미치지 않도록 하는 것이 필요하다.
③ 트랩에서의 배출관은 응축수 회수주관의 상부에 연결하는 것이 필수적으로 요구되며, 특히 회수주관이 고가배관으로 되어있을 때에는 더욱 주의하여 연결하여야 한다.
④ 증기트랩에서 배출되는 응축수를 회수하여 재활용하는 경우에 응축수 환수관 내에는 원하지 않는 배압이 형성되어 증기트랩의 용량에 영향을 미칠 수 있다.

28 보일러의 자동 연료차단장치가 작동하는 경우가 아닌 것은?
① 최고사용압력이 0.1MPa 미만인 주철제 온수보일러의 경우 온수온도가 105℃인 경우
② 최고사용압력이 0.1MPa를 초과하는 증기보일러에서 보일러의 저수위 안전장치가 작동할 때
③ 관류보일러에 공급하는 급수량이 부족한 경우
④ 증기압력이 설정압력보다 높은 경우

29 회전이음, 지블이음 등으로 불리며, 증기 및 온수난방배관용으로 사용하고 현장에서 2개 이상의 엘보를 조립해서 설치하는 신축이음은?
① 벨로즈형 신축이음   ② 루프형 신축이음
③ 스위블형 신축이음   ④ 슬리브형 신축이음

30 파이프 또는 이음쇠의 나사이음 분해 조립 시, 파이프 등을 회전시키는 데 사용되는 공구는?
① 파이프 리머   ② 파이프 익스펜더
③ 파이프 렌치   ④ 파이프 커터

31 다음 중 수면계의 기능시험을 실시해야 할 시기로 옳지 않은 것은?
① 보일러를 가동하기 전
② 2개의 수면계의 수위가 동일할 때
③ 수면계 유리의 교체 또는 보수를 행하였을 때
④ 프라이밍, 포밍 등이 생길 때

32 보일러 자동제어에서 신호전달 방식 종류에 해당 되지 않는 것은?
① 팽창식   ② 유압식
③ 전기식   ④ 공기압식

33 액체연료의 일반적인 특징에 관한 설명으로 틀린 것은?
① 유황분이 없어서 기기 부식의 염려가 거의 없다.
② 고체 연료에 비해서 단위 중량당 발열량이 높다.
③ 연소효율이 높고 연소조절이 용이하다.
④ 수송과 저장 및 취급이 용이하다.

34 다음 중 보일러 스테이의 종류에 해당되지 않는 것은?
① 거싯(gusset)스테이   ② 바(bar)스테이
③ 튜브(tube)스테이   ④ 너트(nut)스테이

35 어떤 물질의 단위질량(1kg)에서 온도를 1℃ 높이는 데 소요되는 열량을 무엇이라고 하는가?
① 열용량　② 비열
③ 잠열　④ 엔탈피

36 보일러에서 카본이 생성되는 원인으로 거리가 먼 것은?
① 유류의 분무상태 또는 공기와의 혼합이 불량할 때
② 버너 타일공의 각도가 버너의 화염각도 보다 작은 경우
③ 노통보일러와 같이 가느다란 노통을 연소실로 하는 것에서 화염각도가 현저하게 작은 버너를 설치하고 있는 경우
④ 직립보일러와 같이 연소실의 길이가 짧은 노에다가 화염의 길이가 매우 긴 버너를 설치하고 있는 경우

37 다음 보일러 중 특수열매체 보일러에 해당 되는 것은?
① 타쿠마 보일러　② 카네크롤 보일러
③ 슐쳐 보일러　④ 하우덴 존슨 보일러

38 유류보일러의 자동장치 점화방법의 순서가 맞는 것은?
① 송풍기 기동→연료펌프 기동→프리퍼지→점화용 버너 착화→주버너 착화
② 송풍기 기동→프리퍼지→점화용 버너 착화→연료펌프 기동→주버너 착화
③ 연료펌프 기동→점화용 버너 착화→프리퍼지→주버너 착화→송풍기 기동
④ 연료펌프 기동→주버너 착화→점화용 버너 착화→프리퍼지→송풍기 기동

39 보일러의 기수분리기를 가장 옳게 설명한 것은?
① 보일러에서 발생한 증기 중에 포함되어 있는 수분을 제거하는 장치
② 증기 사용처에서 증기 사용 후 물과 증기를 분리하는 장치
③ 보일러에 투입되는 연소용 공기 중의 수분을 제거하는 장치
④ 보일러 급수 중에 포함되어 있는 공기를 제거하는 장치

40 액상 열매체 보일러시스템에서 열매체유의 액팽창을 흡수하기 위한 팽창탱크의 최소 체적(VT)을 구하는 식으로 옳은 것은? (단, VE는 승온 시 시스템 내의 열매체유 팽창량, VM은 상온 시 탱크 내의 열매체유 보유량이다.)
① $VT = VE + VM$
② $VT = VE + 2VM$
③ $VT = 2VE + VM$
④ $VT = 2VE + 2VM$

41 진공환수식 증기난방 배관시공에 관한 설명 중 맞지 않는 것은?
① 증기주관은 흐름 방향에 1/200 ~ 1/300의 앞내림 기울기로 하고 도중에 수직 상향부가 필요한 때 트랩장치를 한다.
② 방열기 분기관 등에서 앞단에 트랩장치가 없을 때는 1/50~1/100의 앞올림 기울기로 하여 응축수를 주관에 역류시킨다.
③ 환수관에 수직 상향부가 필요한 때는 리프트 피팅을 써서 응축수가 위쪽으로 배출하게 한다.
④ 리프트 피팅은 될 수 있으면 사용개소를 많게 하고 1단을 2.5m 이내로 한다.

42 보일러 사고의 원인 중 보일러 취급상의 사고원인이 아닌 것은?
① 재료 및 설계불량　② 사용압력초과 운전
③ 저수위 운전　④ 급수처리 불량

43 연료의 완전연소를 위한 구비조건으로 틀린 것은?
① 연소실 내의 온도는 낮게 유지할 것
② 연료와 공기의 혼합이 잘 이루어지도록 할 것
③ 연료와 연소장치가 맞을 것
④ 공급 공기를 충분히 예열시킬 것

44 천연고무와 비슷한 성질을 가진 합성고무로서 내유성, 내후성, 내산화성, 내열성 등이 우수하며, 석유용매에 대한 저항성이 크고 내열도는 -46℃ ~ 121℃ 범위에서 안정한 패킹 재료는?
① 과열 석면　② 네오플렌
③ 테프론　④ 하스텔로이

45 파이프 커터로 관을 절단하면 안으로 거스러미(burr)가 생기는데 이것을 능률적으로 제거하는데 사용되는 공구는?
① 다이 스토크　　② 사각줄
③ 파이프 리머　　④ 체인 파이프렌치

46 증기난방의 분류 중 응축수 환수방식에 의한 분류에 해당되지 않는 것은?
① 중력환수방식　　② 기계환수방식
③ 진공환수방식　　④ 상향환수방식

47 그림과 같이 개방된 표면에서 구멍 형태로 깊게 침식하는 부식을 무엇이라고 하는가?

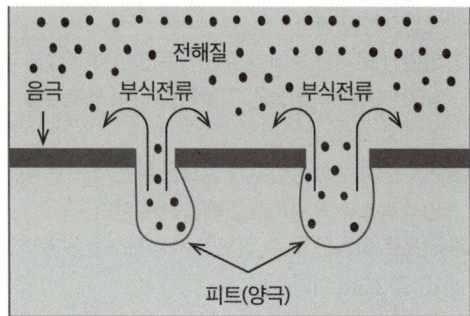

① 국부부식　　② 그루빙(grooving)
③ 저온부식　　④ 점식(pitting)

48 가스 폭발에 대한 방지대책으로 거리가 먼 것은?
① 점화 조작 시에는 연료를 먼저 분무시킨 후 무화용 증기나 공기를 공급한다.
② 점화할 때에는 미리 충분한 프리퍼지를 한다.
③ 연료속의 수분이나 슬러지 등은 충분히 배출한다.
④ 점화전에는 중유를 가열하여 필요한 점도로 해둔다

49 주증기관에서 증기의 건도를 향상 시키는 방법으로 적당하지 않은 것은?
① 가압하여 증기의 압력을 높인다.
② 드레인 포켓을 설치한다.
③ 증기 공간 내에 공기를 제거 한다.
④ 기수분리기를 사용한다.

50 보온재 선정 시 고려해야 할 조건이 아닌 것은?
① 부피 비중이 작을 것
② 보온능력이 클 것
③ 열전도율이 클 것
④ 기계적 강도가 클 것

51 신·재생에너지 설비인증 심사기준을 일반 심사기준과 설비 심사기준으로 나눌 때 다음 중 일반 심사 기준에 해당되지 않는 것은?
① 신·재생에너지 설비의 제조 및 생산능력의 적정성
② 신·재생에너지 설비의 품질유지·관리능력의 적정성
③ 신·재생에너지 설비의 사후관리의 적정성
④ 신·재생에너지 설비의 에너지효율의 적정성

52 에너지이용합리화법은 에너지의 수급을 안정시키고 에너지의 합리적이고 효율적인 이용을 증진하며 에너지 소비로 인한 (A)을(를) 줄임으로 국민경제의 건전한 발전 및 국민복지의 증진과 (B)의 최소화에 이바지함을 목적으로 한다. 괄호 A, B에 들어갈 용어로 옳은 것은?
① A : 환경파괴, B : 온실가스
② A : 자연파괴, B : 환경피해
③ A : 환경피해, B : 지구온난화
④ A : 온실가스배출, B : 환경파괴

53 제3자로부터 위탁을 받아 에너지사용시설의 에너지절약을 위한 관리·용역 사업을 하는 자로서 산업통상자원부 장관에게 등록을 한 자를 지칭하는 기업은?
① 에너지진단기업
② 수요관리투자기업
③ 에너지절약전문기업
④ 에너지기술개발전담기업

54 에너지법상 지역에너지계획에 포함되어야 할 사항이 아닌 것은?
① 에너지 수급의 추이와 전망에 관한 사항
② 에너지이용합리화와 이를 통한 온실가스 배출감소를 위한 대책에 관한 사항
③ 미활용에너지원의 개발·사용을 위한 대책에 관한 사항
④ 에너지 소비촉진 대책에 관한 사항

55 에너지이용합리화법에 따라 에너지다소비사업자에게 개선명령을 하는 경우는 에너지관리지도 결과 몇 % 이상의 에너지 효율개선이 기대되고 효율개선을 위한 투자의 경제성이 인정되는 경우인가?
① 5% ② 10%
③ 15% ④ 20%

56 증기난방과 비교하여 온수난방의 특징에 대한 설명으로 틀린 것은?
① 물의 현열을 이용하여 난방하는 방식이다.
② 예열에 시간이 걸리지만 쉽게 냉각되지 않는다.
③ 동일 방열량에 대하여 방열 면적이 크고 관경도 굵어야 한다.
④ 실내 쾌감도가 증기난방에 비해 낮다.

57 다음 열역학과 관계된 용어 중 그 단위가 다른 것은?
① 열전달계수 ② 열전도율
③ 열관류율 ④ 열통과율

58 스케일의 종류 중 보일러 급수 중의 칼슘 성분과 결합하여 규산칼슘을 생성하기도 하며, 이 성분이 많은 스케일은 대단히 경질이기 때문에 기계적, 화학적으로 제거하기 힘든 스케일 성분은?
① 실리카 ② 황산마그네슘
③ 염화마그네슘 ④ 유지

59 다음 관이음 중 진동이 있는 곳에 가장 적합한 이음은?
① MR 조인트 이음 ② 용접 이음
③ 나사 이음 ④ 플렉시블 이음

60 에너지이용합리화법에 따라 검사대상기기의 용량이 15t/h인 보일러일 경우 조종자의 자격 기준으로 가장 옳은 것은?
① 보일러기능장 자격 소지자만이 가능하다.
② 보일러기능장, 에너지관리기사 자격 소지자만이 가능하다.
③ 보일러기능장, 에너지관리기사, 보일러산업기사, 에너지관리산업기사 자격 소지자만이 가능하다.
④ 보일러기능장, 에너지관리기사, 보일러산업기사, 에너지관리산업기사, 보일러기능사 자격 소지자만이 가능하다.

정답 55 ② 56 ④ 57 ② 58 ① 59 ④ 60 ③

2013년 3회
2013년 7월 21일
기출 복원 문제

01 노내에 분사된 연료에 연소용 공기를 유효하게 공급 확산시켜 연소를 유효하게 하고 확실한 착화와 화염의 안정을 도모하기 위하여 설치하는 것은?
① 화염검출기 ② 보염장치
③ 버너 정지 인터록 ④ 연료 차단밸브

02 보일러의 수면계와 관련된 설명 중 틀린 것은?
① 증기보일러에는 2개(소용량 및 소형관류보일러는 1개) 이상의 유리수면계를 부착하여야 한다. 다만, 단관식 관류보일러는 제외한다.
② 유리수면계는 보일러 동체에만 부착하여야 하며 수주관에 부착하는 것은 금지하고 있다.
③ 2개 이상의 원격지시수면계를 시설하는 경우에 한하여 유리수면계를 1개 이상으로 할 수 있다.
④ 유리수면계는 상·하에 밸브 또는 콕크를 갖추어야 하며, 한눈에 그것의 개·폐 여부를 알 수 있는 구조이어야 한다. 다만, 소형관류보일러에서는 밸브 또는 콕크를 갖추지 아니할 수 있다.

03 다음 중 보일러의 안전장치로 볼 수 없는 것은?
① 급수펌프 ② 화염검출기
③ 고저수위 경보장치 ④ 압력조절기

04 어떤 보일러의 3시간 동안 증발량이 4500kg 이고, 그때의 급수 엔탈피가 25kcal/kg, 증기엔탈피가 680kcal/kg이라면 상당증발량은 약 몇 kg/hr 인가?
① 551 ② 1,684
③ 1,823 ④ 3,051

05 보일러 2마력을 열량으로 환산하면 약 몇 kcal/h 인가?
① 10,780 ② 13,000
③ 15,650 ④ 16,870

06 전자밸브가 작동하여 연료공급을 차단하는 경우로 거리가 먼 것은?
① 보일러수의 이상 감수시
② 증기압력 초과시
③ 점화 중 불착화시
④ 배기가스온도의 이상 저하시

07 운전 중 화염이 블로우 오프(blow-off) 된 경우 특정한 경우에 한하여 재점화 및 재시동을 할 수 있다. 이 때 재점화와 재시동의 기준에 관한 설명으로 틀린 것은?
① 재 점화에서의 점화장치는 화염의 소화 직후, 1초 이내에 자동으로 작동할 것
② 강제 혼합식 버너의 경우 재점화 동작 시 화염감시장치가 부착된 버너 이외의 버너에는 가스가 공급되지 아니할 것
③ 재점화에 실패한 경우에는 지정된 안전차단시간 내에 버너가 작동 폐쇄될 것
④ 재시동은 가스의 공급이 차단된 후 즉시 표준연속프로그램에 의하여 자동으로 이루어질 것

08 연소가 이루어지기 위한 필수 요건에 속하지 않는 것은?
① 가연물 ② 수소공급원
③ 점화원 ④ 산소공급원

09 보일러 통풍에 대한 설명으로 잘못된 것은?
① 자연통풍은 일반적으로 별도의 동력을 사용하지 않고, 연돌로 인한 통풍을 말한다.
② 평형통풍은 통풍조절은 용이하나 통풍력이 약하여 주로 소용량 보일러에서 사용한다.
③ 압입통풍은 연소용 공기를 송풍기로 노 입구에서 대기압보다 높은 압력으로 밀어 넣고 굴뚝의 통풍작용과 같이 통풍을 유지하는 방식이다.
④ 흡입통풍은 크게 연소가스를 직접 통풍기에 빨아들이는 직접흡입식과 통풍기로 대기를 빨아들이게 하고 이를 이젝터로 보내어 그 작용에 의해 연소가스를 빨아들이는 간접흡입식이 있다.

10 보일러 연료의 구비조건으로 틀린 것은?
① 공기 중에 쉽게 연소할 것
② 단위 중량당 발열량이 클 것
③ 연소 시 회분 배출량이 많을 것
④ 저장이나 운반, 취급이 용이할 것

11 보일러에서 사용하는 화염검출기에 관한 설명 중 틀린 것은?
① 보일러용 화염검출기에는 주로 광학식 검출기와 화염 검출봉식(flame rod) 검출기가 사용된다.
② 사용하는 연료의 화염을 검출하는 것에 적합한 종류를 적용해야 한다.
③ 화염검출기는 검출이 확실하고 검출에 요구되는 응답시간이 길어야 한다.
④ 광학식 화염검출기는 자외선식을 사용하는 것이 효율적이지만 유류보일러에서는 일반적으로 가시광선식 또는 적외선식 화염검출기를 사용한다.

12 과열기의 형식 중 증기와 열가스 흐름의 방향이 서로 반대인 과열기의 형식은?
① 병류식 ② 대향류식
③ 증류식 ④ 역류식

13 연소 시 공기비가 적을 때 나타나는 현상으로 거리가 먼 것은?
① 배기가스 중 NO 및 NO_2의 발생량이 많아진다.
② 불완전연소가 되기 쉽다.
③ 미연소가스에 의한 가스 폭발이 일어나기 쉽다.
④ 미연소가스에 의한 열손실이 증가될 수 있다.

14 보일러 부속장치에 대한 설명 중 잘못된 것은?
① 인젝터: 증기를 이용한 급수장치
② 기수분리기: 증기 중에 혼입된 수분을 분리하는 장치
③ 스팀트랩: 응축수를 자동으로 배출하는 장치
④ 절탄기: 보일러 동 저면의 스케일, 침전물을 밖으로 배출하는 장치

15 고압관과 저압관 사이에 설치하여 고압 측의 압력변화 및 증기 사용량 변화에 관계없이 저압 측의 압력을 일정하게 유지시켜 주는 밸브는?
① 감압 밸브 ② 온도조절 밸브
③ 안전 밸브 ④ 플로트 밸브

16 포화증기와 비교하여 과열증기가 가지는 특징 설명으로 틀린 것은?
① 증기의 마찰 손실이 적다.
② 같은 압력의 포화증기에 비해 보유열량이 많다.
③ 증기 소비량이 적어도 된다.
④ 가열 표면의 온도가 균일하다.

17 보일러의 급수장치에 해당되지 않는 것은?
① 비수방지관 ② 급수내관
③ 원심펌프 ④ 인젝터

18 전열면적이 $30m^2$인 수직 연관보일러를 2시간 연소시킨 결과 3000kg의 증기가 발생하였다.
이 보일러의 증발률은 약 몇 kg/m^2h 인가?
① 20 ② 30
③ 40 ④ 50

19 대기압에서 동일한 무게의 물 또는 얼음을 다음과 같이 변화시키는 경우 가장 큰 열량이 필요한 것은? (단, 물과 얼음의 비열은 각각 1kcal/kg·℃, 0.48kcal/kg·℃이고, 물의 증발잠열은 539kcal/kg, 물의 융해잠열은 80kcal/kg 이다.)
① -20℃의 얼음을 0℃의 얼음으로 변화
② 0℃ 얼음을 0℃의 물로 변화
③ 0℃ 물을 100℃의 물로 변화
④ 100℃ 물을 100℃의 증기로 변화

20 노통이 하나인 코르니시 보일러에서 노통을 편심으로 설치하는 가장 큰 이유는?
① 연소장치의 설치를 쉽게 하기 위함이다.
② 보일러수의 순환을 좋게 하기 위함이다.
③ 보일러의 강도를 크게 하기 위함이다.
④ 온도변화에 따른 신축량을 흡수하기 위함이다.

21 기체연료의 일반적인 특징을 설명한 것으로 잘못된 것은?
① 적은 공기비로 완전연소가 가능하다.
② 수송 및 저장이 편리하다.
③ 연소효율이 높고 자동제어가 용이하다.
④ 누설 시 화재 및 폭발의 위험이 크다.

22 자동제어의 신호전달방법에서 공기압식의 특징으로 맞는 것은?
① 신호전달거리가 유압식에 비하여 길다.
② 온도제어 등에 적합하고 화재의 위험이 많다.
③ 전송 시 시간지연이 생긴다.
④ 배관이 용이하지 않고 보존이 어렵다.

23 측정 장소의 대기 압력을 구하는 식으로 옳은 것은?
① 절대압력 + 게이지압력
② 게이지압력 − 절대압력
③ 절대압력 − 게이지압력
④ 진공도 × 대기압력

24 다음 집진장치 중 가압수를 이용한 집진장치는?
① 포켓식
② 임펠러식
③ 벤튜리 스크레버식
④ 타이젠 와셔식

25 온수보일러에서 배플 플레이트(Baffle plate)의 설치 목적으로 맞는 것은?
① 급수를 예열하기 위하여
② 연소효율을 감소시키기 위하여
③ 강도를 보강하기 위하여
④ 그을음의 부착량을 감소시키기 위하여

26 원통형보일러의 일반적인 특징에 관한 설명으로 틀린 것은?
① 구조가 간단하고 취급이 용이하다.
② 수부가 크므로 열 비축량이 크다.
③ 폭발 시에도 비산 면적이 작아 재해가 크게 발생하지 않는다.
④ 사용증기량의 변동에 따른 발생 증기의 압력변동이 작다.

27 보일러 효율이 85%, 실제증발량이 5t/h 이고 발생증기의 엔탈피 656kcal/kg, 급수온도의 엔탈피는 56kcal/kg, 연료의 저위발열량 9750kcal/kg 일 때 연료소비량은 약 몇 kg/h 인가?
① 316
② 362
③ 389
④ 405

28 보일러의 부속설비 중 연료공급계통에 해당하는 것은?
① 콤버스터
② 버너 타일
③ 수트 블로워
④ 오일 프리히터

29 보일러설치기술규격에서 보일러의 분류에 대한 설명 중 틀린 것은?
① 주철제보일러의 최고사용압력은 증기보일러의 경우 0.5MPa까지, 온수온도는 373°K까지로 국한된다.
② 일반적으로 보일러는 사용매체에 따라 증기보일러, 온수보일러 및 열매체 보일러로 분류된다.
③ 보일러의 재질에 따라 강철제보일러와 주철제보일러로 분류된다.
④ 연료에 따라 유류보일러, 가스보일러, 석탄보일러, 목재보일러, 폐열보일러, 특수연료보일러 등이 있다.

30 보일러가 최고사용압력 이하에서 파손되는 이유로 가장 옳은 것은?
① 안전장치가 작동하지 않기 때문에
② 안전밸브가 작동하지 않기 때문에
③ 안전장치가 불완전하기 때문에
④ 구조상 결함이 있기 때문에

31 동관 이음에서 한쪽 동관의 끝을 나팔형으로 넓히고, 압축이음쇠를 이용하여 체결하는 이음 방법은?
① 플레어 이음
② 플랜지 이음
③ 플라스턴 이음
④ 몰코 이음

32 보온재가 갖추어야 할 조건 설명으로 틀린 것은?
① 열전도율이 작아야 한다.
② 부피, 비중이 커야 한다.
③ 적합한 기계적 강도를 가져야 한다.
④ 흡수성이 낮아야 한다.

33 배관의 하중을 위에서 끌어당겨 지지할 목적으로 사용되는 지지구가 아닌 것은?
① 리지드 행거
② 앵커
③ 콘스탄트 행거
④ 스프링 행거

34 온수온돌의 방수처리에 대한 설명으로 적절하지 않은 것은?
① 다층건물에 있어서도 전층의 온수온돌에 방수처리를 하는 것이 좋다.
② 방수처리는 내식성이 있는 루핑, 비닐, 방수몰탈로 하며, 습기가 스며들지 않도록 완전히 밀봉한다.
③ 벽면으로 습기가 올라오는 것을 대비하여 온돌바닥보다 약10cm 이상 위까지 방수처리를 하는 것이 좋다.
④ 방수처리를 함으로써 열손실을 감소시킬 수 있다.

35 원통보일러에서 급수의 pH범위(25℃ 기준)로 가장 적합한 것은?
① pH3 ~ pH5
② pH7 ~ pH9
③ pH11 ~ pH12
④ pH14 ~ pH15

36 보일러에서 연소조작 중의 역화의 원인으로 거리가 먼 것은?
① 불완전 연소의 상태가 두드러진 경우
② 흡입통풍이 부족한 경우
③ 연도댐퍼의 개도를 너무 넓힌 경우
④ 압입통풍이 너무 강한 경우

37 보일러 운전 중 연도 내에서 폭발이 발생하면 제일 먼저 해야 할 일은?
① 급수를 중단한다.
② 증기밸브를 잠근다.
③ 송풍기 가동을 중지한다.
④ 연료공급을 차단하고 가동을 중지한다.

38 보일러를 옥내에 설치할 때의 설치 시공 기준 설명으로 틀린 것은?
① 보일러에 설치된 계기들을 육안으로 관찰하는데 지장이 없도록 충분한 조명시설이 있어야 한다.
② 보일러 동체에서 벽, 배관, 기타 보일러 측부에 있는 구조물(검사 및 청소에 지장이 없는 것은 제외)까지 거리는 0.6m 이상이어야 한다. 다만, 소형보일러는 0.45m 이상으로 할 수 있다.
③ 보일러실은 연소 및 환경을 유지하기에 충분한 급기구 및 환기구가 있어야 하며 급기구는 보일러 배기가스 덕트의 유효단면적 이상이어야 하고, 도시가스를 사용하는 경우에는 환기구를 가능한 높이 설치하여 가스가 누설되었을 때 체류하지 않는 구조 이어야 한다.
④ 연료를 저장할 때에는 보일러 외측으로부터 2m 이상 거리를 두거나 방화격벽을 설치하여야 한다. 다만, 소형 보일러의 경우는 1m 이상의 거리를 두거나 반격벽으로 할 수 있다.

39 강철제보일러의 최고사용압력이 0.43MPa 초과 1.5MPa이하일 때 수압시험 압력 기준으로 옳은 것은?
① 0.2MPa
② 최고사용압력의 1.3배에 0.3MPa를 더한 압력
③ 최고사용압력의 1.5배의 압력
④ 최고사용압력의 2배에 0.5MPa를 더한 압력

40 증기난방 방식에서 응축수 환수방법에 의한 분류가 아닌 것은?
① 진공 환수식
② 세정 환수식
③ 기계 환수식
④ 중력 환수식

41 난방설비와 관련된 설명 중 잘못된 것은?
① 증기난방의 표준방열량은 650kcal/m^2h 이다.
② 방열기는 증기 또는 온수 등의 열매를 유입하여 열을 방산하는 기구로 난방의 목적을 달성하는 장치다
③ 하트포드접속법은 고압증기 난방에 필요한 접속법이다.
④ 온수난방에서 온수순환방식에 따라 크게 중력순환식과 강제순환식으로 구분한다.

42 구상흑연 주철관이라고도 하며, 땅속 또는 지상에 배관하여 압력상태 또는 무압력 상태에서 물의 수송 등에 주로 사용되는 주철관은?
① 덕타일 주철관
② 수도용 이형 주철관
③ 원심력 모르타르 라이닝 주철관
④ 수도용 원심력 금형 주철관

43 다음 중 보온재의 종류가 아닌 것은?
① 코르크
② 규조토
③ 기포성수지
④ 제게르콘

44 관의 접속상태·결합방식의 표시방법에서 용접이음을 나타내는 그림기호로 맞는 것은?

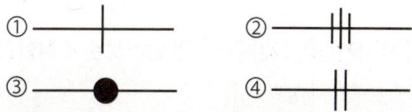

45 손실열량 3000kcal/h의 사무실에 온수방열기를 설치할 때 방열기의 소요 섹션 수는 몇 쪽인가?
(단, 방열기방열량은 표준방열량으로 하며 1섹션의 방열면적은 0.26m^2 이다.)
① 12쪽
② 15쪽
③ 26쪽
④ 32쪽

46 신축곡관이라고 하며 강관 또는 동관을 구부려서 구부림에 따른 신축을 흡수하는 이음쇠는?
① 루프형 신축 이음쇠 ② 슬리브형 신축 이음쇠
③ 스위블형 신축 이음 ④ 벨로즈형 신축 이음쇠

47 보일러에서 이상고수위를 초래한 경우 나타나는 현상과 그 조치에 관한 설명으로 옳지 않은 것은?
① 이상고수위를 확인한 경우에는 즉시 연소를 정지시킴과 동시에 급수펌프를 멈추고 급수를 정지시킨다.
② 이상고수위를 넘어 만수상태가 되면 보일러 파손이 일어날 수 있으므로 동체 하부에 분출밸브(코크)를 전개하여 보일러 수를 전부 재빨리 방출하는 것이 좋다.
③ 이상고수위나 증기의 취출량이 많은 경우에는 캐리오버나 프라이밍 등을 일으켜 증기 속에 물방울이나 수분이 포함되며, 심할 경우 수격작용을 일으킬 수 있다.
④ 수위가 유리수면계의 상단에 달렸거나 조금 초과한 경우에는 급수를 정지시켜야 하지만, 연소는 정지시키지 말고 저연소율로 계속 유지하여 송기를 계속한 후 보일러 수위가 정상으로 회복되면 원래 운전상태로 돌아오는 것이 좋다.

48 어떤 주철제 방열기내의 증기의 평균온도가 110℃, 실내 온도가 18℃ 일 때, 방열기의 방열량은?
(단 방열기의 방열계수는 7.2kcal/m²·h℃이다.)
① 236.4 kcal/m²·h ② 478.8 kcal/m²·h
③ 521.6 kcal/m²·h ④ 662.4 kcal/m²·h

49 보일러 휴지기간이 1개월 이하인 단기보존에 적합한 방법은?
① 석회밀폐건조법 ② 소다만수보존법
③ 가열건조법 ④ 질소가스봉입법

50 가스보일러에서 가스폭발의 예방을 위한 유의사항 중 틀린 것은?
① 가스압력이 적당하고 안정되어 있는지 확인한다.
② 화로·굴뚝의 통풍, 환기를 완벽하게 해야 한다.
③ 점화용 가스는 가급적 화력이 낮은 것을 사용한다.
④ 착화우 연소가 불안정할 때는 즉시 가스공급을 중단한다.

51 저탄소녹색성장기본법에 따라 대통령령으로 정하는 기준량 이상의 에너지 소비업체를 지정하는 기준으로 옳은 것은?
① 해당연도 1월1일을 기준으로 최근 3년간 업체의 모든 사업체에서 소비한 에너지의 연평균 총량이 650 terajoules 이상
② 해당연도 1월1일을 기준으로 최근 3년간 업체의 모든 사업체에서 소비한 에너지의 연평균 총량이 550 terajoules 이상
③ 해당연도 1월1일을 기준으로 최근 3년간 업체의 모든 사업체에서 소비한 에너지의 연평균 총량이 450 terajoules 이상
④ 해당연도 1월1일을 기준으로 최근 3년간 업체의 모든 사업체에서 소비한 에너지의 연평균 총량이 350 terajoules 이상

52 에너지이용합리화법에 따라 에너지이용합리화 기본계획에 포함될 사항으로 거리가 먼 것은?
① 에너지절약형 경제구조로의 전환
② 에너지이용 효율의 증대
③ 에너지이용 합리화를 위한 홍보 및 교육
④ 열사용기자재의 품질관리

53 에너지이용합리화법 시행령 상 에너지 저장의무부과대상자에 해당되는 자는?
① 연간 2만 TOE 이상의 에너지를 사용하는 자
② 연간 1만 5천 TOE 이상의 에너지를 사용하는 자
③ 연간 1만 TOE 이상의 에너지를 사용하는 자
④ 연간 5천 TOE 이상의 에너지를 사용하는 자

54 에너지이용합리화법에 따라 주철제 보일러에서 설치검사를 면제 받을 수 있는 기준으로 옳은 것은?
① 전열면적 30m² 이하의 유류용 주철제 증기보일러
② 전열면적 40m² 이하의 유류용 주철제 온수보일러
③ 전열면적 50m² 이하의 유류용 주철제 증기보일러
④ 전열면적 60m² 이하의 유류용 주철제 온수보일러

55 에너지이용합리화법의 목적이 아닌 것은?
① 에너지의 수급안정을 기함
② 에너지의 합리적이고 비효율적인 이용을 증진함
③ 에너지소비로 인한 환경피해를 줄임
④ 지구온난화의 최소화에 이바지함

56 온수난방에서 팽창탱크의 용량 및 구조에 대한 설명으로 틀린 것은?
① 개방식팽창탱크는 저 온수난방 배관에 주로 사용된다.
② 말폐식팽창탱크는 고 온수난방 배관에 주로 사용된다.
③ 밀폐식팽창탱크에는 수면계를 설치한다.
④ 개방식팽창탱크에는 압력계를 설치한다.

57 <보기>와 같은 부하에 대해서 보일러의 "정격출력"을 올바르게 표시한 것은?

| H1 : 난방부하 | H2 : 급탕부하 |
| H3 : 배관부하 | H4 : 예열부하 |

① H1 + H2 + H3
② H2 + H3 + H4
③ H1 + H2 + H4
④ H1 + H2 + H3 + H4

58 점화조작 시 주의사항에 관한 설명으로 틀린 것은?
① 연료가스의 유출속도가 너무 빠르면 실화 등이 일어날 수 있고, 너무 늦으면 역화가 발생할 수 있다.
② 연소실의 온도가 낮으면 연료의 확산이 불량해지며 착화가 잘 안 된다.
③ 연료의 예열온도가 너무 높으면 기름이 분해되고, 분사각도가 흐트러져 분무상태가 불량해지며, 탄화물이 생성될 수 있다.
④ 유압이 너무 낮으면 그을음이 축적될 수 있고, 너무 높으면 점화 및 분사가 불량해질 수 있다.

59 보일러를 계획적으로 관리하기 위해서는 연간계획 및 일상보전계획을 세워 이에 따라 관리를 하는데 연간계획에 포함할 사항과 가장 거리가 먼 것은?
① 급수계획
② 점검계획
③ 정비계획
④ 운전계획

60 신·재생에너지 설비의 인증을 위한 심사기준 항목으로 거리가 먼 것은?
① 국제 또는 국내의 성능 및 규격에의 적합성
② 설비의 효율성
③ 설비의 우수성
④ 설비의 내구성

2013년 4회 기출 복원 문제
2013년 10월 12일

01 연료 발열량은 9750kcal/kg, 연료의 시간당 사용량은 300kg/h인 보일러의 상당증발량이 5000kg/h일 때 보일러 효율은 약 몇 %인가?
① 83 ② 85
③ 87 ④ 92

02 보일러 예비 급수장치인 인젝터의 특징을 설명한 것으로 틀린 것은?
① 구조가 간단하다.
② 설치장소를 많이 차지하지 않는다.
③ 증기압이 낮아도 급수가 잘 이루어진다.
④ 급수온도가 높으면 급수가 곤란하다.

03 다음 중 액화천연가스(LNG)의 주성분은 어느 것인가?
① CH_4 ② C_2H_6
③ C_3H_8 ④ C_4H_{10}

04 보일러의 세정식 집진방법은 유수식과 가압수식, 회전식으로 분류할 수 있는데, 다음 중 가압수식 집진장치의 종류가 아닌 것은?
① 타이젠 와셔 ② 벤투리 스크러버
③ 제트 스크러버 ④ 충전탑

05 중유 연소에서 버너에 공급되는 중유의 예열온도가 너무 높을 때 발생되는 이상 현상으로 거리가 먼 것은?
① 카본(탄화물) 생성이 잘 일어날 수 있다.
② 분무상태가 고르지 못할 수 있다.
③ 역화를 일으키기 쉽다.
④ 무화 불량이 발생하기 쉽다.

06 고체 연료의 고위발열량으로부터 저위발열량을 산출할 때 연료 속의 수분과 다른 한 성분의 함유율을 가지고 계산하여 산출할 수 있는데 이 성분은 무엇인가?
① 산소 ② 수소
③ 유황 ④ 탄소

07 노통 보일러에서 노통에 직각으로 설치하여 노통의 전열면적을 증가시키고, 이로 인한 강도보강, 관수순환을 양호하게 하는 역할을 위해 설치하는 것은?
① 겔로웨이 관
② 아담슨 조인트(Adamson joint)
③ 브리징 스페이스(breathing space)
④ 반구형 경판

08 다음 중 열량(에너지)의 단위가 아닌 것은?
① J ② cal
③ N ④ BTU

09 강철제 증기보일러의 안전밸브 부착에 관한 설명으로 잘못된 것은?
① 쉽게 검사할 수 있는 곳에 부착한다.
② 밸브 축을 수직으로 하여 부착한다.
③ 밸브의 부착은 플랜지, 용접 또는 나사 접합식으로 한다.
④ 가능한 한 보일러의 동체에 직접 부착시키지 않는다.

10 연료유 저장탱크의 일반사항에 대한 설명으로 틀린 것은?
① 연료유를 저장하는 저장탱크 및 서비스탱크는 보일러의 운전에 지장을 주지 않는 용량의 것으로 하여야 한다.
② 연료유 탱크에는 보기 쉬운 위치에 유면계를 설치하여야 한다.
③ 연료유 탱크에는 탱크 내의 유량이 정상적인 양보다 초과, 또는 부족한 경우에 경보를 발하는 경보장치를 설치하는 것이 바람직하다.
④ 연료유 탱크에 드레인을 설치할 경우 누유에 따른 화재 발생 소지가 있으므로 이물질을 배출할 수 있는 드레인은 탱크 상단에 설치하여야 한다.

정답 01 ④ 02 ③ 03 ① 04 ① 05 ④ 06 ② 07 ① 08 ③ 09 ④ 10 ④

11 프로판 가스가 완전 연소될 때 생성되는 것은?
① CO와 C_3H_8
② C_4H_{10} 와 CO_2
③ CO_2와 H_2O
④ CO와 CO_2

12 보일러 수위제어 방식인 2요소식에서 검출하는 요소로 옳게 짝지어진 것은?
① 수위와 온도
② 수위와 급수유량
③ 수위와 압력
④ 수위와 증기유량

13 일반적으로 보일러의 효율을 높이기 위한 방법으로 틀린 것은?
① 보일러 연소실 내의 온도를 낮춘다.
② 보일러 장치의 설계를 최대한 효율이 높도록 한다.
③ 연소장치에 적합한 연료를 사용한다.
④ 공기예열기 등을 사용한다.

14 보일러 전열면의 그을음을 제거하는 장치는?
① 수저 분출장치
② 수트 블로워
③ 절탄기
④ 인젝터

15 주철제 보일러의 특징 설명으로 옳은 것은?
① 내열성 및 내식성이 나쁘다.
② 고압 및 대용량으로 적합하다.
③ 섹션의 증감으로 용량을 조절할 수 있다.
④ 인장 및 충격에 강하다.

16 증기공급 시 과열증기를 사용함에 따른 장점이 아닌 것은?
① 부식 발생 저감
② 열효율 증대
③ 증기소비량 감소
④ 가열장치의 열응력 저하

17 화염 검출기의 종류 중 화염의 발열을 이용한 것으로 바이메탈에 의하여 작동되며, 주로 소용량 온수보일러의 연도에 설치되는 것은?
① 플레임 아이
② 스택 스위치
③ 플레임 로드
④ 적외선 광전관

18 수위 경보기의 종류에 속하지 않는 것은?
① 맥도널식
② 전극식
③ 배플식
④ 마그네틱식

19 보일러의 3대 구성요소 중 부속장치에 속하지 않는 것은?
① 통풍장치
② 급수장치
③ 여열장치
④ 연소장치

20 연소안전장치 중 플레임 아이(flame eye)로 사용되지 않는 것은?
① 광전광
② CdS cell
③ PbS cell
④ CdP cell

21 보일러의 부속장치 중 축열기에 대한 설명으로 가장 옳은 것은?
① 통풍이 잘 이루어지게 하는 장치이다.
② 폭발방지를 위한 안전장치이다.
③ 보일러의 부하 변동에 대비하기 위한 장치이다.
④ 증기를 한번 더 가열시키는 장치이다.

22 증기 보일러에 설치하는 압력계의 최고 눈금은 보일러 최고사용압력의 몇 배가 되어야 하는가?
① 0.5~0.8배
② 1.0~1.4배
③ 1.5~3.0배
④ 5.0~10.0배

23 보일러의 연소장치에서 통풍력을 크게 하는 조건으로 틀린 것은?
① 연돌의 높이를 높인다.
② 배기가스 온도를 높인다.
③ 연도의 굴곡부를 줄인다.
④ 연돌의 단면적을 줄인다.

24 보일러 액체 연료의 특징 설명으로 틀린 것은?
① 품질이 균일하여 발열량이 높다.
② 운반 및 저장, 취급이 용이하다.
③ 회분이 많고, 연소조절이 쉽다.
④ 연소온도가 높아 국부과열 위험성이 높다.

25 벽체 면적이 24m², 열관류율이 0.5kcal/m²·h·℃, 벽체 내부의 온도가 40℃, 벽체 외부의 온도가 8℃일 경우 시간당 손실열량은 약 몇 kcal/h인가?
① 294kcal/h
② 380kcal/h
③ 384kcal/h
④ 394kcal/h

26 1보일러 마력은 몇 kg/h의 상당증발량의 값을 가지는가?
① 15.65
② 79.8
③ 539
④ 860

27 보일러 증발율이 80kg/m²·h이고, 실제 증발량이 40t/h일 때, 전열 면적은 약 몇 m²인가?
① 200
② 320
③ 450
④ 500

28 보일러 자동제어에서 시퀀스(sequence)제어를 가장 옳게 설명한 것은?
① 결과가 원인으로 되어 제어단계를 진행하는 제어이다.
② 목표 값이 시간적으로 변화하는 제어이다.
③ 목표 값이 변화하지 않고 일정한 값을 갖는 제어이다.
④ 제어의 각 단계를 미리 정해진 순서에 따라 진행하는 제어이다.

29 기름보일러에서 연소 중 화염이 점멸하는 등 연소 불안정이 발생하는 경우가 있다. 그 원인으로 적당하지 않은 것은?
① 기름의 점도가 높을 때
② 기름 속에 수분이 혼입되었을 때
③ 연료의 공급 상태가 불안정한 때
④ 노내가 부압(負壓)인 상태에서 연소했을 때

30 공기 예열기에서 발생되는 부식에 관한 설명으로 틀린 것은?
① 중유연소 보일러의 배기가스 노점은 연료유 중의 유황성분과 배기가스의 산소농도에 의해 좌우된다.
② 공기 예열기에 가장 주의를 요하는 것은 공기 입구와 출구부의 고온부식이다.
③ 보일러에 사용되는 액체연료 중에는 유황성분이 함유되어 있으며, 공기예열기 배기가스 출구 온도가 노점 이상인 경우에도 공기 입구온도가 낮으면 전열관 온도가 배기가스의 노점 이하가 되어 전열관에 부식을 초래한다.
④ 노점에 영향을 주는 SO_2에서 SO_3로의 변환율은 배기가스 중의 O_2에 영향을 크게 받는다.

31 회전이음 이라고도 하며, 2개 이상의 엘보를 사용하여 이음부의 나사회전을 이용해서 배관의 신축을 흡수하는 신축 이음쇠는?
① 루프형 신축이음쇠
② 스위블형 신축이음쇠
③ 벨루우즈형 신축이음쇠
④ 슬리브형 신축이음쇠

32 단열재의 구비조건으로 맞는 것은?
① 비중이 커야 한다.
② 흡수성이 커야 한다.
③ 가연성이어야 한다.
④ 열전도율이 적어야 한다.

33 보일러 사고 원인 중 취급 부주의가 아닌 것은?
① 과열
② 부식
③ 압력초과
④ 재료불량

34 보일러의 계속사용검사기준 중 내부검사에 관한 설명이 아닌 것은?
① 관의 부식 등을 검사할 수 있도록 스케일은 제거되어야 하며, 관 끝부분의 손상, 취화 및 빠짐이 없어야 한다.
② 노벽 보호부분은 벽체의 현저한 균열 및 파손 등 사용상 지장이 없어야 한다.
③ 내용물의 외부유출 및 본체의 부식이 없어야 한다. 이때 본체의 부식상태를 판별하기 위하여 보온재 등 피복물을 제거하게 할 수 있다.
④ 연소실 내부에는 부적당 하거나 결함이 있는 버너 또는 스토커의 설치운전에 의한 현저한 열의 국부적인 집중으로 인한 현상이 없어야 한다.

35 배관계에 설치한 밸브의 오작동 방지 및 배관계 취급의 적정화를 도모하기 위해 배관에 식별(識別)표시를 하는데 관계가 없는 것은?
① 지지하중 ② 식별색
③ 상태표시 ④ 물질표시

36 증기난방의 중력 환수식에서 복관식인 경우 배관기울기를 적당한 것은?
① 1/50 정도의 순 기울기
② 1/100 정도의 순 기울기
③ 1/150 정도의 순 기울기
④ 1/200 정도의 순 기울기

37 스테인리스강관의 특징 설명으로 옳은 것은?
① 강관에 비해 두께가 얇고 가벼워 운반 및 시공이 쉽다.
② 강관에 비해 내열성은 우수하나 내식성은 떨어진다.
③ 강관에 비해 기계적 성질이 떨어진다.
④ 한랭지 배관이 불가능하며 동결에 대한 저항이 적다.

38 증기난방의 시공에서 환수배관에 리프트 피팅(lift fitting)을 적용하여 시공할 때 1단의 흡상높이로 적당한 것은?
① 1.5m 이내 ② 2m 이내
③ 2.5m 이내 ④ 3m 이내

39 수관 보일러 중 자연순환식 보일러와 강제순환식 보일러에 관한 설명으로 틀린 것은?
① 강제순환식은 압력이 적어질수록 물과 증기와의 비중치가 적어서 물의 순환이 원활하지 않은 경우 순환력이 약해지는 결점을 보완하기 위해 강제로 순환시키는 방식이다.
② 자연순환식 수관보일러는 드럼과 다수의 수관으로 보일러 물의 순환회로를 만들 수 있도록 구성된 보일러이다.
③ 자연순환식 수관보일러는 곡관을 사용하는 형식이 널리 사용되고 있다.
④ 강제순환식 수관보일러의 순환펌프는 보일러수의 순환회로 중에 설치한다.

40 보일러의 가동 중 주의해야 할 사항으로 맞지 않는 것은?
① 수위가 안전저수위 이하로 되지 않도록 수시로 점검한다.
② 증기압력이 일정하도록 연료공급을 조절한다.
③ 과잉공기를 많이 공급하여 완전연소가 되도록 한다.
④ 연소량을 증가시킬 때는 통풍량을 먼저 증가 시킨다.

41 방열기내 온수의 평균온도 85℃, 실내온도 15℃, 방열계수 7.2kcal/m²·h·℃인 경우 방열기 방열량은 얼마인가?
① 450kcal/m²·h ② 504kcal/m²·h
③ 509kcal/m²·h ④ 515kcal/m²·h

42 보일러 건식보존법에서 가스봉입방식(기체보존법)에 사용되는 가스는?
① O_2 ② N_2
③ CO ④ CO_2

43 보일러 점화전 수위확인 및 조정에 대한 설명 중 틀린 것은?
① 수면계의 기능테스트가 가능한 정도의 증기압력이 보일러 내에 남아 있을 때는 수면계의 기능시험을 해서 정상인지 확인한다.
② 2개의 수면계의 수위를 비교하고 동일수위인지 확인한다.
③ 수면계에 수주관이 설치되어 있을 때는 수주연락관의 체크밸브가 바르게 닫혀 있는지 확인한다.
④ 유리관이 더러워졌을 때는 수위를 오인하는 경우가 있기 때문에 필히 청소하거나 또는 교환하여야 한다.

| 정답 | 34 ③ | 35 ① | 36 ④ | 37 ③ | 38 ① | 39 ③ | 40 ③ | 41 ② | 42 ② | 43 ③ |

44 온수난방에 대한 특징을 설명한 것으로 틀린 것은?
① 증기난방에 비해 소요방열면적과 배관경이 적게 되므로 시설비가 적어진다.
② 난방부하의 변동에 따라 온도조절이 쉽다.
③ 실내온도의 쾌감도가 비교적 높다.
④ 밀폐식일 경우 배관의 부식이 적어 수명이 길다.

45 보일러 운전 중 정전이 발생한 경우의 조치사항으로 적합하지 않은 것은?
① 전원을 차단한다.
② 연료 공급을 멈춘다.
③ 안전밸브를 열어 증기를 분출시킨다.
④ 주증기 밸브를 닫는다.

46 증기난방에서 환수관의 수평배관에서 관경이 가늘어 지는 경우 편심 리듀셔를 사용하는 이유로 적합한 것은?
① 응축수의 순환을 억제하기 위해
② 관의 열팽창을 방지하기 위해
③ 동심 리듀셔보다 시공을 단축하기 위해
④ 응축수의 체류를 방지하기 위해

47 온수난방설비에서 복관식 배관방식에 대한 특징으로 틀린 것은?
① 단관식보다 배관 설비비가 적게 든다.
② 역귀환 방식의 배관을 할 수 있다.
③ 발열량을 밸브에 의하여 임으로 조정할 수 있다.
④ 온도변화가 거의 없고 안정성이 높다.

48 개방식 팽창탱크에서 필요가 없는 것은?
① 배기관　　　② 압력계
③ 급수관　　　④ 팽창관

49 중앙식 급탕법에 대한 설명으로 틀린 것은?
① 기구의 동시 이용률을 고려하여 가열장치의 총용량을 적게 할 수 있다.
② 기계실 등에 다른 설비 기계와 함께 가열장치 등이 설치되기 때문에 관리가 용이하다.
③ 설비규모가 크고 복잡하기 때문에 초기 설비비가 비싸다.
④ 비교적 배관길이가 짧아 열손실이 적다.

50 보일러의 손상에 팽출(膨出)을 옳게 설명한 것은?
① 보일러 본체가 화염에 과열되어 외부로 볼록하게 튀어나오는 현상
② 노통이나 화실이 외측의 압력에 의해 눌러 쭈그러져 찢어지는 현상
③ 강판에 가스가 포함된 것이 화염의 접촉으로 양족으로 오목하게 되는 현상
④ 고압보일러 드럼 이음에 주로 생기는 응력 부식 균열의 일종

51 보일러 취급자가 주의하여 염두에 두어야 할 사항으로 틀린 것은?
① 보일러 사용처의 작업 환경에 따라 운전기준을 설정하여 둔다.
② 사용처에 필요한 증기를 항상 발생, 공급할 수 있도록 한다.
③ 보일러 제작사 취급설명서의 의도를 파악 숙지하여 그 지시에 따른다.
④ 증기 수요에 따라 보일러 정격한도를 10% 정도 초과하여 운전한다.

52 캐리 오버(carry over)에 대한 방지 대책이 아닌 것은?
① 압력을 규정압력으로 유지해야 한다.
② 수면이 비정상적으로 높게 유지되지 않도록 높인다.
③ 부하를 급격히 증가시켜 증기실의 부하율을 높인다.
④ 보일러수에 포함되어 있는 유지류나 용해고형물 등의 불순물을 제거한다.

53 보일러 수압시험시의 시험수압은 규정된 압력의 몇 % 이상을 초과하지 않도록 해야 하는가?
① 3%　　　② 4%
③ 5%　　　④ 6%

54 증기배관 내에 응축수가 고여 있을 때 증기 밸브를 급격히 열어 증기를 빠른 속도로 보냈을 때 발생하는 현상으로 가장 적합한 것은?
① 압궤가 발생한다.
② 블리스터가 발생한다.
③ 수격작용이 발생한다.
④ 팽출이 발생한다.

55 에너지법에서 정한 에너지기술개발사업비로 사용될 수 없는 사항은?
① 에너지에 관한 연구인력 양성
② 온실가스 배출을 늘이기 위한 기술개발
③ 에너지사용에 따른 대기오염 저감을 위한 기술개발
④ 에너지기술개발 성과의 보급 및 홍보

56 산업통상자원부장관이 에너지 저장의무를 부과할 수 있는 대상자로 맞는 것은?
① 연간 5천 석유환산톤 이상의 에너지를 사용하는 자
② 연간 6천 석유환산톤 이상의 에너지를 사용하는 자
③ 연간 1만 석유환산톤 이상의 에너지를 사용하는 자
④ 연간 2만 석유환산톤 이상의 에너지를 사용하는 자

57 신에너지 및 재생에너지 개발·이용·보급 촉진법에서 규정하는 신에너지 또는 재생에너지에 해당하지 않는 것은?
① 태양에너지   ② 풍력
③ 원자력에너지   ④ 수소에너지

58 에너지이용합리화법에 따라 에너지다소비업자가 매년 1월 31일까지 신고해야 할 사항과 관계없는 것은?
① 전년도의 에너지 사용량
② 전년도의 제품 생산량
③ 에너지사용 기자재의 현황
④ 해당 연도의 에너지관리진단 현황

59 저탄소녹색성장기본법에 따라 2020년의 우리나라 온실가스 감축 목표로 옳은 것은?
① 2020년 온실가스 배출전망치 대비 100분의 20
② 2020년 온실가스 배출전망치 대비 100분의 30
③ 2020년 온실가스 배출량의 100분의 20
④ 2020년 온실가스 배출량의 100분의 30

60 에너지이용 합리화법의 목적과 거리가 먼 것은?
① 에너지 소비로 인한 환경피해 감소
② 에너지 수급 안정
③ 에너지 소비 촉진
④ 에너지의 효율적인 이용증진

정답 55 ② 56 ④ 57 ③ 58 ④ 59 ② 60 ③

2014년 1회 기출 복원 문제
2014년 1월 26일

01 두께가 13cm, 면적이 10m²인 벽이 있다. 벽 내부 온도는 200℃, 외부의 온도가 20℃일 때 벽을 통한 전도되는 열량은 약 몇 kcal/h인가? (단, 열전도율은 0.02kcal/m·h·℃이다.)
① 234.2   ② 259.6
③ 276.9   ④ 312.3

02 보일러 본체나 수관, 연관 등에 발생하는 블리스터(blister)를 옳게 설명한 것은?
① 강판이나 관의 제조 시 두 장의 층을 형성하는 것
② 라미네이션된 강판이 열에 의해 혹처럼 부풀어 나오는 현상
③ 노통이 외부압력에 의해 내부로 짓눌리는 현상
④ 리벳 조인트나 리벳 구멍 등의 응력이 집중하는 곳에 물리적 작용과 더불어 화학적 작용에 의해 발생하는 균열

03 일반 보일러(소용량 보일러 및 가스용 온수보일러 제외)에서 온도계를 설치할 필요가 없는 곳은?
① 절탄기가 있는 경우 절탄기 입구 및 출구
② 보일러 본체의 급수 입구
③ 버너 급유 입구(예열을 필요로 할 때)
④ 과열기가 있는 경우 과열기 입구

04 다음 보일러의 휴지보존법 중 단기 보존법에 속하는 것은?
① 석회밀폐건조법   ② 질소가스봉입법
③ 소다만수보존법   ④ 가열건조법

05 보일러에서 발생하는 고온 부식의 원인물질로 거리가 먼 것은?
① 나트륨   ② 유황
③ 철   ④ 바나듐

06 수관식 보일러에 대한 설명으로 틀린 것은?
① 고온, 고압에 적당하다.
② 용량에 비해 소요면적이 적으며 효율이 높다.
③ 보유수량이 많아 파열시 피해가 크고, 부하변동에 응하기 쉽다.
④ 급수의 순도가 나쁘면 스케일이 발생하기 쉽다.

07 보일러의 제어장치 중 연소용 공기를 제어하는 설비는 자동제어에서 어디에 속하는가?
① F.W.C   ② A.B.C
③ A.C.C   ④ A.F.C

08 특수보일러 중 간접가열 보일러에 해당되는 것은?
① 슈미트 보일러   ② 베록스 보일러
③ 벤슨 보일러   ④ 코르니시 보일러

09 자연통풍에 대한 설명으로 가장 옳은 것은?
① 연소에 필요한 공기를 압입 송풍기에 의해 통풍하는 방식이다.
② 연돌로 인한 통풍방식이며, 소형보일러에 적합하다.
③ 축류형 송풍기를 이용하여 연도에서 열 가스를 배출하는 방식이다.
④ 송·배풍기를 보일러 전·후면에 부착하여 통풍하는 방식이다.

10 다음 중 보일러에서 실화가 발생하는 원인으로 거리가 먼 것은?
① 버너의 팁이나 노즐이 카본이나 소손 등으로 막혀있다.
② 분사용 증기 또는 공기의 공급량이 연료량에 비해 과다 또는 과소하다.
③ 중유를 과열하여 중유가 유관 내나 가열기 내에서 가스화하여 중유의 흐름이 중단되었다.
④ 연료 속의 수분이나 공기가 거의 없다.

정답 01 ③ 02 ② 03 ④ 04 ④ 05 ③ 06 ③ 07 ④ 08 ① 09 ② 10 ④

11 입형(직립) 보일러에 대한 설명으로 틀린 것은?
① 동체를 바로 세워 연소실을 그 하부에 둔 보일러이다.
② 전열면적을 넓게 할 수 있어 대용량에 적당하다.
③ 다관식은 전열면적을 보강하기 위하여 다수의 연관을 설치한 것이다.
④ 횡관식은 횡관의 설치로 전열면을 증가시킨다.

12 공기예열기에 대한 설명으로 틀린 것은?
① 보일러의 열효율을 향상시킨다.
② 불완전 연소를 감소시킨다.
③ 배기가스의 열손실을 감소시킨다.
④ 통풍저항이 작아진다.

13 가스버너에 리프팅(Lifting) 현상이 발생하는 경우는?
① 가스압이 너무 높은 경우
② 버너부식으로 염공이 커진 경우
③ 버너가 과열된 경우
④ 1차공기의 흡인이 많은 경우

14 다음 중 LPG의 주성분이 아닌 것은?
① 부탄   ② 프로판
③ 프로필렌   ④ 메탄

15 보일러의 안전 저수면에 대한 설명으로 적당한 것은?
① 보일러의 보안상, 운전 중에 보일러 전열면이 화염에 노출되는 최저 수면의 위치
② 보일러의 보안상, 운전 중에 급수하였을 때의 최초 수면의 위치
③ 보일러의 보안상, 운전 중에 유지해야 하는 일상적인 가동시의 표준 수면의 위치
④ 보일러의 보안상, 운전 중에 유지해야 하는 보일러 드럼내 최저 수면의 위치

16 수면계의 기능시험의 시기에 대한 설명으로 틀린 것은?
① 가마울림현상이 나타날 때
② 보일러를 가동하기 전
③ 보일러를 가동하여 압력이 상승하기 시작 했을 때
④ 프라이밍, 포밍 등이 생길 때

17 열사용기자재의 검사 및 검사면제에 관한 기준에 따라 급수장치를 필요로 하는 보일러에는 기준을 만족시키는 주펌프 세트와 보조펌프 세트를 갖춘 급수장치가 있어야 하는데, 특정 조건에 따라 보조펌프 세트를 생략할 수 있다. 다음 중 보조펌프 세트를 생략할 수 없는 경우는?
① 전열면적이 $10m^2$인 보일러
② 전열면적이 $8m^2$인 가스용 온수보일러
③ 전열면적이 $16m^2$인 가스용 온수보일러
④ 전열면적이 $50m^2$인 관류보일러

18 다음 중 난방부하의 단위로 옳은 것은?
① kcal/kg   ② kcal/h
③ kg/h   ④ $kcal/m^2 \cdot h$

19 최고사용압력이 $16kgf/cm^2$인 강철제보일러의 수압시험압력으로 맞는 것은?
① $8kgf/cm^2$ ② $16kgf/cm^2$
③ $24kgf/cm^2$ ④ $32kgf/cm^2$

20 콘크리트 벽이나 바닥 등에 배관이 관통하는 곳에 관의 보호를 위하여 사용하는 것은?
① 슬리브   ② 보온재료
③ 행거   ④ 신축곡관

21 보일러의 압력이 $8kgf/cm^2$이고, 안전밸브 입구 구멍의 단면적이 $20cm^2$라면 안전밸브에 작용하는 힘은 얼마인가?
① 140kgf   ② 160kgf
③ 170kgf   ④ 180kgf

22 1기압 하에서 20℃의 물 10kg을 100℃의 증기로 변화시킬 때 필요한 열량은 얼마인가? (단, 물의 비열은 1kcal/kg·℃이다.)
① 6190kcal   ② 6390kcal
③ 7380kcal   ④ 7480kcal

23 보일러의 출열 항목에 속하지 않는 것은?
① 불완전 연소에 의한 열손실
② 연소 잔재물 주의 미연소분에 의한 열손실
③ 공기의 현열손실
④ 방산에 의한 열손실

24 오일 프리히터의 사용 목적이 아닌 것은?
① 연료의 점도를 높여 준다.
② 연료의 유동성을 증가시켜 준다.
③ 완전연소에 도움을 준다.
④ 분무상태를 양호하게 한다.

25 육상용 보일러의 열정산은 원칙적으로 정격부하 이상에서 정상 상태로 적어도 몇 시간 이상의 운전 결과에 따라 하는가? (단, 액체 또는 기체연료를 사용하는 소형보일러에서 인수·인도 당사자 간의 협정이 있는 경우는 제외)
① 0.5시간   ② 1시간
③ 1.5시간   ④ 2시간

26 기체연료의 발열량 단위로 옳은 것은?
① kcal/m^2 ② kcal/cm^2
③ kcal/mm^2 ④ kcal/Nm^3

27 보일러 1마력을 상당증발량으로 환산하면 약 얼마인가?
① 13.65kg/h   ② 15.65kg/h
③ 18.65kg/h   ④ 21.65kg/h

28 공기량이 지나치게 많을 때 나타나는 현상 중 틀린 것은?
① 연소실 온도가 떨어진다.
② 열효율이 저하한다.
③ 연료소비량이 증가한다.
④ 배기가스 온도가 높아진다.

29 절대온도 360K를 섭씨온도로 환산하면 약 몇 ℃인가?
① 97℃   ② 87℃
③ 67℃   ④ 57℃

30 보일러효율 시험방법에 관한 설명으로 틀린 것은?
① 급수온도는 절탄기가 있는 것은 절탄기 입구에서 측정한다.
② 배기가스의 온도는 전열면의 최종 출구에서 측정한다.
③ 포화증기의 압력은 보일러 출구의 압력으로 브로돈관식 압력계로 측정한다.
④ 증기온도의 경우 과열기가 있을 때는 과열기 입구에서 측정한다.

31 열전달의 기본형식에 해당되지 않는 것은?
① 대류   ② 복사
③ 발산   ④ 전도

32 보일러에서 수면계 기능시험을 해야 할 시기로 가장 거리가 먼 것은?
① 수위의 변화에 수면계가 빠르게 작동 반응할 때
② 보일러를 가동 하기 전
③ 2개의 수면계 수위가 서로 다를때
④ 프라이밍, 포밍 등이 발생한 때

33 보일러 동 내부 안전저수위보다 약간 높게 설치하여 유지분, 부유물 등을 제거하는 장치로서 연속분출장치에 해당되는 것은?
① 수면 분출장치   ② 수저 분출장치
③ 수중 분출장치   ④ 압력 분출장치

34 액체연료의 유압분무식 버너의 종류에 해당되지 않는 것은?
① 플런저형   ② 외측 반환유형
③ 직접 분사형   ④ 간접 분사형

35 어떤 보일러의 5시간 동안 증발량이 5000kg이고, 그때의 급수 엔탈피가 25kcal/kg, 증기엔탈피가 675kcal/kg이라면 상당증발량은 약 몇 kg/h인가?
① 1106   ② 1206
③ 1304   ④ 1451

36 증기보일러에서 감압밸브 사용의 필요성에 대한 설명으로 가장 적합한 것은?
① 고압증기를 감압시키면 잠열이 감소하여 이용 열이 감소된다.
② 고압증기는 저압증기에 비해 관경을 크게 해야 하므로 배관설비비가 증가한다.
③ 감압을 하면 열교환 속도가 불규칙하나 열전달이 균일하여 생산성이 향상된다.
④ 감압을 하면 증기의 건도가 향상되어 생산성 향상과 에너지절감이 이루어진다.

37 제어계를 구성하는 요소 중 전송기의 종류에 해당되지 않는 것은?
① 전기식 전송기 ② 증기식 전송기
③ 유압식 전송기 ④ 공기압식 전송기

38 과열기를 연소가스 흐름 상태에 의해 분류할 때 해당되지 않는 것은?
① 복사형 ② 병류형
③ 향류형 ④ 혼류형

39 보일러 연소장치의 선정기준에 대한 설명으로 틀린 것은?
① 사용 연료의 종류와 형태를 고려한다.
② 연소 효율이 높은 장치를 선택한다.
③ 과잉공기를 많이 사용할 수 있는 장치를 선택한다.
④ 내구성 및 가격 등을 고려한다.

40 액상 열매체 보일러 시스템에서 사용하는 팽창탱크에 관한 설명으로 틀린 것은?
① 액상 열매체 보일러 시스템에는 열매체유의 액팽창을 흡수하기 위한 팽창탱크가 필요하다.
② 열매체유 팽창탱크에는 액면계와 압력계가 부착되어야 한다.
③ 열매체유 팽창탱크의 설치장소는 통상 열매체유 보일러 시스템에서 가장 낮은 위치에 설치한다.
④ 열매체유의 노화방지를 위해 팽창탱크의 공간부에는 N_2가스를 봉입한다.

41 보일러 급수처리의 목적으로 볼 수 없는 것은?
① 부식의 방지 ② 보일러수의 농축방지
③ 스케일생성 방지 ④ 역화(back fire)방지

42 포화온도 105℃인 증기난방 방열기의 상당 방열면적이 20m² 일 경우 시간당 발생하는 응축수량은 약 kg/h인가? (단, 105℃ 증기의 증발잠열은 535.6kcal/kg이다.)
① 10.37 ② 20.57
③ 12.17 ④ 24.27

43 강관재 루프형 신축이음은 고압에 견디고, 고장이 적어 고온·고압용 배관에 이용되는데 이 신축이음의 곡률반경은 관지름의 몇 배 이상으로 하는 것이 좋은가?
① 2배 ② 3배
③ 4배 ④ 6배

44 보온재 선정 시 고려하여야 할 사항으로 틀린 것은?
① 안전사용 온도범위에 적합해야 한다.
② 흡수성이 크고 가공이 용이해야 한다.
③ 물리적, 화학적 강도가 커야 한다.
④ 열전도율이 가능한 적어야 한다.

45 수격작용을 방지하기 위한 조치로 거리가 먼 것은?
① 송기에 앞서서 관을 충분히 데운다.
② 송기할 때 주증기 밸브는 급히 열지 않고 천천히 연다.
③ 증기관은 증기가 흐르는 방향으로 경사가 지도록 한다.
④ 증기관에 드레인이 고이도록 중간을 낮게 배관한다.

46 무기질 보온재 중 하나로 안산암, 현무암에 석회석을 섞어 용융하여 섬유모양으로 만든 것은?
① 코르크 ② 암면
③ 규조토 ④ 유리섬유

47 보일러 수 처리에서 순환계통의 처리방법 중 용해 고형물 제거 방법이 아닌 것은?
① 약제 첨가법 ② 이온 교환법
③ 증류법 ④ 여과법

48 강관에 대한 용접이음의 장점으로 거리가 먼 것은?
① 열에 의한 잔류응력이 거의 발생하지 않는다.
② 접합부의 강도가 강하다.
③ 접합부의 누수의 염려가 없다.
④ 유체의 압력손실이 적다.

49 가동 보일러에 스케일과 부식물 제거를 위한 산세척 처리 순서로 올바른 것은?
① 전처리→수세→산액처리→수세→중화·방청처리
② 수세→산액처리→전처리→수세→중화·방청처리
③ 전처리→중화·방청처리→수세→산액처리→수세
④ 전처리→수세→중화·방청처리→수세→산액처리

50 방열기의 구조에 관한 설명으로 옳지 않은 것은?
① 주요 구조 부분은 금속재료나 그 밖의 강도와 내구성을 가지는 적절한 재질의 것을 사용해야 한다.
② 엘리먼트 부분은 사용하는 온수 또는 증기의 온도 및 압력을 충분히 견디어 낼 수 있는 것으로 한다.
③ 온수를 사용하는 것에는 보온을 위해 엘리먼트 내에 공기를 빼는 구조가 없도록 한다.
④ 배관 접속부는 시공이 쉽고 점검이 용이해야 한다.

51 신·재생에너지 정책심의회의 구성으로 맞는 것은?
① 위원장 1명을 포함한 10명 이내의 위원
② 위원장 1명을 포함한 20명 이내의 위원
③ 위원장 2명을 포함한 10명 이내의 위원
④ 위원장 2명을 포함한 20명 이내의 위원

52 에너지 수급안정을 위하여 산업통상자원부장관이 필요한 조치를 취할 수 있는 사항이 아닌 것은?
① 에너지의 배급
② 산업별·주요공급자별 에너지 할당
③ 에너지의 비축과 저장
④ 에너지의 양도·양수의 제한 또는 금지

53 저탄소녹색성장 기본법에 의거 온실가스 감축목표 등의 설정·관리 및 필요한 조치에 관한 사항을 관장하는 기관으로 옳은 것은?
① 농림축산식품부 : 건물·교통 분야
② 환경부 : 농업·축산 분야
③ 국토교통부 : 폐기물 분야
④ 산업통상자원부 : 산업·발전 분야

54 에너지이용합리화법상 검사대상기기조종자가 퇴직하는 경우 퇴직 이전에 다른 검사대상기기조종자를 선임하지 아니한 자에 대한 벌칙으로 맞는 것은?
① 1천만 원 이하의 벌금
② 2천만 원 이하의 벌금
③ 5백만 원 이하의 벌금
④ 2년 이하의 징역

55 에너지이용합리화법에서 정한 검사대상기기 조종자의 자격에서 에너지관리기능사가 조정할 수 있는 조종범위로서 옳지 않은 것은?
① 용량이 15t/h 이하인 보일러
② 온수발생 및 열매체를 가열하는 보일러로서 용량이 581.5킬로와트 이하인 것
③ 최고사용압력이 1MPa이하이고, 전열면적이 10m² 이하인 증기보일러
④ 압력용기

56 배관용접 작업 시 안전사항 중 산소용기는 일반적으로 몇 ℃ 이하의 온도로 보관하여야 하는가?
① 100℃ 이하 ② 80℃ 이하
③ 60℃ 이하   ④ 40℃ 이하

57 단관 중력 순환식 온수난방의 배관은 주관을 앞내림 기울기로 하여 공기가 모두 어느 곳으로 빠지게 하는가?
① 드레인 밸브   ② 팽창 탱크
③ 에어벤트 밸브 ④ 체크 밸브

58 배관지지 장치의 명칭과 용도가 잘못 연결된 것은?
① 파이프 슈 - 관의 수평부, 곡관부 지지
② 리지드 서포트 - 빔 등으로 만든 지지대
③ 롤러 서포트 - 방진을 위해 변위가 적은 곳에 사용
④ 행거 - 배관계의 중량을 위에서 달아매는 장치

59 보일러 운전이 끝난 후의 조치사항으로 잘못된 것은?
① 유류 사용 보일러의 경우 연료 계통의 스톱밸브를 닫고 버너를 청소한다.
② 연소실 내의 잔류여열로 보일러 내부의 압력이 상승하는지 확인한다.
③ 압력계 지시압력과 수면계의 표준수위를 확인해둔다.
④ 예열용 연료를 노내에 약간 넣어 둔다.

60 에너지법에 의거 지역에너지계획을 수립한 시·도지사는 이를 누구에게 제출하여야 하는가?
① 대통령   ② 산업통산자원부장관
③ 국토교통부장관 ④ 에너지관리공단 이사장

2014년 2회 기출 복원 문제
2014년 4월 6일

01 증기보일러의 캐리오버(carry over)의 발생 원인과 가장 거리가 먼 것은?
① 보일러 부하가 급격하게 증대할 경우
② 증발부 면적이 불충분할 경우
③ 증기정지 밸브를 급격히 열었을 경우
④ 부유 고형물 및 용해 고형물이 존재하지 않을 경우

02 보일러의 점화조작 시 주의사항에 대한 설명으로 잘못된 것은?
① 유압이 낮으면 점화 및 분사가 불량하고 유압이 높으면 그을음이 축적되기 쉽다.
② 연료의 예열온도가 낮으면 무화불량, 화염의 편류, 그을음, 분진이 발생하기 쉽다.
③ 연료가스의 유출속도가 너무 빠르면 역화가 일어나고, 너무 늦으면 실화가 발생하기 쉽다.
④ 프리퍼지 시간이 너무 길면 연소실의 냉각을 초래하고, 너무 짧으면 역화를 일으키기 쉽다.

03 보일러 건조보존 시에 사용되는 건조제가 아닌 것은?
① 암모니아 ② 생석회
③ 실리카겔 ④ 염화칼슘

04 이동 및 회전을 방지하기 위해 지지점 위치에 완전히 고정하는 지지금속으로, 열팽창 신축에 의한 영향이 다른 부분에 미치지 않도록 배관을 분리하여 설치·고정해야 하는 리스트레인트의 종류는?
① 앵커 ② 리지드 행거
③ 파이프 슈 ④ 브레이스

05 보일러 동체가 국부적으로 과열되는 경우는?
① 고수위로 운전하는 경우
② 보일러 동 내면에 스케일이 형성된 경우
③ 안전밸브의 기능이 불량한 경우
④ 주증기 밸브의 개폐 동작이 불량한 경우

06 매연분출장치에서 보일러의 고온부인 과열기나 수관부용으로 고온의 열가스 통로에 사용할 때만 사용되는 매연분출장치는?
① 정치 회전형 ② 롱레트랙터블형
③ 쇼트레트랙터블형 ④ 이동 회전형

07 보일러의 자동제어에서 연소제어 시 조작량과 제어량의 관계가 옳은 것은?
① 공기량 - 수위 ② 급수량 - 증기온도
③ 연료량 - 증기압 ④ 전열량 - 노내압

08 다음 보일러 중 수관식 보일러에 해당되는 것은?
① 타쿠마 보일러 ② 카네크롤 보일러
③ 스코치 보일러 ④ 하우덴 존슨 보일러

09 보일러 화염검출장치의 보수나 점검에 대한 설명 중 틀린 것은?
① 프레임아이 장치의 주위온도는 50℃ 이상이 되지 않게 한다.
② 관전관식은 유리나 렌즈를 매주 1회 이상 청소하고 강도유지에 유의한다.
③ 프레임로드는 검출부가 불꽃에 직접 접하므로 소손에 유의하고 자주 청소해 준다.
④ 프레임아이는 불꽃의 직사광이 들어가면 오동작하므로 불꽃의 중심을 향하지 않도록 설치한다.

10 열용량에 대한 설명으로 옳은 것은?
① 열용량의 단위는 kcal/g·℃이다.
② 어떤 물질 1g의 온도를 1℃ 올리는데 소요되는 열량이다.
③ 어떤 물질의 비열에 그 물질의 질량을 곱한 값이다.
④ 열용량은 물질의 질량에 관계없이 항상 일정하다.

정답 01 ④ 02 ③ 03 ① 04 ① 05 ② 06 ② 07 ③ 08 ① 09 ④ 10 ③

11 보일러수의 급수장치에서 인젝터의 특징으로 **틀린** 것은?
① 구조가 간단하고 소형이다.
② 급수량의 조절이 가능하고 급수효율이 높다.
③ 증기와 물이 혼합하여 급수가 예열된다.
④ 인젝터가 과열되면 급수가 곤란하다.

12 물의 임계압력에서의 잠열은 몇 kcal/kg인가?
① 539 ② 100
③ 0   ④ 639

13 유류 연소시의 일반적인 공기비는?
① 0.95 ~ 1.1   ② 1.6 ~ 1.8
③ 1.2 ~ 1.4   ④ 1.8 ~ 2.0

14 다음과 같은 특징을 갖고 있는 통풍방식은?

- 연도의 끝이나 연돌하부에 송풍기를 설치한다.
- 연도 내의 압력은 대기압보다 작게 유지된다.
- 매연이나 부식성이 강한 배기가스가 통과하므로 송풍기의 고장이 자주 발생한다.

① 자연통풍   ② 압입통풍
③ 흡입통풍   ④ 평형통풍

15 보일러의 열손실이 **아닌** 것은?
① 방열손실   ② 배기가스열손실
③ 미연소손실   ④ 응축수손실

16 일반적으로 보일러 동(드럼) 내부에 물을 어느 정도로 채워야 하는가?
① 1/4 ~ 1/3   ② 1/6 ~ 1/5
③ 1/4 ~ 2/5   ④ 2/3 ~ 4/5

17 주철제 보일러의 특징 설명으로 **틀린** 것은?
① 내열·내식성이 우수하다.
② 쪽수의 증감에 따라 용량조절이 용이하다.
③ 재질이 주철이므로 충격에 강하다.
④ 고압 및 대용량에 부적당하다.

18 다음 중 잠열에 해당되는 것은?
① 기화열   ② 생성열
③ 중화열   ④ 반응열

19 노통 연관식 보일러의 특징으로 가장 거리가 **먼** 것은?
① 내분식이므로 열손실이 적다.
② 수관식 보일러에 비해 보유수량이 적어 파열시 피해가 작다.
③ 원통형 보일러 중에서 효율이 가장 높다.
④ 원통형 보일러 중에서 구조가 가장 복잡한 편이다.

20 보일러 연소실 내에서 가스 폭발을 일으킨 원인으로 가장 적절한 것은?
① 프리퍼지 부족으로 미연소 가스가 충만되어 있다.
② 연도 쪽의 댐퍼가 열려 있었다.
③ 연소용 공기를 다량으로 주입하였다.
④ 연료의 공급이 부족하였다.

21 상당증발량이 6000kg/h, 연료 소비량이 400kg/h인 보일러의 효율은 약 몇 %인가? (단, 연료의 저위발열량은 9700kcal/kg이다.)
① 81.3%   ② 83.4%
③ 85.8%   ④ 79.2%

22 다음 중 탄화수소비가 가장 큰 액체연료는?
① 휘발유   ② 등유
③ 경유   ④ 중유

23 무게 80kgf 인 물체를 수직으로 5m까지 끌어올리기 위한 일을 열량으로 환산하면 약 몇 kcal인가?
① 0.94kcal   ② 0.094kcal
③ 40kcal   ④ 400kcal

24 중유의 연소 상태를 개선하기 위한 첨가제의 종류가 **아닌** 것은?
① 연소촉진제   ② 회분개질제
③ 탈수제   ④ 슬러지 생성제

25 보일러의 폐열회수장치에 대한 설명 중 가장 거리가 먼 것은?
① 공기예열기는 배기가스와 연소용 공기를 열교환하여 연소용 공기를 가열하기 위한 것이다.
② 절탄기는 배기가스의 여열을 이용하여 급수를 예열하는 급수예열기를 말한다.
③ 공기예열기의 형식은 전열방법에 따라 전도식과 재생식, 히트파이프식으로 분류된다.
④ 급수예열기는 설치하지 않아도 되지만 공기예열기는 반드시 설치하여야 한다.

26 복사난방의 특징에 관한 설명으로 옳지 않은 것은?
① 쾌감도가 좋다.
② 고장 발견이 용이하고, 시설비가 싸다.
③ 실내공간의 이용률이 높다.
④ 동일 방열량에 대한 열손실이 적다.

27 다음 중 보일러 용수관리에서 경도(hardness)와 관련되는 항목으로 가장 적합한 것은?
① Hg, SVI
② BOD, CDD
③ DO, Na
④ Ca, Mg

28 보일러에서 열효율의 향상대책으로 틀린 것은?
① 열손실을 최대한 억제한다.
② 운전조건을 양호하게 한다.
③ 연소실 내의 온도를 낮춘다.
④ 연소장치에 맞는 연료를 사용한다.

29 보일러의 증기관 중 반드시 보온을 해야 하는 곳은?
① 난방하고 있는 실내에 노출된 배관
② 방열기 주위 배관
③ 주증기 공급관
④ 관말 증기트랩장치의 냉각레그

30 강철제 증기보일러의 최고사용압력이 2MPa일 때 수압시험압력은?
① 2MPa
② 2.5MPa
③ 3MPa
④ 4MPa

31 어떤 보일러의 시간당 발생증기량을 G_a, 발생증기의 엔탈피를 i_2, 급수 엔탈피를 i_1라 할 때, 다음 식으로 표시되는 값(G_e)은?

$$G_e = \frac{G_a(i_2 - i_1)}{539} (kg/h)$$

① 증발률
② 보일러 마력
③ 연소 효율
④ 상당 증발량

32 보일러의 자동제어를 제어동작에 따라 구분할 때 연속동작에 해당되는 것은?
① 2위치 동작
② 다위치 동작
③ 비례동작(P동작)
④ 부동제어 동작

33 정격압력이 12kgf/cm² 일 때 보일러의 용량이 가장 큰 것은? (단, 급수온도는 10℃, 증기엔탈피는 663.8kcal/kg이다.)
① 실제 증발량 1200kg/h
② 상당 증발량 1500kg/h
③ 정격 출력 800000kcal/h
④ 보일러 100마력(B-Hp)

34 프라이밍의 발생 원인으로 거리가 먼 것은?
① 보일러 수위가 낮을 때
② 보일러수가 농축되어 있을 때
③ 송기 시 증기밸브를 급개할 때
④ 증발능력에 비하여 보일러수의 표면적이 작을 때

35 흑체로부터의 복사 전열량은 절대온도의 몇 승에 비례하는가?
① 2승
② 3승
③ 4승
④ 5승

36 수관식 보일러의 특징에 관한 설명으로 틀린 것은?
① 구조상 고압 대용량에 적합하다.
② 전열면적을 크게 할 수 있으므로 일반적으로 효율이 높다.
③ 급수 및 보일러수 처리에 주의가 필요하다.
④ 전열면적당 보유수량이 많아 기동에서 소요증기가 발생할 때까지의 시간이 길다.

37 화염검출기 기능불량과 대책을 연결한 것으로 잘못된 것은?
① 집광렌즈 오염 - 분리 후 청소
② 증폭기 노후 - 교체
③ 동력선의 영향 - 검출회로와 동력선 분리
④ 점화전극은 고전압이 프레임 로드에 흐를 때 - 전극과 불꽃 사이를 넓게 분리

38 유압분무식 오일버너의 특징에 관한 설명으로 틀린 것은?
① 대용량 버너의 제작이 가능하다.
② 무화 매체가 필요 없다.
③ 유량조절 범위가 넓다.
④ 기름의 점도가 크면 무화가 곤란하다.

39 집진장치 중 집진효율은 높으나 압력손실이 낮은 형식은?
① 전기식 집진장치 ② 중력식 집진장치
③ 원심력식 집진장치 ④ 세정식 집진장치

40 강관 배관에서 유체의 흐름방향을 바꾸는 데 사용되는 이음쇠는?
① 부싱 ② 리턴 밴드
③ 리듀셔 ④ 소켓

41 액체연료에서의 무화의 목적으로 틀린 것은?
① 연료와 연소용 공기와의 혼합을 고르게 하기 위해
② 연료 단위 중량당 표면적을 작게 하기 위해
③ 연소 효율을 높이기 위해
④ 연소실 열발생률을 높게 하기 위해

42 수면계의 점검순서 중 가장 먼저 해야 하는 사항으로 적당한 것은?
① 드레인콕을 닫고 물콕을 연다.
② 물콕을 열어 통수관을 확인한다.
③ 물콕 및 증기콕을 닫고 드레인 콕을 연다.
④ 물콕을 닫고 증기콕을 열어 통기관을 확인한다.

43 팽창탱크 내의 물이 넘쳐흐를 때를 대비하여 팽창탱크에 설치하는 관은?
① 배수관 ② 환수관
③ 오버플로우관 ④ 팽창관

44 배관 중간이나 밸브, 펌프, 열교환기 등의 접속을 위해 사용되는 이음쇠로서 분해, 조립이 필요한 경우에 사용되는 것은?
① 벤드 ② 리듀셔
③ 플랜지 ④ 슬리브

45 보일러의 부하율에 대한 설명으로 적합한 것은?
① 보일러의 최대증발량에 대한 실제증발량의 비율
② 증기발생량의 연료소비량으로 나눈 값
③ 보일러에서 증기가 흡수한 총열량을 급수량으로 나눈 값
④ 보일러 전열면적 $1m^2$에서 시간당 발생되는 증기열량

46 난방부하의 발생요인 중 맞지 않는 것은?
① 벽체(외벽, 바닥, 지붕 등)를 통한 손실열량
② 극간 풍에 의한 손실열량
③ 외기(환기공기)의 도입에 의한 손실열량
④ 실내조명, 전열기구 등에서 발산되는 열부하

47 보일러의 수압시험을 하는 주된 목적은?
① 제한 압력을 결정하기 위하여
② 열효율을 측정하기 위하여
③ 균열의 여부를 알기 위하여
④ 설계의 양부를 알기 위하여

48 규산칼슘 보온재의 안전사용 최고온도(℃)는?
① 300 ② 450
③ 650 ④ 850

49 보일러 운전 중 저수위로 인하여 보일러가 과열된 경우의 조치법으로 거리가 먼 것은?
① 연료공급을 중지한다.
② 연소용 공기 공급을 중단하고 댐퍼를 전개한다.
③ 보일러가 자연냉각 하는 것을 기다려 원인을 파악한다.
④ 부동 팽창을 방지하기 위해 즉시 급수를 한다.

50 보일러 운전 중 1일 1회 이상 실행하거나 상태를 점검해야 하는 것으로 가장 거리가 먼 사항은?
① 안전밸브 작동상태
② 보일러수 분출 작업
③ 여과기 상태
④ 저수위 안전장치 작동상태

51 저탄소 녹색성장 기본법상 온실가스에 해당하지 않는 것은?
① 이산화탄소　　② 메탄
③ 수소　　　　　④ 육불화황

52 에너지법상 에너지 공급설비에 포함되지 않는 것은?
① 에너지 수입설비　② 에너지 전환설비
③ 에너지 수송설비　④ 에너지 생산설비

53 온실가스 감축 목표의 설정·관리 및 필요한 조치에 관하여 총괄·조정 기능을 수행하는 자는?
① 환경부장관　　　② 산업통상자원부장관
③ 국토교통부장관　④ 농림축산식품부장관

54 자원을 절약하고, 효율적으로 이용하며 폐기물의 발생을 줄이는 등 자원순환산업을 육성·지원하기 위한 다양한 시책에 포함되지 않는 것은?
① 자원의 수급 및 관리
② 유해하거나 재제조·재활용이 어려운 물질의 사용억제
③ 에너지자원으로 이용되는 목재, 식물, 농산물 등 바이오매스의 수집·활용
④ 친환경 생산체제로의 전환을 위한 기술지원

55 온실가스감축, 에너지 절약 및 에너지 이용효율 목표를 통보받은 관리업체가 규정의 사항을 포함한 다음 연도 이행계획을 전자적 방식으로 언제까지 부문별 관장기관에게 제출하여야 하는가?
① 매년 3월 31일까지　② 매년 6월 30일까지
③ 매년 9월 30일까지　④ 매년 12월 31일까지

56 환수관의 배관방식에 의한 분류 중 환수주관을 보일러의 표준수위 보다 낮게 배관하여 환수하는 방식은 어떤 배관방식인가?
① 건식환수　　② 중력환수
③ 기계환수　　④ 습식환수

57 세관작업 시 규산염은 염산에 잘 녹지 않으므로 용해촉진제를 사용하는데 다음 중 어느 것을 사용하는가?
① H_2SO_4　　② HF
③ NH_3　　　④ Na_2SO_4

58 주철제 보일러의 최고사용압력이 0.30Mpa인 경우 수압시험압력은?
① 0.15Mpa　　② 0.30Mpa
③ 0.43Mpa　　④ 0.60Mpa

59 강관 용접접합의 특징에 대한 설명으로 틀린 것은?
① 관내 유체의 저항 손실이 적다.
② 접합부의 강도가 강하다.
③ 보온피복 시공이 어렵다.
④ 누수의 염려가 적다.

60 에너지이용합리화법상 열사용기자재가 아닌 것은?
① 강철제보일러　　② 구멍탄용 온수보일러
③ 전기순간온수기　④ 2종 압력용기

2014년 3회 기출 복원 문제
2014년 7월 20일

01 원통형 및 수관식 보일러의 구조에 대한 설명 중 틀린 것은?
① 노통 접합부는 아담슨 조인트(Adamson joint)로 연결하여 열에 의한 신축을 흡수한다.
② 코르니시 보일러는 노통을 편심으로 설치하여 보일러수의 순환이 잘 되도록 한다.
③ 겔로웨이관은 전열면을 증대하고 강도를 보강한다.
④ 강수관의 내부는 열가스가 통과하여 보일러수 순환을 증진한다.

02 열의 일당량 값으로 옳은 것은?
① 427kg · m/kcal
② 327kg · m/kcal
③ 273kg · m/kcal
④ 472kg · m/kcal

03 보일러 시스템에서 공기예열기 설치 사용 시 특징으로 틀린 것은?
① 연소효율을 높일 수 있다.
② 저온부식이 방지된다.
③ 예열공기의 공급으로 불완전 연소가 감소된다.
④ 노내의 연소속도를 빠르게 할 수 있다.

04 보일러 연료로 사용되는 LNG의 성분 중 함유량이 가장 많은 것은?
① CH_4
② C_2H_6
③ C_3H_8
④ C_4H_{10}

05 공기예열기 설치 시 이점으로 옳지 않은 것은?
① 예열공기의 공급으로 불완전 연소가 감소한다.
② 배기가스의 열손실이 증가된다.
③ 저질 연료도 연소가 가능하다.
④ 보일러 열효율이 증가한다.

06 보일러 중에서 관류 보일러에 속하는 것은?
① 코크란 보일러
② 코르니시 보일러
③ 스코치 보일러
④ 슐쳐 보일러

07 보일러 효율이 85%, 실제증발량이 5t/h이고, 발생증기의 엔탈피 656kcal/kg, 급수온도의 엔탈피는 56kcal/kg, 연려의 저위발열량이 9750kcal/kg일 때 연료 소비량은 약 몇 kg/h인가?
① 316
② 362
③ 389
④ 405

08 물질의 온도 변화에 소요되는 열 즉, 물질의 온도를 상승시키는 에너지로 사용되는 열은 무엇인가?
① 잠열
② 증발열
③ 융해열
④ 현열

09 용적식 유량계가 아닌 것은?
① 로타리형 유량계
② 피토우관식 유량계
③ 루트형 유량계
④ 오벌기어형 유량계

10 가압수식 집진장치의 종류에 속하는 것은?
① 백필터
② 세정탑
③ 코트렐
④ 배풀식

11 분사관을 이용해 선단에 노즐을 설치하여 청소하는 것으로 주로 고온의 전열면에 사용하는 슈트블로워(soot blower)의 형식은?
① 롱 네트랙터블(long retractable) 형
② 로터리(rotary) 형
③ 건(gun) 형
④ 에어히터클리너(air heater cleaner) 형

정답 01 ④ 02 ① 03 ② 04 ① 05 ② 06 ④ 07 ② 08 ④ 09 ② 10 ② 11 ①

12 긴 관의 한 끝에서 펌프로 압송된 급수가 관을 지나는 동안 차례로 가열, 증발, 과열된 다음 과열 증기가 되어 나가는 형식의 보일러는?
① 노통보일러　　② 관류보일러
③ 연관보일러　　④ 입형보일러

13 보일러 연소실 내의 미연소가스 폭발에 대비하여 설치하는 안전장치는?
① 가용전　　② 방출밸브
③ 안전밸브　④ 방폭문

14 연료를 연소시키는데 필요한 실제공기량과 이론공기량의 비 즉, 공기비를 m이라 할 때 (m-1)×100% 식이 뜻하는 것은?
① 과잉 공기율　② 과소 공기율
③ 이론 공기율　④ 실제 공기율

15 보일러의 자동제어 신호전달 방식 중 전달거리가 가장 긴 것은?
① 전기식　② 유압식
③ 공기식　④ 수압식

16 연소의 속도에 미치는 인자가 아닌 것은?
① 반응물질의 온도　② 산소의 온도
③ 촉매물질　　　　④ 연료의 발열량

17 자동제어의 신호전달방법 중 신호전송 시 시간지연이 있으며, 전송거리가 100~150m 정도인 것은?
① 전기식　② 유압식
③ 기계식　④ 공기식

18 액체연료 중 경질유에 주로 사용하는 기화연소 방식의 종류에 해당하지 않는 것은?
① 포트식　② 심지식
③ 증발식　④ 무화식

19 보일러에 과열기를 설치하여 과열증기를 사용하는 경우의 설명으로 잘못된 것은?
① 과열증기란 포화증기의 온도와 압력을 높인 것이다.
② 과열증기는 포화증기보다 보유 열량이 많다.
③ 과열증기를 사용하면 배관부의 마찰저항 및 부식을 감소시킬 수 있다.
④ 과열증기를 사용하면 보일러의 열효율을 증대시킬 수 있다.

20 플로트 트랩은 어떤 종류의 트랩인가?
① 디스크 트랩　② 기계적 트랩
③ 온도조절 트랩　④ 열역학적 트랩

21 보일러의 외처리 방법 중 탈기법에서 제거되는 것은?
① 황화수소　② 수소
③ 망간　　　④ 산소

22 보일러의 외부부식 발생원인과 관계가 가장 먼 것은?
① 빗물, 지하수 등에 의한 습기나 수분에 의한 작용
② 보일러수 등의 누출로 인한 습기나 수분에 의한 작용
③ 연소가스 속의 부식성 가스(아황산가스 등)에 의한 작용
④ 급수 중에 유지류, 산류, 탄산가스, 산소, 염류 등의 불순물 함유에 의한 작용

23 실내의 온도분포가 가장 균등한 난방방식은 무엇인가?
① 온풍 난방　② 방열기 난방
③ 복사 난방　④ 온돌 난방

24 관을 아래서 지지하면서 신축을 자유롭게 하는 지지물은 무엇인가?
① 스프링 행거　② 롤러 서포트
③ 콘스탄트 행거　④ 리스트레인트

25 고체 내부에서의 열의 이동 현상으로 물질은 움직이지 않고, 열만 이동하는 현상은 무엇인가?
① 전도　② 전달
③ 대류　④ 복사

| 정답 | 12 ② | 13 ④ | 14 ① | 15 ① | 16 ④ | 17 ④ | 18 ④ | 19 ① | 20 ② | 21 ④ | 22 ④ | 23 ③ | 24 ② | 25 ① |

26 연료 중 표면 연소하는 것은?
① 목탄　　② 경유
③ 석탄　　④ LPG

27 서로 다른 두 종류의 금속판을 하나로 합쳐 온도 차이에 따라 팽창정도가 다른 점을 이용한 온도계는?
① 바이메탈 온도계　② 압력식 온도계
③ 전기저항 온도계　④ 열전대 온도계

28 일반적으로 효율이 가장 좋은 보일러는?
① 코르니시 보일러　② 입형 보일러
③ 연관 보일러　　　④ 수관 보일러

29 급유장치에서 보일러 가동 중 연소의 소화, 압력초과 등 이상 현상 발생 시 긴급히 연료를 차단하는 것은?
① 압력조절 스위치　② 압력제한 스위치
③ 감압 밸브　　　　④ 전자 밸브

30 급유량계 앞에 설치하는 여과기의 종류가 아닌 것은?
① U형　　② V형
③ S형　　④ Y형

31 보일러 증기 발생량이 5t/h, 발생 증기 엔탈피는 650kcal/kg, 연료 사용량이 400kg/h, 연료의 저위 발열량이 9750kcal/kg일 때 보일러 효율은 약 몇 %인가? (단, 급수 온도는 20[℃]이다.)
① 78.8%　　② 80.8%
③ 82.4%　　④ 84.2%

32 보일러 급수배관에서 급수의 역류를 방지하기 위하여 설치하는 밸브는?
① 체크 밸브　　② 슬루스 밸브
③ 글로브 밸브　④ 앵글 밸브

33 보일러 중 노통연관식 보일러는?
① 코르니시 보일러　② 랭커셔 보일러
③ 스코치 보일러　　④ 다쿠마 보일러

34 수면계의 기능시험 시기로 틀린 것은?
① 보일러를 가동하기 전
② 수위의 움직임이 활발할 때
③ 보일러를 가동하여 압력이 상승하기 시작 했을 때
④ 2개 수면계의 수위에 차이를 발견했을 때

35 강관의 스케줄 번호를 나타내는 것은?
① 관의 중심　② 관의 두께
③ 관의 외경　④ 관의 내경

36 가정용 온수보일러 등에 설치하는 팽창탱크의 주된 설치 목적은 무엇인가?
① 허용압력초과에 따른 안전장치 역할
② 배관 중의 맥동을 방지
③ 배관 중의 이물질 제거
④ 온수순환의 원활

37 난방부하가 15000kcal/h이고, 주철제 증기 방열기로 난방 한다면 방열기 소요 방열면적은 약 몇 m²인가? (단, 방열기의 방열량은 표준 방열량으로 한다.)
① 16　　② 18
③ 20　　④ 23

38 증기난방과 비교한 온수난방의 특징 설명으로 틀린 것은?
① 예열시간이 길다.
② 건물 높이에 제한을 받지 않는다.
③ 난방부하 변동에 따른 온도조절이 용이하다.
④ 실내 쾌감도가 높다.

39 증기보일러에서 송기를 개시할 때 증기밸브를 급히 열면 발생할 수 있는 현상으로 가장 적당한 것은?
① 캐비테이션 현상　② 수격작용
③ 역화　　　　　　④ 수면계의 파손

40 배관의 단열공사를 실시하는 목적에서 가장 거리가 먼 것은 무엇인가?
① 열에 대한 경제성을 높인다.
② 온도조절과 열량을 낮춘다.
③ 온도변화를 제한한다.
④ 화상 및 화재방지를 한다.

41 냉동용 배관 결합 방식에 따른 도시방법 중 용접식을 나타내는 것은?

① 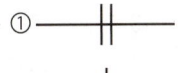 ②
③ 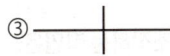 ④

42 방열기 설치 시 벽면과의 간격으로 가장 적합한 것은?
① 50mm   ② 80mm
③ 100mm   ④ 150mm

43 20A 관을 90°로 구부릴 때 중심곡선의 적당한 길이는 약 몇 mm인가? (단, 곡률 반지름 R = 100mm이다.)
① 147   ② 157
③ 167   ④ 177

44 가스절단 조건에 대한 설명 중 틀린 것은?
① 금속 산화물의 용융온도가 모재의 용융온도 보다 낮을 것
② 모재의 연소온도가 그 용융점 보다 낮을 것
③ 모재의 성분 중 산화를 방해하는 원소가 많을 것
④ 금속 산화물 유동성이 좋으며, 모재로부터 이탈 될 수 있을 것

45 에너지법에서 사용하는 "에너지"의 정의를 가장 올바르게 나타낸 것은?
① "에너지"라 함은 석유·가스 등 열을 발생하는 열원을 말한다.
② "에너지"라 함은 제품의 원료로 사용되는 것을 말한다.
③ "에너지"라 함은 태양, 조파, 수력과 같이 일을 만들어 낼 수 있는 힘이나 능력을 말한다.
④ "에너지"라 함은 연료·열 및 전기를 말한다.

46 신·재생에너지 설비의 설치를 전문으로 하려는 자는 자본금·기술인력 등의 신고기준 및 절차에 따라 누구에게 신고를 하여야 하는가?
① 국토해양부장관   ② 환경부장관
③ 고용노동부장관   ④ 산업통상자원부장관

47 에너지절약 전문기업의 등록은 누구에게 하도록 위탁되어 있는가?
① 지식경제부장관
② 에너지관리공단 이사장
③ 시공업자단체의 장
④ 시·도지사

48 에너지법상 지역에너지계획은 몇 년 마다 몇 년 이상을 계획기간으로 수립·시행하는가?
① 2년 마다 2년 이상   ② 5년 마다 5년 이상
③ 7년 마다 7년 이상   ④ 10년 마다 10년 이상

49 열사용기자재 관리규칙에서 용접검사가 면제될 수 있는 보일러의 대상 범위로 틀린 것은?
① 강철제 보일러 중 전열면적이 5m² 이하이고, 최고사용압력이 0.35MPa 이하인 것
② 주철제 보일러
③ 제2종 관류보일러
④ 온수보일러 중 전열면적이 18m² 이하이고, 최고사용압력이 0.35MPa 이하인 것

50 저탄소 녹색성장기본법상 녹색성장위원회는 위원장 2명을 포함한 몇 명 이내의 위원으로 구성하는가?
① 25   ② 30
③ 45   ④ 50

51 신축이음 종류 중 고온, 고압에 적당하며, 신축에 따른 자체응력이 생기는 결점이 있는 신축이음쇠는?
① 루프형(loop type)
② 스위블형(swivel type)
③ 벨로스형(bellows type)
④ 슬리브형(sleeve type)

52 난방부하 계산 시 사용되는 용어에 대한 설명 중 틀린 것은?
① 열전도 : 인접한 물체 사이의 열의 이동 현상
② 열관류 : 열이 한 유체에서 벽을 통하여 다른 유체로 전달되는 현상
③ 난방부하 : 방열기가 표준 상태에서 $1m^2$ 당 단위시간에 방출하는 열량
④ 정격용량 : 보일러 최대 부하상태에서 단위 시간당 총 발생되는 열량

53 증기 보일러의 관류밸브에서 보일러와 압력릴리프밸브와의 사이에 체크밸브를 설치할 경우 압력릴리프밸브는 몇 개 이상 설치하여야 하는가?
① 1개　　② 2개
③ 3개　　④ 4개

54 보일러 설치·시공기준상 가스용 보일러의 경우 연료배관 외부에 표시하여야 하는 사항이 아닌 것은? (단, 배관은 지상에 노출된 경우임)
① 사용 가스명　　② 최고 사용압력
③ 가스흐름 방향　　④ 최저 사용온도

55 유류연소 수동보일러의 운전정지 내용으로 잘못된 것은?
① 운전정지 직전에 유류예열기의 전원을 차단하고 유류예열기의 온도를 낮춘다.
② 연소실내, 연도를 환기시키고 댐퍼를 닫는다.
③ 보일러 수위를 정상수위보다 조금 낮추고 버너의 운전을 정지한다.
④ 연소실에서 버너를 분리하여 청소를 하고, 기름이 누설 되는지 점검한다.

56 증기 트랩의 종류가 아닌 것은?
① 그리스 트랩　　② 열동식 트랩
③ 버켓식 트랩　　④ 플로트 트랩

57 강판 제조 시 강괴 속에 함유되어 있는 가스체 등에 의해 강판이 두 장의 층을 형성하는 결함은?
① 라미네이션　　② 크랙
③ 브리스터　　④ 심 리프트

58 가연가스와 미연가스가 노내에 발생하는 경우가 아닌 것은?
① 심한 불완전연소가 되는 경우
② 점화조작에 실패한 경우
③ 소정의 안전 저연소율 보다 부하를 높여서 연소시킨 경우
④ 연소정지 중에 연료가 노내에 스며든 경우

59 pH로 가장 적합한 것은?
① 4 ~ 6　　② 7 ~ 9
③ 9 ~ 11　　④ 11 ~ 13

60 보일러의 운전정지 시 가장 뒤에 조작하는 작업은?
① 연료의 공급을 정지시킨다.
② 연소용 공기의 공급을 정지시킨다.
③ 댐퍼를 닫는다.
④ 급수펌프를 정지시킨다.

2014년 4회 기출 복원 문제
2014년 10월 11일

01 보일러의 여열을 이용하여 증기보일러의 효율을 높이기 위한 부속장치로 맞는 것은?
① 버너, 댐퍼, 송풍기
② 절탄기, 공기예열기, 과열기
③ 수면계, 압력계, 안전밸브
④ 인젝터, 저수위 경보장치, 집진장치

02 스팀 헤더(steam header)에 관한 설명으로 틀린 것은?
① 보일러의 주증기관과 부하측 증기관 사이에 설치한다.
② 송기 및 정지가 편리하다.
③ 불필요한 장소에 송기하기 때문에 열손실은 증가한다.
④ 증기의 과부족을 일부 해소 할 수 있다.

03 보일러 기관 작동을 저지시키는 인터록 제어에 속하지 않는 것은?
① 저수위 인터록
② 저압력 인터록
③ 저연소 인터록
④ 프리퍼지 인터록

04 다음 중 특수 보일러에 속하는 것은?
① 벤슨 보일러
② 슐처 보일러
③ 소형관류 보일러
④ 슈미트 보일러

05 보일러 연소실이나 연도에서 화염의 유무를 검출하는 장치가 아닌 것은?
① 스테빌라이저
② 플레임 로드
③ 플레임 아이
④ 스택 스위치

06 수관식 보일러의 특징에 대한 설명으로 틀린 것은?
① 전열면적이 커서 증기의 발생이 빠르다.
② 구조가 간단하여 청소, 검사, 수리 등이 용이하다.
③ 철저한 급수처리가 요구된다.
④ 보일러수의 순환이 빠르고 효율이 좋다.

07 연소가스와 대기의 온도가 각각 250℃, 30℃이고 연돌의 높이가 50m일 때 이론 통풍력은 약 얼마인가? (단, 연소가스와 대기의 비중량은 각각 $1.35kg/Nm^3$, $1.25kg/Nm^3$이다.)
① 21.08mmAq
② 23.12mmAq
③ 25.02mmAq
④ 27.36mmAq

08 사이클론 집진기의 집진율을 증가시키기 위한 방법으로 틀린 것은?
① 사이클론의 내면을 거칠게 처리한다.
② 블로우 다운방식을 사용한다.
③ 사이클론 입구의 속도를 크게 한다.
④ 분진박스와 모양은 적당한 크기와 형상으로 한다.

09 건포화증기의 엔탈피와 포화수의 엔탈피의 차는?
① 비열
② 잠열
③ 현열
④ 액체열

10 보일러에서 발생하는 증기를 이용하여 급수하는 장치는?
① 슬러지(sludge)
② 인젝터(injector)
③ 콕(cock)
④ 트랩(trap)

11 연관식 보일러의 특징으로 틀린 것은?
① 동일 용량인 노통 보일러에 비해 설치면적이 적다.
② 전열면적이 커서 증기발생이 빠르다.
③ 외분식은 연료선택 범위가 좁다.
④ 양질의 급수가 필요하다.

12 보일러의 수위 제어에 영향을 미치는 요인 중에서 보일러 수위제어시스템으로 제어할 수 없는 것은?
① 급수온도
② 급수량
③ 수위검출
④ 증기량검출

| 정답 | 01 ② | 02 ③ | 03 ④ | 04 ④ | 05 ① | 06 ② | 07 ① | 08 ① | 09 ② | 10 ② | 11 ③ | 12 ① |

13 슈트블로워(soot blower) 사용 시 주의 사항으로 거리가 먼 것은?
① 한 곳으로 집중하여 사용하지 말 것
② 분출기 내의 응축수를 배출시킨 후 사용할 것
③ 보일러 가동을 정지 후 사용할 것
④ 연도 내 배풍기를 사용하여 유인통풍을 증가시킬 것

14 보일러의 과열 원인으로 적당하지 않은 것은?
① 보일러수의 순환이 좋은 경우
② 보일러 내에 스케일이 부착된 경우
③ 보일러 내에 유지분이 부착된 경우
④ 국부적으로 심하게 복사열을 받는 경우

15 오일 버너의 화염이 불안정한 원인과 가장 무관한 것은?
① 분무 유압이 비교적 높을 경우
② 연료 중에 슬러지 등의 협잡물이 들어 있을 경우
③ 무화용 공기량이 적절치 않을 경우
④ 연료용 공기의 과다로 노내 온도가 저하될 경우

16 열전도에 적용되는 퓨리에의 법칙 설명 중 틀린 것은?
① 두면 사이에 흐르는 열량은 물체의 단면적에 비례한다.
② 두면 사이에 흐르는 열량은 두면 사이의 온도차에 비례한다.
③ 두면 사이에 흐르는 열량은 시간에 비례한다.
④ 두면 사이에 흐르는 열량은 두면 사이의 거리에 비례한다.

17 최근 난방 또는 급탕용으로 사용되는 진공 온수보일러에 대한 설명 중 틀린 것은?
① 열매수의 온도는 운전 시 100℃ 이하이다.
② 운전 시 열매수의 급수는 불필요하다.
③ 본체의 안전장치로서 용해전, 온도퓨즈, 안전밸브 등을 구비한다.
④ 추기장치는 내부에서 발생하는 비응축가스 등을 외부로 배출시킨다.

18 보일러에서 실제 증발량(kg/h)을 연료 소모량(kg/h)으로 나눈 값은?
① 증발 배수
② 전열면 증발량
③ 연소실 열부하
④ 상당 증발량

19 보일러 제어에서 자동연소제어에 해당하는 약호는?
① A.C.C
② A.B.C
③ S.T.C
④ F.W.C

20 프로판(C_3H_8) 1kg이 완전연소 하는 경우 필요한 이론 산소량은 약 몇 Nm^3인가?
① 3.47
② 2.55
③ 1.25
④ 1.50

21 고체연료와 비교하여 액체연료 사용 시의 장점을 잘못 설명한 것은?
① 인화의 위험성이 없으며 역화가 발생하지 않는다.
② 그을음이 적게 발생하고 연소효율도 높다.
③ 품질이 비교적 균일하며 발열량이 크다.
④ 저장 중 변질이 적다.

22 고압, 중압 보일러 급수용 및 고양정 급수용으로 쓰이는 것으로 임펠러와 안내날개가 있는 펌프는?
① 볼류트 펌프
② 터빈 펌프
③ 워싱턴 펌프
④ 웨어 펌프

23 증기압력이 높아질 때 감소되는 것은?
① 포화 온도
② 증발 잠열
③ 포화수 엔탈피
④ 포화증기 엔탈피

24 노통 보일러에서 아담슨 조인트를 하는 목적은?
① 노통 제작을 쉽게 하기 위해서
② 재료를 절감하기 위해서
③ 열에 의한 신축을 조절하기 위해서
④ 물 순환을 촉진하기 위해서

25 다음 중 압력계의 종류가 아닌 것은?
① 부르돈관식 압력계
② 벨로즈식 압력계
③ 유니버설 압력계
④ 다이어프램 압력계

26 500W의 전열기로서 2kg의 물을 18℃로부터 100℃까지 가열하는 데 소요되는 시간은 얼마인가? (단, 전열기 효율은 100%로 가정한다.)
① 약 10분
② 약 16분
③ 약 20분
④ 약 23분

27 랭커셔 보일러는 어디에 속하는가?
① 관류 보일러 ② 연관 보일러
③ 수관 보일러 ④ 노통 보일러

28 액체연료 연소에서 무화의 목적이 아닌 것은?
① 단위 중량당 표면적을 크게 한다.
② 연소효율을 향상시킨다.
③ 주위 공기와 혼합을 좋게 한다.
④ 연소실의 열부하를 낮게 한다.

29 보일러에서 기체연료의 연소방식으로 가장 적당한 것은?
① 화격자연소 ② 확산연소
③ 증발연소 ④ 분해연소

30 단관 중력 환수식 온수난방에서 방열기 입구 반대편 상부에 부착하는 밸브는?
① 방열기 밸브 ② 온도조절 밸브
③ 공기빼기 밸브 ④ 배니 밸브

31 보일러 슈트 블로워를 사용하여 그을음 제거 작업을 하는 경우의 주의사항 설명으로 가장 옳은 것은?
① 가급적 부하가 높을 때 실시한다.
② 보일러를 소화한 직후에 실시한다.
③ 흡출 통풍을 감소시킨 후 실시한다.
④ 작업 전에 분출기 내부의 드레인을 충분히 제거한다.

32 보일러 내부에 아연판을 매다는 가장 큰 이유는?
① 기수공발을 방지하기 위하여
② 보일러 판의 부식을 방지하기 위하여
③ 스케일 생성을 방지하기 위하여
④ 프라이밍을 방지하기 위하여

33 보일러 수(水) 중의 경도 성분을 슬러지로 만들기 위하여 사용하는 청관제는?
① 가성취화 억제제 ② 연화제
③ 슬러지 조정제 ④ 탈산소제

34 보일러 내면의 산세정 시 염산을 사용하는 경우 세정액의 처리온도와 처리시간으로 가장 적합한 것은?
① 60±5℃, 1~2시간
② 60±5℃, 4~6시간
③ 90±5℃, 1~2시간
④ 90±5℃, 4~6시간

35 다른 보온재에 비하여 단열 효과가 낮으며 500℃ 이하의 파이프, 탱크, 노벽 등에 사용하는 것은?
① 규조토 ② 암면
③ 그라스 울 ④ 펠트

36 점화전 댐퍼를 열고 노내와 연도에 체류하고 있는 가연성가스를 송풍기로 취출시키는 작업은?
① 분출 ② 송풍
③ 프리퍼지 ④ 포스트퍼지

37 건물을 구성하는 구조체 즉 바닥, 벽 등에 난방용 코일을 묻고 열매체를 통과시켜 난방을 하는 것은?
① 대류난방 ② 복사난방
③ 간접난방 ④ 전도난방

38 배관의 높이를 관의 중심을 기준으로 표시한 기호는?
① TOP ② GL
③ BOP ④ EL

39 보일러의 열효율 향상과 관계가 없는 것은?
① 공기예열기를 설치하여 연소용 공기를 예열한다.
② 절탄기를 설치하여 급수를 예열한다.
③ 가능한 한 과잉공기를 줄인다.
④ 급수펌프로는 원심펌프를 사용한다.

40 보일러 급수성분 중 포밍과 관련이 가장 큰 것은?
① pH ② 경도 성분
③ 용존 산소 ④ 유지 성분

정답 27 ④ 28 ④ 29 ② 30 ③ 31 ④ 32 ② 33 ② 34 ② 35 ① 36 ③ 37 ② 38 ④ 39 ④ 40 ④

41 보일러에서 역화의 발생 원인이 아닌 것은?
① 점화 시 착화가 지연되었을 경우
② 연료보다 공기를 먼저 공급한 경우
③ 연료 밸브를 과대하게 급히 열었을 경우
④ 프리퍼지가 부족할 경우

42 보일러 유리 수면계의 유리파손 원인과 무관한 것은?
① 유리관 상하 콕의 중심이 일치하지 않을 때
② 유리가 알칼리 부식 등에 의해 노화되었을 때
③ 유리관 상하 콕의 너트를 너무 조였을 때
④ 증기의 압력을 갑자기 올렸을 때

43 가정용 온수보일러 등에 설치하는 팽창탱크의 주된 기능은?
① 배관 중의 이물질 제거
② 온수 순환의 맥동 방지
③ 열효율의 증대
④ 온수의 가열에 따른 체적팽창 흡수

44 지역난방의 특징을 설명한 것 중 틀린 것은?
① 설비가 길어지므로 배관 손실이 있다.
② 초기 시설 투자비가 높다.
③ 개개 건물의 공간을 많이 차지한다.
④ 대기오염의 방지를 효과적으로 할 수 있다.

45 증기보일러에 설치하는 유리수면계는 2개 이상이어야 하는데 1개만 설치해도 되는 경우는?
① 소형관류보일러
② 최고사용압력 2MPa 미만의 보일러
③ 동체 안지름 800mm 미만의 보일러
④ 1개 이상의 원격지시 수면계를 설치한 보일러

46 진공환수식 증기난방에서 리프트 피팅이란?
① 저압환수관이 진공펌프의 흡입구보다 낮은 위치에 있을 때 이음방법이다
② 방열기보다 낮은 곳에 환수주관이 설치된 경우 적용되는 이음방법이다
③ 진공펌프가 환수주관과 같은 위치에 있을 때 적용되는 이음방법이다
④ 방열기와 환수주관의 위치가 같을 때 적용되는 이음방법이다.

47 보일러에서 분출 사고 시 긴급조치 사항으로 틀린 것은?
① 연도 댐퍼를 전개한다.
② 연소를 정지시킨다.
③ 압입 통풍기를 가동시킨다.
④ 급수를 계속하여 수위의 저하를 막고 보일러의 수위 유지에 노력한다.

48 유리솜 또는 암면의 용도와 관계없는 것은?
① 보온재   ② 보냉재
③ 단열재   ④ 방습재

49 호칭지름 20A인 강관을 그림과 같이 배관할 때 엘보 사이의 파이프의 절단 길이는? (단, 20A 엘보의 끝단에서 중심까지 거리는 32mm이고, 파이프의 물림 길이는 13mm이다.)

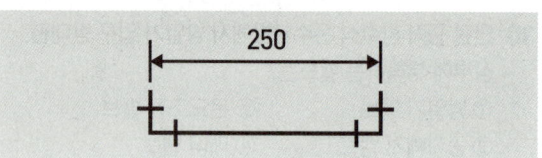

① 210mm   ② 212mm
③ 214mm   ④ 216mm

50 보온재 중 흔히 스치로폴이라고도 하며, 체적의 97~98%가 기공으로 되어있어 열 차단 능력이 우수하고, 내수성도 뛰어난 보온재는?
① 폴레스티렌 폼   ② 경질 우레탄 폼
③ 코르크   ④ 그라스 울

51 방열기의 표준 방열량에 대한 설명으로 틀린 것은?
① 증기의 경우 게이지 압력 1kg/cm², 온도 80℃로 공급하는 것이다.
② 증기 공급 시의 표준 방열량은 650kcal/m²·h이다.
③ 실내 온도는 증기일 경우 21℃, 온수일 경우 18℃ 정도이다.
④ 온수 공급시의 표준 방열량은 450kcal/m²·h이다.

52 증기난방의 분류에서 응축수 환수방식에 해당하는 것은?
① 고압식   ② 상향 공급식
③ 기계 환수식   ④ 단관식

53 어떤 거실의 난방부하가 5000kcal/h이고, 주철제 온수 방열기로 난방할 때 필요한 방열기 쪽수는? (단, 방열기 1쪽당 방열면적은 $0.26m^2$이고, 방열량은 표준 방열량으로 한다.)
① 11쪽 ② 21쪽
③ 30쪽 ④ 43쪽

54 온수난방 배관 시공법의 설명으로 잘못된 것은?
① 온수난방은 보통 1/250 이상의 끝올림 구배를 주는 것이 이상적이다.
② 수평 배관에서 관경을 바꿀 때는 편심 레듀서를 사용하는 것이 좋다.
③ 지관이 주관 아래로 분기될 때는 45° 이상 끝내림 구배로 배관한다.
④ 팽창탱크에 이르는 팽창관에는 조정용 밸브를 단다.

55 에너지이용합리화법상 에너지의 최저소비효율기준에 미달하는 효율관리기자재의 생산 또는 판매금지 명령을 위반한 자에 대한 벌칙 기준은?
① 1년 이하의 징역 또는 1천만 원 이하의 벌금
② 1천만 원 이하의 벌금
③ 2년 이하의 징역 또는 2천만 원 이하의 벌금
④ 2천만 원 이하의 벌금

56 다음은 저탄소 녹색성장 기본법에 명시된 용어의 뜻이다. ( )안에 알맞은 것은?

> 온실가스란 (㉮) 메탄, 아산화질소, 수소불화탄소, 과불화탄소, 육불화황 및 그밖에 대통령령으로 정하는 것으로 (㉯) 복사열을 흡수하거나 재방출하여 온실효과를 유발하는 대기 중의 가스 상태의 물질을 말한다.

① ㉮ 일산화탄소, ㉯ 자외선
② ㉮ 일산화탄소, ㉯ 적외선
③ ㉮ 이산화탄소, ㉯ 자외선
④ ㉮ 이산화탄소, ㉯ 적외선

57 특정열사용기자재 중 산업통상자원부령으로 정하는 검사대상기기를 폐기한 경우에는 폐기한 날부터 며칠 이내에 폐기신고서를 제출해야 하는가?
① 7일 이내에 ② 10일 이내에
③ 15일 이내에 ④ 30일 이내에

58 특정열사용기자재 중 산업통상자원부령으로 정하는 검사대상기기의 계속사용검사 신청서는 검사유효기간 만류 며칠 전까지 제출해야 하는가?
① 10일 전까지 ② 15일 전까지
③ 20일 전까지 ④ 30일 전까지

59 화석연료에 대한 의존도를 낮추어 청정에너지의 사용 및 보급을 확대하여 녹색기술 연구개발, 탄소흡수원 확충 등을 통하여 온실가스를 적정수준 이하로 줄이는 것에 대한 정의로 옳은 것은?
① 녹색성장 ② 저탄소
③ 기후변화 ④ 자원순환

60 에너지이용합리화법상의 목표에너지 단위를 가장 옳게 설명한 것은?
① 에너지를 사용하여 만드는 제품의 단위당 폐연료 사용량
② 에너지를 사용하여 만드는 제품의 연간 폐열 사용량
③ 에너지를 사용하여 만드는 제품의 단위당 에너지 사용 목표량
④ 에너지를 사용하여 만드는 제품의 연간 폐열 에너지 사용 목표량

정답 53 ④ 54 ④ 55 ④ 56 ④ 57 ③ 58 ① 59 ② 60 ③

2015년 1회 기출 복원 문제
2015년 1월 25일

01 증발량 3500kgf/h인 보일러의 증기 엔탈피가 640kcal/kg이고, 급수의 온도는 20℃이다. 이 보일러의 상당 증발량은 얼마인가?
① 약 3786kgf/h
② 약 4156kgf/h
③ 약 2760kgf/h
④ 약 4026kgf/h

02 액체 연료 연소장치에서 보염장치(공기조절장치)의 구성 요소가 아닌 것은?
① 바람상자
② 보염기
③ 버너 팁
④ 버너타일

03 보일러의 상당증발량을 옳게 설명한 것은?
① 일정 온도의 보일러수가 최종의 증발상태에서 증기가 되었을 때의 중량
② 시간당 증발된 보일러수의 중량
③ 보일러에서 단위시간에 발생하는 증기 또는 온수의 보유열량
④ 시간당 실제증발량이 흡수한 전열량을 온도 100℃의 포화수를 100℃의 증기로 바꿀 때의 열량으로 나눈 값

04 안전밸브의 종류가 아닌 것은?
① 레버 안전밸브
② 추 안전밸브
③ 스프링 안전밸브
④ 핀 안전밸브

05 증기보일러의 압력계 부착에 대한 설명으로 틀린 것은?
① 압력계와 연결된 관의 크기는 강관을 사용할 때에는 안지름이 6.5mm 이상이어야 한다.
② 압력계는 눈금판의 눈금이 잘 보이는 위치에 부착하고 얼지 않도록 하여야 한다.
③ 압력계는 사이폰관 또는 동등한 작용을 하는 장치가 부착되어야 한다.
④ 압력계의 콕크는 그 핸들을 수직인 관과 동일방향에 놓은 경우에 열려 있는 것이어야 한다.

06 육용 보일러 열 정산의 조건과 관련된 설명 중 틀린 것은?
① 전기 에너지는 1kW당 860kcal/h로 환산한다.
② 보일러 효율 산정 방식은 입출열법과 열 손실법으로 실시한다.
③ 열 정산 시험시의 연료 단위량은 액체 및 고체연료의 경우 1kg에 대하여 열 정산을 한다.
④ 보일러의 열 정산은 원칙적으로 정격 부하 이하에서 정상 상태로 3시간 이상의 운전 결과에 따라 한다.

07 보일러 본체에서 수부가 클 경우의 설명으로 틀린 것은?
① 부하 변동에 대한 압력 변화가 크다.
② 증기 발생시간이 길어진다.
③ 열효율이 낮아진다.
④ 보유 수량이 많으므로 파열시 피해가 크다.

08 분진가스를 방해판 등에 충돌시키거나 급격한 방향전환 등에 의해 매연을 분리 포집하는 집진방법은?
① 중력식
② 여과식
③ 관성력식
④ 유수식

09 보일러에 사용되는 열교환기 중 배기가스의 폐열을 이용하는 교환기가 아닌 것은?
① 절탄기
② 공기예열기
③ 방열기
④ 과열기

10 수관식 보일러의 일반적인 특징에 관한 설명으로 틀린 것은?
① 구조상 고압 대용량에 적합하다.
② 전열면적을 크게 할 수 있으므로 일반적으로 열효율이 좋다.
③ 부하변동에 따른 압력이나 수위의 변동이 적으므로 제어가 편리하다.
④ 급수 및 보일러수 처리에 주의가 필요하며 특히 고압보일러에서는 엄격한 수질관리가 필요하다.

정답 01 ④ 02 ③ 03 ④ 04 ④ 05 ① 06 ④ 07 ① 08 ③ 09 ③ 10 ③

11 보일러 피드백제어에서 동작신호를 받아 규정된 동작을 하기 위해 조작신호를 만들어 조작부에 보내는 부분은?
① 조절부 ② 제어부
③ 비교부 ④ 검출부

12 다음 중 수관식 보일러에 속하는 것은?
① 기관차 보일러 ② 코르니쉬 보일러
③ 다쿠마 보일러 ④ 랑카샤 보일러

13 게이지 압력이 1.57MPa이고 대기압이 0.103MPa일 때 절대압력은 몇 MPa인가?
① 1.467 ② 1.673
③ 1.783 ④ 2.008

14 매시간 1500kg의 연료를 연소시켜서 시간당 11000kg의 증기를 발생시키는 보일러의 효율은 몇 %인가? (단, 연료의 발열량은 6000kcal/kg, 발생증기의 엔탈피는 742kcal/kg, 급수의 엔탈피는 20kcal/kg이다.)
① 88% ② 80%
③ 78% ④ 70%

15 연소용 공기를 노의 앞에서 불어 넣으므로 공기가 차고 깨끗하며 송풍기의 고장이 적고 점검 수리가 용이한 보일러의 강제통풍 방식은?
① 압입통풍 ② 흡입통풍
③ 자연통풍 ④ 수직통풍

16 가스용 보일러의 연소방식 중에서 연료와 공기를 각각 연소실에 공급하여 연소실에서 연료와 공기가 혼합되면서 연소하는 방식은?
① 확산연소식 ② 예혼합연소식
③ 복열혼합연소식 ④ 부분예혼합연소식

17 액화석유가스(LPG)의 특징에 대한 설명 중 **틀린** 것은?
① 유황분이 없으며 유독성분도 없다.
② 공기보다 비중이 무거워 누설 시 낮은 곳에 고여 인화 및 폭발성이 크다.
③ 연소 시 액화천연가스(LNG)보다 소량의 공기로 연소한다.
④ 발열량이 크고 저장이 용이하다.

18 액면계 중 직접식 액면계에 속하는 것은?
① 압력식 ② 방사선식
③ 초음파식 ④ 유리관식

19 분출밸브의 최고사용압력은 보일러 최고사용압력의 몇 배 이상이어야 하는가?
① 0.5배 ② 1.0배
③ 1.25배 ④ 2.0배

20 증기 또는 온수 보일러로써 여러 개의 섹션(section)을 조합하여 제작하는 보일러는?
① 열매체 보일러 ② 강철제 보일러
③ 관류 보일러 ④ 주철제 보일러

21 증기난방시공에서 관말 증기 트랩 장치의 냉각래그(cooling leg) 길이는 일반적으로 몇 m 이상으로 해주어야 하는가?
① 0.7m ② 1.0m
③ 1.5m ④ 2.5m

22 드럼 없이 초임계압력 하에서 증기를 발생시키는 강제순환 보일러는?
① 특수 열매체 보일러 ② 2중 증발 보일러
③ 연관 보일러 ④ 관류 보일러

23 연료유 탱크에 가열장치를 설치한 경우에 대한 설명으로 **틀린** 것은?
① 열원에는 증기, 온수, 전기 등을 사용한다.
② 전열식 가열장치에 있어서도 직접식 또는 저항밀봉피복식의 구조로 한다.
③ 온수, 증기 등의 열매체가 동절기에 동결할 우려가 있는 경우에는 동결을 방지하는 조치를 취해야 한다.
④ 연료유 탱크의 기름 취출구 등에 온도계를 설치하여야 한다.

24 보일러 급수예열기를 사용할 때의 장점을 설명한 것으로 **틀린** 것은?
① 보일러의 증발능력이 향상된다.
② 급수 중 불순물의 일부가 제거된다.
③ 증기의 건도가 향상된다.
④ 급수와 보일러수와의 온도 차이가 적어 열응력 발생을 방지한다.

정답: 11 ① 12 ③ 13 ② 14 ① 15 ① 16 ① 17 ③ 18 ④ 19 ③ 20 ④ 21 ② 22 ④ 23 ② 24 ③

25 보일러 연료 중에서 고체연료를 원소 분석하였을 때 일반적인 주성분은? (단, 중량 %를 기준으로 한 주성분을 구한다.)
① 탄소　　② 산소
③ 수소　　④ 질소

26 보일러 자동제어 신호전달 방식 중 공기압 신호전송의 특징 설명으로 틀린 것은?
① 배관이 용이하고 보존이 비교적 쉽다.
② 내열성이 우수하나 압축성이므로 신호전달에 지연된다.
③ 신호전달 거리가 100~150m 정도이다.
④ 온도제어 등에 부적합하고 위험이 크다.

27 증기의 압력을 높일 때 변하는 현상으로 틀린 것은?
① 현열이 증대한다.
② 증발 잠열이 증대한다.
③ 증기의 비체적이 증대한다.
④ 포화수 온도가 높아진다.

28 보일러 자동제어의 급수제어(F.W.C)에서 조작량은?
① 공기량　　② 연료량
③ 전열량　　④ 급수량

29 물의 임계압력은 약 몇 kgf/cm^2 인가?
① 175.23　　② 225.65
③ 374.15　　④ 539.75

30 경납땜의 종류가 아닌 것은?
① 황동납　　② 인동납
③ 은납　　④ 주석-납

31 보일러에서 발생한 증기 또는 온수를 건물의 각 실내에 설치된 방열기에 보내어 난방하는 방식은?
① 복사난방법　　② 간접난방법
③ 온풍난방법　　④ 직접난방법

32 보일러수 중에 함유된 산소에 의해서 생기는 부식의 형태는?
① 점식　　② 가성취화
③ 그루빙　　④ 전면부식

33 보일러 사고의 원인 중 취급상의 원인이 아닌 것은?
① 부속장치 미비
② 최고 사용압력의 초과
③ 저수위로 인한 보일러의 과열
④ 습기나 연소가스 속의 부식성 가스로 인한 외부부식

34 보일러 점화 시 역화가 발생하는 경우와 가장 거리가 먼 것은?
① 댐퍼를 너무 조인 경우나 흡입통풍이 부족할 경우
② 적정공기비로 점화한 경우
③ 공기보다 먼저 연료를 공급했을 경우
④ 점화할 때 착화가 늦어졌을 경우

35 온수난방 배관 시공법에 대한 설명 중 틀린 것은?
① 배관구배는 일반적으로 1/250 이상으로 한다.
② 배관 중에 공기가 모이지 않게 배관한다.
③ 온수관의 수평배관에서 관경을 바꿀 때는 편심이음쇠를 사용한다.
④ 지관이 주관 아래로 분기될 때는 90° 이상으로 끝올림 구배로 한다.

36 방열기내 온수의 평균온도 80℃, 실내온도 18℃, 방열계수 7.2kcal/m²·h·℃ 일때 방열기의 방열량은 얼마인가?
① 346.4kcal/m²·h　　② 446.4kcal/m²·h
③ 519kcal/m²·h　　④ 560kcal/m²·h

37 배관의 이동 및 회전을 방지하기 위해 지지점 위치에 완전히 고정시키는 장치는?
① 앵커　　② 써포트
③ 브레이스　　④ 행거

38 보일러 산세정의 순서로 옳은 것은?
① 전처리→산액처리→수세→중화방청→수세
② 전처리→수세→산액처리→수세→중화방청
③ 산액처리→수세→전처리→중화방청→수세
④ 산액처리→전처리→수세→중화방청→수세

39 땅속 또는 지상에 배관하여 압력 상태 또는 무압력 상태에서 물의 수송 등에 주로 사용되는 덕 타일 주철관을 무엇이라 부르는가?
① 회주철관　　② 구상흑연 주철관
③ 모르타르 주철관　　④ 사형 주철관

40 보일러 과열의 요인 중 하나인 저수위의 발생 원인으로 거리가 먼 것은?
① 분출밸브의 이상으로 보일러수가 누설
② 급수장치가 증발능력에 비해 과소한 경우
③ 증기 토출량에 과소한 경우
④ 수면계의 막힘이나 고장

41 보일러의 설치·시공기준 상 가스용 보일러의 연료 배관 시 배관의 이음부와 전기계량기 및 전기개폐기와의 유지 거리는 얼마인가? (단, 용접이음매는 제외한다.)
① 15cm 이상　　② 30cm 이상
③ 45cm 이상　　④ 60cm 이상

42 다음 보온재 중 안전사용온도가 가장 높은 것은?
① 펠트　　② 암면
③ 글라스울　　④ 세라믹 화이버

43 동관 끝을 원형으로 정형하기 위해 사용하는 공구는?
① 사이징 툴　　② 익스팬더
③ 리머　　④ 튜브벤더

44 어떤 건물의 소요 난방부하가 45000kcal/h이다. 주철제 방열기로 증기난방을 한다면 약 몇 쪽(section)의 방열기를 설치해야 하는가? (단, 표준방열량으로 계산하며, 주철제 방열기의 쪽당 방열면적은 $0.24m^2$이다.)
① 156쪽　　② 254쪽
③ 289쪽　　④ 315쪽

45 단열재를 사용하여 얻을 수 있는 효과에 해당하지 않는 것은?
① 축열용량이 작아진다.
② 열전도율이 작아진다.
③ 노 내의 온도분포가 균일하게 된다.
④ 스풀링 현상을 증가시킨다.

46 증기난방방식을 응축수환수법에 의해 분류하였을 때 해당되지 않는 것은?
① 중력환수식　　② 고압환수식
③ 기계환수식　　④ 진공환수식

47 보일러의 계속사용검사기준에서 사용 중 검사에 대한 설명으로 거리가 먼 것은?
① 보일러 지지대의 균열, 내려앉음, 지지부재의 변형 또는 파손 등 보일러의 설치상태에 이상이 없어야 한다.
② 보일러와 접속된 배관, 밸브 등 각종 이음부에는 누기, 누수가 없어야 한다.
③ 연소실 내부가 충분히 청소된 상태이어야 하고, 축로의 변형 및 이탈이 없어야 한다.
④ 보일러 동체는 보온 및 케이싱이 분해되어 있어야 하며, 손상이 약간 있는 것은 사용해도 관계가 없다.

48 보일러 운전정지의 순서를 바르게 나열한 것은?

> 가. 댐퍼를 닫는다.
> 나. 공기의 공급을 정지한다.
> 다. 급수 후 급수펌프를 정지한다.
> 라. 연료의 공급을 정지한다.

① 가 → 나 → 다 → 라　　② 가 → 라 → 나 → 다
③ 라 → 가 → 나 → 다　　④ 라 → 나 → 다 → 가

49 보일러 점화 전 자동제어장치의 점검에 대한 설명이 아닌 것은?
① 수위를 올리고 내려서 수위검출기 기능을 시험하고, 설정된 수위 상한 및 하한에서 정확하게 급수펌프가 기동, 정지하는지 확인한다.
② 저수탱크 내의 저수량을 점검하고 충분한 수량인 것을 확인한다.
③ 저수위경보기가 정상작동 하는 것을 확인한다.
④ 인터록계통의 제한기는 이상 없는지 확인한다.

50 상용 보일러의 점화전 준비사항과 관련이 없는 것은?
① 압력계 지침의 위치를 점검한다.
② 분출밸브 및 분출콕크를 조작해서 그 기능이 정상인지 확인한다.
③ 연소장치에서 연료배관, 연료펌프 등의 개폐상태를 확인한다.
④ 연료의 발열량을 확인하고, 성분을 점검한다.

| 정답 | 39 ② | 40 ③ | 41 ④ | 42 ④ | 43 ① | 44 ③ | 45 ④ | 46 ② | 47 ④ | 48 ④ | 49 ② | 50 ④ |

51 주철제 방열기를 설치할 때 벽과의 간격은 약 몇 mm 정도로 하는 것이 좋은가?
① 10~30 ② 50~60
③ 70~80 ④ 90~100

52 보일러수 속에 유지류, 부유물 등의 농도가 높아지면 드럼수면에 거품이 발생하고, 또한 거품이 증가하여 드럼의 증기실에 확대되는 현상은?
① 포밍 ② 프라이밍
③ 워터 해머링 ④ 프리퍼지

53 보일러에서 라미네이션(lamination)이란?
① 보일러 본체나 수관 등이 사용 중에 내부에서 2장의 층을 형성한 것
② 보일러 강판이 화염에 닿아 불룩 튀어 나온 것
③ 보일러 동에 작용하는 응력의 불균일로 동의 일부가 함몰된 것
④ 보일러 강판이 화염에 접촉하여 점식된 것

54 벨로즈형 신축이음쇠에 대한 설명으로 틀린 것은?
① 설치 공간을 넓게 차지하지 않는다.
② 고온, 고압 배관의 옥내배관에 적당하다.
③ 일명 팩레스(pack less)신축이음쇠 라고도 한다.
④ 벨로즈는 부식되지 않는 스테인리스, 청동 제품 등을 사용한다.

55 에너지이용합리화법상 에너지를 사용하여 만드는 제품의 단위당 에너지사용목표량 또는 건축물의 단위면적당 에너지사용목표량을 정하여 고시하는 자는?
① 산업통상자원부장관
② 에너지관리공단 이사장
③ 시·도지사
④ 고용노동부장관

56 에너지다소비사업자가 매년 1월 31일까지 신고해야 할 사항에 포함되지 <u>않는</u> 것은?
① 전년도의 분기별 에너지사용량·제품생산량
② 해당 연도의 분기별 에너지사용예정량·제품생산예정량
③ 에너지사용기자재의 현황
④ 전년도의 분기별 에너지 절감량

57 정부는 국가전략을 효율적·체계적으로 이행하기 위하여 몇 년마다 저탄소 녹색성장 국가전략 5개년 계획을 수립하는가?
① 2년 ② 3년
③ 4년 ④ 5년

58 에너지이용합리화법에서 정한 검사에 합격 되지 아니한 검사대상기기를 사용한 자에 대한 벌칙은?
① 1년 이하의 징역 또는 1천만 원 이하의 벌금
② 2년 이하의 징역 또는 2천만 원 이하의 벌금
③ 3년 이하의 징역 또는 3천만 원 이하의 벌금
④ 4년 이하의 징역 또는 4천만 원 이하의 벌금

59 에너지이용 합리화법상 대기전력경고표지를 하지 아니한 자에 대한 벌칙은?
① 2년 이하의 징역 또는 2천만 원 이하의 벌금
② 1년 이하의 징역 또는 1천만 원 이하의 벌금
③ 5백만 원 이하의 벌금
④ 1천만 원 이하의 벌금

60 신에너지 및 재생에너지 개발·이용·보급·촉진법에 따라 건축물인증기관으로부터 건축물인증을 받지 아니하고 건축물인증의 표시 또는 이와 유사한 표시를 하거나 건축물인증을 받은 것으로 홍보한 자에 대해 부과하는 과태료 기준으로 맞는 것은?
① 5백만 원 이하의 과태료 부과
② 1천만 원 이하의 과태료 부과
③ 2천만 원 이하의 과태료 부과
④ 3천만 원 이하의 과태료 부과

2015년 2회 기출 복원 문제
2015년 4월 4일

01 노통연관식 보일러에서 노통을 한쪽으로 편심시켜 부착하는 이유로 가장 타당한 것은?
① 전열면적을 크게 하기 위해서
② 통풍력의 증대를 위해서
③ 노통의 열신축과 강도를 보강하기 위해서
④ 보일러수를 원활하게 순환하기 위해서

02 스프링식 안전밸브에서 전양정식의 설명으로 옳은 것은?
① 밸브의 양정이 밸브시트 구경의 1/40 ~ 1/15 미만인 것
② 밸브의 양정이 밸브시트 구경의 1/15 ~ 1/7 미만인 것
③ 밸브의 양정이 밸브시트 구경의 1/7 이상인 것
④ 밸브시트 증기통로 면적은 목부분 면적의 1.05배 이상인 것

03 2차 연소의 방지대책으로 적합하지 않은 것은?
① 연도의 가스 포켓이 되는 부분을 없앨 것
② 연소실 내에서 완전연소 시킬 것
③ 2차 공기온도를 낮추어 공급할 것
④ 통풍조절을 잘 할 것

04 보기에서 설명한 송풍기의 종류는?

> • 경향 날개형이며 6~12매의 철판제 직선날개를 보스에서 방사한 스포우크에 리벳죔을 한 것이며, 측관이 있는 임펠러와 측판이 없는 것이 있다.
> • 구조가 견고하며 내마모성이 크고 날개를 바꾸기도 쉬우며 회진이 많은 가스의 흡출통풍기, 미분탄 장치의 배탄기 등에 사용된다.

① 터보송풍기   ② 다익송풍기
③ 축류송풍기   ④ 플레이트송풍기

05 연도에서 폐열회수장치의 설치순서가 옳은 것은?
① 재열기 → 절탄기 → 공기예열기 → 과열기
② 과열기 → 재열기 → 절탄기 → 공기예열기
③ 공기예열기 → 과열기 → 절탄기 → 재열기
④ 절탄기 → 과열기 → 공기예열기 → 재열기

06 수관식 보일러 종류에 해당되지 않는 것은?
① 코르니시 보일러   ② 슐처 보일러
③ 다쿠마 보일러   ④ 라몽트 보일러

07 탄소(C) 1kmol이 완전 연소하여 탄산가스(CO_2)가 될 때, 발생하는 열량은 몇 kcal인가?
① 29200   ② 57600
③ 68600   ④ 97200

08 일반적으로 보일러의 열손실 중에서 가장 큰 것은?
① 불완전연소에 의한 손실
② 배기가스에 의한 손실
③ 보일러 본체 벽에서의 복사, 전도에 의한 손실
④ 그을음에 의한 손실

09 압력이 일정할 때 과열 증기에 대한 설명으로 가장 적절한 것은?
① 습포화 증기에 열을 가해 온도를 높인 증기
② 건포화 증기에 압력을 높인 증기
③ 습포화 증기에 과열도를 높인 증기
④ 건포화 증기에 열을 가해 온도를 높인 증기

10 기름예열기에 대한 설명 중 옳은 것은?
① 가열온도가 낮으면 기름분해와 분무상태가 불량하고 분사각도가 나빠진다.
② 가열온도가 높으면 불길이 한 쪽으로 치우쳐 그을음, 분진이 일어나고 무화상태가 나빠진다.
③ 서비스탱크에서 점도가 떨어진 기름을 무화에 적당한 온도로 가열시키는 장치이다.
④ 기름예열기에서의 가열온도는 인화점보다 약간 높게 한다.

정답 01 ④ 02 ③ 03 ③ 04 ④ 05 ② 06 ① 07 ④ 08 ② 09 ④ 10 ③

11 보일러의 자동제어 중 제어동작이 연속동작에 해당하지 않는 것은?
① 비례동작　　② 적분동작
③ 미분동작　　④ 다위치 동작

12 바이패스(by-pass)관에 설치해서는 안 되는 부품은?
① 플로트트랩　　② 연료차단밸브
③ 감압밸브　　④ 유류배관의 유량계

13 다음 중 압력의 단위가 아닌 것은?
① mmHg　　② bar
③ N/m²　　④ kg · m/s

14 보일러에 부착하는 압력계에 대한 설명으로 옳은 것은?
① 최대증발량이 10t/h 이하인 관류보일러에 부착하는 압력계는 눈금판의 바깥지름을 50mm 이상으로 할 수 있다.
② 부착하는 압력계의 최고 눈금은 보일러의 최고사용압력의 1.5배 이하의 것을 사용한다.
③ 증기보일러에 부착하는 압력계의 바깥지름은 80mm 이상의 크기로 한다.
④ 압력계를 보호하기 위하여 물을 넣은 안지름 6.5mm 이상의 사이폰관 또는 동등한 장치를 부착하여야 한다.

15 수트 블로워 사용에 관한 주의사항으로 틀린 것은?
① 분출기 내의 응축수를 배출시킨 후 사용할 것
② 그을음 불어내기를 할 때는 통풍력을 크게 할 것
③ 원활한 분출을 위해 분출하기 전 연도 내 배풍기를 사용하지 말 것
④ 한 곳에 집중적으로 사용하여 전열면에 무리를 가하지 말 것

16 수관보일러의 특징에 대한 설명으로 틀린 것은?
① 자연순환식 고압이 될수록 물과의 비중차가 적어 순환력이 낮아진다.
② 증발량이 크고 수부가 커서 부하변동에 따른 압력변화가 적으며 효율이 좋다.
③ 용량에 비해 설치면적이 적으며 과열기, 공기예열기 등 설치와 운반이 쉽다.
④ 구조상 고압 대용량에 적합하며 연소실의 크기를 임의로 할 수 있어 연소상태가 좋다.

17 연통에서 배기되는 가스량이 2500kg/h이고, 배기가스 온도가 230℃, 가스의 평균비열이 0.31kcal/kg·℃, 외기온도가 18℃이면, 배기가스에 의한 손실열량은?
① 164300kcal/h　　② 174300kcal/h
③ 184300kcal/h　　④ 194300kcal/h

18 보일러 집진장치의 형식과 종류를 짝지은 것 중 틀린 것은?
① 가압수식 - 제트 스크러버
② 여과식 - 충격식 스크러버
③ 원심력식 - 사이클론
④ 전기식 - 코트렐

19 연소효율이 95%, 전열효율이 85%인 보일러의 효율은 약 몇 %인가?
① 90　　② 81
③ 70　　④ 61

20 소형연소기를 실내에 설치하는 경우, 급배기통을 전용 챔버 내에 접속하여 자연통기력에 의해 급배기하는 방식은?
① 강제배기식　　② 강제급배기식
③ 자연급배기식　　④ 옥외급배기식

21 가스버너 연소방식 중 예혼합 연소방식이 아닌 것은?
① 저압버너　　② 포트형버너
③ 고압버너　　④ 송풍버너

22 전열면적이 25m²인 연관보일러를 8시간 가동시킨 결과 4000kgf의 증기가 발생하였다면, 이 보일러의 전열면의 증발율은 몇 kgf/m²·h인가?
① 20　　② 30
③ 40　　④ 50

23 물을 가열하여 압력을 높이면 어느 지점에서 액체, 기체 상태의 구별이 없어지고 증발 잠열이 0kcal/kg이 된다. 이 점을 무엇이라 하는가?
① 임계점　　② 삼중점
③ 비등점　　④ 압력점

정답　11 ④　12 ②　13 ④　14 ④　15 ③　16 ②　17 ①　18 ②　19 ②　20 ③　21 ②　22 ①　23 ①

24 증기난방과 비교한 온수난방의 특징에 대한 설명으로 틀린 것은?
① 가열시간은 길지만 잘 식지 않으므로 동결의 우려가 적다.
② 난방부하의 변동에 따라 온도조절이 용이하다.
③ 취급이 용이하고 표면의 온도가 낮아 화상의 염려가 없다.
④ 방열기에는 증기트랩을 반드시 부착해야 한다.

25 외기온도 20℃, 배기가스온도 200℃이고, 연돌 높이가 20m일 때 통풍력은 약 몇 mmAq인가?
① 5.5 ② 7.2
③ 9.2 ④ 12.2

26 과잉공기량에 관한 설명으로 옳은 것은?
① (실제공기량) × (이론공기량)
② (실제공기량) / (이론공기량)
③ (실제공기량) + (이론공기량)
④ (실제공기량) − (이론공기량)

27 다음 그림은 인젝터의 단면을 나타낸 것이다. C부의 명칭은?

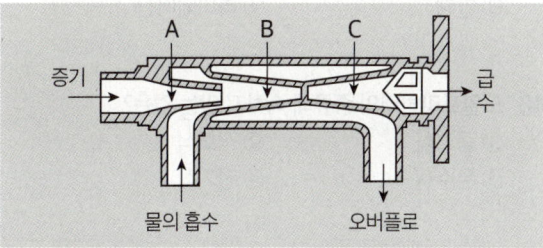

① 증기노즐 ② 혼합노즐
③ 분출노즐 ④ 고압노즐

28 증기 축열기(steam accumulator)에 대한 설명으로 옳은 것은?
① 송기압력을 일정하게 유지하기 위한 장치
② 보일러 출력을 증가시키는 장치
③ 보일러에서 온수를 저장하는 장치
④ 증기를 저장하여 과부하시에는 증기를 방출하는 장치

29 물체의 온도를 변화시키지 않고, 상(相) 변화를 일으키는데만 사용되는 열량은?
① 감열 ② 비열
③ 현열 ④ 잠열

30 고체벽의 한쪽에 있는 고온의 유체로부터 이 벽을 통과하여 다른 쪽에 있는 저온의 유체로 흐르는 열의 이동을 의미하는 용어는?
① 열관류 ② 현열
③ 잠열 ④ 전열량

31 호칭지름 15A의 강관을 각도 90도로 구부릴 때 곡선부의 길이는 약 몇 mm인가? (단, 곡선부의 반지름은 90mm로 한다.)
① 141.4 ② 145.5
③ 150.2 ④ 155.3

32 보일러의 점화 조작 시 주의사항으로 틀린 것은?
① 연료가스의 유출속도가 너무 빠르면 실화 등이 일어나고 너무 늦으면 역화가 발생한다.
② 연소실의 온도가 낮으면 연료의 확산이 불량해지며 착화가 잘 안 된다.
③ 연료의 예열온도가 낮으면 무화불량, 화염의 편류, 그을음, 분진이 발생한다.
④ 유압이 낮으면 점화 및 분사가 양호하고 높으면 그을음이 없어진다.

33 온수난방에서 상당방열면적이 45m²일 때 난방부하는? (단, 방열기의 방열량은 표준방열량으로 한다.)
① 16450kcal/h ② 18500kcal/h
③ 19450kcal/h ④ 20250kcal/h

34 보일러 사고에서 제작상의 원인이 아닌 것은?
① 구조 불량 ② 재료 불량
③ 케리 오버 ④ 용접 불량

35 주철제 벽걸이 방열기의 호칭 방법은?
① W−형 × 쪽수 ② 종별−치수 × 쪽수
③ 종별−쪽수 × 형 ④ 치수−종별 × 쪽수

36 증기난방에서 응축수의 환수방법에 따른 분류 중 증기의 순환과 응축수의 배출이 빠르며, 방열량도 광범위하게 조절할 수 있어서 대규모 난방에서 많이 채택하는 방식은?
① 진공 환수식 증기난방
② 복관 중력 환수식 증기난방
③ 기계 환수식 증기난방
④ 단관 중력 환수식 증기난방

37 저탕식 급탕설비에서 급탕의 온도를 일정하게 유지시키기 위해서 가스나 전기를 공급 또는 정지하는 것은?
① 사일렌서   ② 순환펌프
③ 가열코일   ④ 서머스탯

38 파이프 밴더에 의한 구부림 작업 시 관에 주름이 생기는 원인으로 가장 옳은 것은?
① 압력조정이 세고 저항이 크다.
② 굽힘 반지름이 너무 작다.
③ 받침쇠가 너무 나와 있다.
④ 바깥지름에 비하여 두께가 너무 얇다.

39 보일러 급수의 수질이 불량할 때 보일러에 미치는 장해와 관계없는 것은?
① 보일러 내부의 부식이 발생된다.
② 라미네이션 현상이 발생한다.
③ 프라이밍이나 포밍이 발생된다.
④ 보일러 내부에 슬러지가 퇴적된다.

40 보일러의 정상운전 시 수면계에 나타나는 수위의 위치로 가장 적당한 것은?
① 수면계의 최상위   ② 수면계의 최하위
③ 수면계의 중간   ④ 수면계 하부의 1/3 위치

41 유류 연소 자동점화 보일러의 점화순서상 화염검출기 작동 후 다음 단계는?
① 공기댐퍼 열림   ② 전자 밸브 열림
③ 노내압 조정   ④ 노내 환기

42 보일러 내처리제에서 가성취화 방지에 사용되는 약제가 아닌 것은?
① 인산나트륨   ② 질산나트륨
③ 탄닌   ④ 암모니아

43 연관 최고부보다 노통 윗면이 높은 노통연관 보일러의 최저수위(안전저수면)의 위치는?
① 노통 최고부 위 100mm
② 노통 최고부 위 75mm
③ 연관 최고부 위 100mm
④ 연관 최고부 위 75mm

44 보일러의 외부 검사에 해당되는 것은?
① 스케일, 슬러지 상태 검사
② 노벽 상태 검사
③ 배관의 누설 상태 검사
④ 연소실의 열 집중 현상 검사

45 보일러 강판이나 강관을 제조할 때 재질 내부에 가스체 등이 함유되어 두 장의 층을 형성하고 있는 상태의 흠은?
① 블리스터   ② 팽출
③ 압궤   ④ 라미네이션

46 오일프리히터의 종류에 속하지 않는 것은?
① 증기식   ② 직화식
③ 온수식   ④ 전기식

47 보일러의 과열 원인과 무관한 것은?
① 보일러수의 순환이 불량할 경우
② 스케일 누적이 많은 경우
③ 저수위로 운전할 경우
④ 1차 공기량의 공급이 부족한 경우

48 증기난방 배관시공 시 환수관이 문 또는 보와 교차할 때 이용되는 배관형식으로 위로는 공기, 아래로는 응축수를 유통시킬 수 있도록 시공하는 배관은?
① 루프형 배관   ② 리프트 피팅 배관
③ 하트포드 배관   ④ 냉각 배관

정답 36 ① 37 ④ 38 ④ 39 ② 40 ③ 41 ② 42 ④ 43 ① 44 ③ 45 ④ 46 ② 47 ④ 48 ①

49 강철제 증기보일러의 최고사용압력이 0.4MPa인 경우 수압시험 압력은?
① 0.16MPa ② 0.2MPa
③ 0.8MPa ④ 1.2MPa

50 질소봉입 방법으로 보일러 보존 시 보일러 내부에 질소가스의 봉입압력(MPa)으로 적합한 것은?
① 0.02 ② 0.03
③ 0.06 ④ 0.08

51 보일러 급수 중 Fe, Mn, CO_2를 많이 함유하고 있는 경우의 급수처리 방법으로 가장 적합한 것은?
① 분사법 ② 기폭법
③ 침강법 ④ 가열법

52 증기난방에서 방열기와 벽면과의 적합한 간격(mm)은?
① 30~40 ② 50~60
③ 80~100 ④ 100~120

53 다음 중 보온재의 종류가 아닌 것은?
① 코르크 ② 규조토
③ 프탈산수지도료 ④ 기포성수지

54 다음 보온재 중 안전사용 (최고)온도가 가장 높은 것은?
① 탄산마그네슘 물반죽 보온재
② 규산칼슘 보온관
③ 경질 폼라버 보온통
④ 글라스울 블랭킷

55 저탄소 녹색성장 기본법상 녹색성장위원회의 위원으로 틀린 것은?
① 국토교통부장관 ② 미래창조과학부장관
③ 기획재정부장관 ④ 고용노동부장관

56 에너지이용 합리화법상 검사대상기기 설치자가 검사대상기기의 조종자를 선임하지 않았을 때의 벌칙은?
① 1년 이하의 징역 또는 2천만 원 이하의 벌금
② 1년 이하의 징역 또는 5백만 원 이하의 벌금
③ 1천만 원 이하의 벌금
④ 5백만 원 이하의 벌금

57 에너지이용 합리화법령상 산업통상자원부장관이 에너지다소비사업자에게 개선명령을 할 수 있는 경우는 에너지관리 지도 결과 몇 % 이상 에너지 효율개선이 기대되는 경우인가?
① 2% ② 3%
③ 5% ④ 10%

58 에너지이용 합리화법상 에너지사용자와 에너지공급자의 책무로 맞는 것은?
① 에너지의 생산·이용 등에서의 그 효율을 극소화
② 온실가스배출을 줄이기 위한 노력
③ 기자재의 에너지효율을 높이기 위한 기술개발
④ 지역경제발전을 위한 시책 강구

59 에너지이용 합리화법상 평균에너지소비효율에 대하여 총량적인 에너지효율의 개선이 특히 필요하다고 인정되는 기자재는?
① 승용자동차 ② 강철제보일러
③ 1종압력용기 ④ 축열식전기보일러

60 에너지이용 합리화법에 따라 에너지 진단을 면제 또는 에너지진단주기를 연장 받으려는 자가 제출해야 하는 첨부서류에 해당하지 않는 것은?
① 보유한 효율관리기자재 자료
② 중소기업임을 확인할 수 있는 서류
③ 에너지절약 유공자 표창 사본
④ 친에너지형 설비 설치를 확인할 수 있는 서류

정답 49 ③ 50 ③ 51 ② 52 ② 53 ③ 54 ② 55 ④ 56 ③ 57 ④ 58 ② 59 ① 60 ①

2015년 3회 기출 복원 문제

2015년 7월 19일

01 보일러서 배출되는 배기가스의 여열을 이용하여 급수를 예열하는 장치는?
① 과열기　　　② 재열기
③ 절탄기　　　④ 공기예열기

02 목표 값이 시간에 따라 임의로 변화되는 것은?
① 비율제어　　　② 추종제어
③ 프로그램제어　　　④ 캐스케이드제어

03 보일러 부속품 중 안전장치에 속하는 것은?
① 감압 밸브　　　② 주증기 밸브
③ 가용전　　　④ 유량계

04 캐비테이션의 발생 원인이 아닌 것은?
① 흡입양정이 지나치게 클 때
② 흡입관의 저항이 작은 경우
③ 유량의 속도가 빠른 경우
④ 관로 내의 온도가 상승되었을 때

05 다음 중 연료의 연소온도에 가장 큰 영향을 미치는 것은?
① 발화점　　　② 공기비
③ 인화점　　　④ 회분

06 수소 15%, 수분 0.5%인 중유의 고위발열량이 10000kcal/kg이다. 이 중유의 저위발열량은 몇 kcal/kg인가?
① 8795　　　② 8984
③ 9085　　　④ 9187

07 부로돈관 압력계를 부착할 때 사용되는 사이펀관 속에 넣는 물질은?
① 수은　　　② 증기
③ 공기　　　④ 물

08 집진장치의 종류 중 건식집진장치의 종류가 아닌 것은?
① 가압수식 집진기　　　② 중력식 집진기
③ 관성력식 집진기　　　④ 원심력식 집진기

09 수관식 보일러에 속하지 않는 것은?
① 입형 횡관식　　　② 자연 순환식
③ 강제 순환식　　　④ 관류식

10 공기예열기의 종류에 속하지 않는 것은?
① 전열식　　　② 재생식
③ 증기식　　　④ 방사식

11 비접촉식 온도계의 종류가 아닌 것은?
① 광전관식 온도계　　　② 방사 온도계
③ 광고 온도계　　　④ 열전대 온도계

12 보일러의 전열면적이 클 때의 설명으로 틀린 것은?
① 증발량이 많다.　　　② 예열이 빠르다.
③ 용량이 적다.　　　④ 효율이 높다.

13 보일러 연도에 설치하는 댐퍼의 설치 목적과 관계가 없는 것은?
① 매연 및 그을음의 제거
② 통풍력의 조절
③ 연소가스 흐름의 차단
④ 주연도와 부연도가 있을 때 가스의 흐름을 전환

14 통풍력을 증가시키는 방법으로 옳은 것은?
① 연도는 짧고, 연돌은 낮게 설치한다.
② 연도는 길고, 연돌의 단면적을 작게 설치한다.
③ 배기가스의 온도는 낮춘다.
④ 연도는 짧고, 굴곡부는 적게 한다.

정답　01 ③　02 ③　03 ③　04 ②　05 ②　06 ④　07 ④　08 ①　09 ①　10 ④　11 ④　12 ③　13 ①　14 ④

15 연료의 연소에서 환원염이란?
① 산소 부족으로 인한 화염이다.
② 공기비가 너무 클 때의 화염이다.
③ 산소가 많이 포함된 화염이다.
④ 연료를 완전 연소시킬 때의 화염이다.

16 보일러 화염 유무를 검출하는 스택 스위치에 대한 설명으로 틀린 것은?
① 화염의 발열 현상을 이용한 것이다.
② 구조가 간단하다.
③ 버너 용량이 큰 곳에 사용된다.
④ 바이메탈의 신축작용으로 화염 유무를 검출한다.

17 3요소식 보일러 급수 제어 방식에서 검출하는 3요소는?
① 수위, 증기유량, 급수유량
② 수위, 공기압, 수압
③ 수위, 연료량, 공기압
④ 수위, 연료량, 수압

18 대형보일러인 경우에 송풍기가 작동되지 않으면 전자 밸브가 열리지 않고, 점화를 저지하는 인터록의 종류는?
① 저연소 인터록　② 압력초과 인터록
③ 프리퍼지 인터록　④ 불착화 인터록

19 수위의 부력에 의한 플로트 위치에 따라 연결된 수은 스위치로 작동하는 형식으로 중·소형 보일러에 가장 많이 사용하는 저수위 경보장치의 형식은?
① 기계식　② 전극식
③ 자석식　④ 맥도널식

20 증기의 발생이 활발해지면 증기와 함께 물방울이 같이 비산하여 증기기관으로 취출되는데, 이때 드럼 내에 증기 취출구에 부착하여 증기 속에 포함된 수분취출을 방지해주는 관은?
① 위터실링관　② 주증기관
③ 베이퍼록 방지관　④ 비수방지관

21 증기의 과열도를 옳게 표현한 식은?
① 과열도 = 포화증기온도 − 과열증기온도
② 과열도 = 포화증기온도 − 압축수의 온도
③ 과열도 = 과열증기온도 − 압축수의 온도
④ 과열도 = 과열증기온도 − 포화증기온도

22 어떤 액체 연료를 완전 연소시키기 위한 이론 공기량이 10.5Nm³/kg이고, 공기비가 1.4인 경우 실제 공기량은?
① 7.5Nm³/kg　② 11.9Nm³/kg
③ 14.7Nm³/kg　④ 16.0Nm³/kg

23 파형 노통보일러의 특징을 설명한 것으로 옳은 것은?
① 제작이 용이하다.
② 내·외면의 청소가 용이하다.
③ 평형 노통보다 전열면적이 크다.
④ 평형 노통보다 외압에 대하여 강도가 적다.

24 보일러에 과열기를 설치할 때 얻어지는 장점으로 틀린 것은?
① 증기관 내의 마찰저항을 감소시킬 수 있다.
② 증기기관의 이론적 열효율을 높일 수 있다.
③ 같은 압력은 포화증기에 비해 보유열량이 많은 증기를 얻을 수 있다.
④ 연소가스의 저항으로 압력손실을 줄일 수 있다.

25 슈트 블로워 사용 시 주의사항으로 틀린 것은?
① 부하가 50% 이하인 경우에 사용한다.
② 보일러 정지 시 슈트 블로워 작업을 하지 않는다.
③ 분출 시에는 유인 통풍을 증가시킨다.
④ 분출기 내의 응축수를 배출시킨 후 사용한다.

26 후향 날개 형식으로 보일러의 압입송풍에 많이 사용되는 송풍기는?
① 다익형 송풍기　② 축류형 송풍기
③ 터보형 송풍기　④ 플레이트형 송풍기

27 연료의 가연 성분이 아닌 것은?
① N　② C
③ H　④ S

28 효율이 82%인 보일러로 발열량 9800kcal/kg의 연료를 15kg 연소시키는 경우의 손실 열량은?
① 80360kcal　② 32500kcal
③ 26460kcal　④ 120540kcal

| 정답 | 15 ① | 16 ③ | 17 ① | 18 ③ | 19 ④ | 20 ④ | 21 ④ | 22 ② | 23 ③ | 24 ④ | 25 ① | 26 ③ | 27 ① | 28 ③ |

29 보일러 연소용 공기조절장치 중 착화를 원활하게 하고 화염의 안정을 도모하는 장치는?
① 윈드박스(Wind Box)
② 보염기(Stabilizer)
③ 버너타일(Burner tile)
④ 플레임 아이(Flame eye)

30 증기난방설비에서 배관 구배를 부여하는 가장 큰 이유는 무엇인가?
① 증기의 흐름을 빠르게 하기 위해서
② 응축수의 체류를 방지하기 위해서
③ 배관시공을 편리하게 하기 위해서
④ 증기와 응축수의 흐름마찰을 줄이기 위해서

31 보일러 배관 중에 신축이음을 하는 목적으로 가장 적합한 것은?
① 증기속의 이물질을 제거하기 위하여
② 열팽창에 의한 관의 파열을 막기 위하여
③ 보일러수의 누수를 막기 위하여
④ 증기속의 수분을 분리하기 위하여

32 팽창탱크에 대한 설명으로 옳은 것은?
① 개방식 팽창탱크는 주로 고온수 난방에서 사용한다.
② 팽창관에는 방열관에 부착하는 크기의 밸브를 설치한다.
③ 밀폐형 팽창탱크에는 수면계를 구비한다.
④ 밀폐형 팽창탱크는 개방식 팽창탱크에 비하여 적어도 된다.

33 온수난방의 특성을 설명한 것 중 틀린 것은?
① 실내 예열시간이 짧지만 쉽게 냉각되지 않는다.
② 난방부하 변동에 따른 온도조절이 쉽다.
③ 단독주택 또는 소규모 건물에 적용된다.
④ 보일러 취급이 비교적 쉽다.

34 다음 중 주형 방열기의 종류로 거리가 먼 것은?
① 1주형
② 2주형
③ 3세주형
④ 5세주형

35 보일러 점화 시 역화의 원인과 관계가 없는 것은?
① 착화가 지연될 경우
② 점화원을 사용한 경우
③ 프리퍼지가 불충분한 경우
④ 연료 공급밸브를 급개하여 다량으로 분무한 경우

36 압력계로 연결하는 증기관을 황동관이나 동관을 사용할 경우, 증기온도는 약 몇 ℃ 이하 인가?
① 210℃
② 260℃
③ 310℃
④ 360℃

37 보일러를 비상 정지시키는 경우의 일반적인 조치사항으로 거리가 먼 것은?
① 압력은 자연히 떨어지게 기다린다.
② 주증기 스톱밸브를 열어 놓는다.
③ 연소공기의 공급을 멈춘다.
④ 연료 공급을 중단한다.

38 금속 특유의 복사열에 대한 반사 특성을 이용한 대표적인 금속질 보온재는?
① 세라믹 화이버
② 실리카 화이버
③ 알루미늄 박
④ 규산칼슘

39 기포성수지에 대한 설명으로 틀린 것은?
① 열전도율이 낮고 가볍다.
② 불에 잘 타며 보온성과 보냉성은 좋지 않다.
③ 흡수성은 좋지 않으나 굽힘성은 풍부하다.
④ 합성수지 또는 고무질 재료를 사용하여 다공질 제품으로 만든 것이다.

40 온수 보일러의 순환펌프 설치 방법으로 옳은 것은?
① 순환펌프의 모터부분은 수평으로 설치한다.
② 순환펌프는 보일러 본체에 설치한다.
③ 순환펌프는 송수주관에 설치한다.
④ 공기빼기 장치가 없는 순환펌프는 체크밸브를 설치한다.

41 보일러 가동 시 매연 발생의 원인과 가장 거리가 먼 것은?
① 연소실 과열
② 연소실 용적의 과소
③ 연료 중의 불순물 혼입
④ 연소용 공기의 공급 부족

42 중유 연소 시 보일러 저온부식의 방지대책으로 거리가 먼 것은?
① 저온의 전열면에 내식재료를 사용한다.
② 첨가제를 사용하여 황산가스의 노점을 높여 준다.
③ 공기예열기 및 급수예열장치 등에 보호피막을 한다.
④ 배기가스 중의 산소함유량을 낮추어 아황산가스의 산화를 제한한다.

43 물의 온도가 393K를 초과하는 온수발생 보일러에는 크기가 몇 mm 이상인 안전밸브를 설치하여야 하는가?
① 5
② 10
③ 15
④ 20

44 보일러 부식에 관련된 설명 중 틀린 것은?
① 점식은 국부전지의 작용에 의해서 일어난다.
② 수용액 중에서 부식문제를 일으키는 주요인은 용존산소, 용존가스 등이다.
③ 중유 연소 시 중유 회분 중에 바나듐이 포함되어 있으면 바나듐 산화물에 의한 고온부식이 발생한다.
④ 가성취화는 고온에서 알칼리에 의한 부식현상을 말하며, 보일러 내부 전체에 걸쳐 균일하게 발생한다.

45 증기난방의 중력 환수식에서 단관식인 경우 배관 기울기로 적당한 것은?
① 1/100~1/200 정도의 순 기울기
② 1/200~1/300 정도의 순 기울기
③ 1/300~1/400 정도의 순 기울기
④ 1/400~1/500 정도의 순 기울기

46 보일러 용량 결정에 포함될 사항으로 거리가 먼 것은?
① 난방부하
② 급탕부하
③ 배관부하
④ 연료부하

47 온수난방 배관에서 수평주관에 지름이 다른 관을 접속하여 연결할 때 가장 적합한 관 이음쇠는?
① 유니온
② 편심 리듀서
③ 부싱
④ 니플

48 온수순환 방식에 의한 분류 중에서 순환이 자유롭고 신속하며, 방열기의 위치가 낮아도 순환이 가능한 방법은?
① 중력 순환식
② 강제 순환식
③ 단관식 순환식
④ 복관식 순환식

49 온수보일러 개방식 팽창탱크 설치 시 주의사항으로 틀린 것은?
① 팽창탱크에는 상부에 통기구멍을 설치한다.
② 팽창탱크 내부의 수위를 알 수 있는 구조이어야 한다.
③ 탱크에 연결되는 팽창 흡수관은 팽창탱크 바닥면과 같게 배관해야 한다.
④ 팽창탱크의 높이는 최고 부위 방열기보다 1m 이상 높은 곳에 설치한다.

50 열팽창에 의한 배관의 이동을 구속 또는 제한하는 배관 지지구인 레스트레인트(restraint)의 종류가 아닌 것은?
① 가이드
② 앵커
③ 스토퍼
④ 행거

51 보통 온수식 난방에서 온수의 온도는?
① 65~70℃
② 75~80℃
③ 85~90℃
④ 95~100℃

52 장시간 사용을 중지하고 있던 보일러의 점화 준비에서, 부속장치 조작 및 시동으로 틀린 것은?
① 댐퍼는 굴뚝에서 가까운 것부터 차례로 연다.
② 통풍장치의 댐퍼 개폐도가 적당한지 확인한다.
③ 흡입통풍기가 설치된 경우는 가볍게 운전한다.
④ 절탄기나 과열기에 바이패스가 설치된 경우는 바이패스 댐퍼를 닫는다.

53 응축수 환수방식 중 중력환수 방식으로 환수가 불가능한 경우, 응축수를 별도의 응축수 탱크에 모으고 펌프 등을 이용하여 보일러에 급수를 행하는 방식은?
① 복관 환수식
② 부력 환수식
③ 진공 환수식
④ 기계 환수식

| 정답 | 41 ① | 42 ② | 43 ④ | 44 ④ | 45 ① | 46 ④ | 47 ② | 48 ② | 49 ③ | 50 ④ | 51 ③ | 52 ④ | 53 ④ |

54 무기질 보온재에 해당되는 것은?
① 암면
② 펠트
③ 코르크
④ 기포성 수지

55 에너지이용합리화법상 효율관리기자재의 에너지소비효율등급 또는 에너지소비효율을 효율관리시험기관에서 측정 받아 해당 효율관리기자재에 표시하여야 하는 자는?
① 효율관리기자재의 제조업자 또는 시공업자
② 효율관리기자재의 제조업자 또는 수입업자
③ 효율관리기자재의 시공업자 또는 판매업자
④ 효율관리기자재의 시공업자 또는 수입업자

56 저탄소 녹색성장 기본법상 녹색성장위원회의 심의 사항이 아닌 것은?
① 지방자치단체의 저탄소 녹색성장의 기본방향에 관한 사항
② 녹색성장국가전략의 수립·변경·시행에 관한 사항
③ 기후변화대응 기본계획, 에너지기본계획 및 지속가능발전 기본계획에 관한 사항
④ 저탄소 녹색성장을 위한 재원의 배분방향 및 효율적 사용에 관한 사항

57 에너지법령상 "에너지 사용자"의 정의로 옳은 것은?
① 에너지 보급 계획을 세우는 자
② 에너지를 생산, 수입하는 사업자
③ 에너지사용시설의 소유자 또는 관리자
④ 에너지를 저장, 판매하는 자

58 에너지이용 합리화법규상 냉난방온도제한 건물에 냉난방 제헌온도를 적용할 때의 기준으로 옳은 것은? (단, 판매시설 및 공항의 경우는 제외한다.)
① 냉방 : 24℃ 이상, 난방 : 18℃ 이하
② 냉방 : 24℃ 이상, 난방 : 20℃ 이하
③ 냉방 : 26℃ 이상, 난방 : 18℃ 이하
④ 냉방 : 26℃ 이상, 난방 : 20℃ 이하

59 다음 (   )에 알맞은 것은?

> 에너지법령상 에너지 총조사는 (A)마다 실시하되, (B)이 필요하다고 인정할 때에는 간이조사를 실시할 수 있다.

① A : 2년, B : 행정자치부장관
② A : 2년, B : 교육부장관
③ A : 3년, B : 산업통상지원부장관
④ A : 3년, B : 고용노동부장관

60 에너지이용합리화법상 검사대상기기설치자가 시·도지사에게 신고하여야 하는 경우가 아닌 것은?
① 검사대상기기를 정비한 경우
② 검사대상기기를 폐기한 경우
③ 검사대상기기를 사용을 중지한 경우
④ 검사대상기기의 설치자가 변경된 경우

정답 54 ① 55 ② 56 ① 57 ③ 58 ④ 59 ③ 60 ①

2015년 4회 기출 복원 문제
2015년 10월 10일

01 중유의 성상을 개선하기 위한 첨가제 중 분무를 순조롭게 하기 위하여 사용하는 것은?
① 연소촉진제 ② 슬러지 분산제
③ 회분개질제 ④ 탈수제

02 천연가스의 비중이 약 0.64라고 표시되었을 때, 비중의 기준은?
① 물 ② 공기
③ 배기가스 ④ 수증기

03 30마력(PS)인 기관이 1시간 동안 행한 일량을 열량으로 환산하면 약 몇 kcal 인가? (단, 이 과정에서 행한 일량은 모두 열량으로 변환된다고 가정한다.)
① 14360 ② 15240
③ 18970 ④ 20402

04 프로판(propane) 가스의 연소식은 다음과 같다. 프로판 가스 10kg을 완전 연소시키는데 필요한 이론산소량은?

$$C_3H_8 + 5O_2 \rightarrow 3CO_2 + 4H_2O$$

① 약 11.6Nm³ ② 약 13.8Nm³
③ 약 22.4Nm³ ④ 약 25.5Nm³

05 화염 검출기 종류 중 화염의 이온화를 이용한 것으로 가스 점화 버너에 주로 사용하는 것은?
① 플레임 아이 ② 스택 스위치
③ 광도전 셀 ④ 프레임 로드

06 수위경보기의 종류 중 플로트의 위치변위에 따라 수은 스위치 또는 마이크로 스위치를 작동시켜 경보를 울리는 것은?
① 기계식 경보기 ② 자석식 경보기
③ 전극식 경보기 ④ 맥도널식 경보기

07 보일러 열정산을 설명한 것 중 옳은 것은?
① 입열과 출열은 반드시 같아야 한다.
② 방열손실로 인하여 입열이 항상 크다.
③ 열효율 증대장치로 인하여 출열이 항상 크다.
④ 연소효율에 따라 입열과 출열은 다르다.

08 보일러 액체연료 연소장치인 버너의 형식별 종류에 해당되지 않는 것은?
① 고압기류식 ② 왕복식
③ 유압분사식 ④ 회전식

09 매시간 425kg의 연료를 연소시켜 4800kg/h의 증기를 발생시키는 보일러의 효율은 약 얼마인가? (단, 연료의 발열량 : 9750kcal/kg, 증기엔탈피 : 676kcal/kg, 급수온도 : 20℃이다.)
① 76% ② 81%
③ 85% ④ 90%

10 함진가스에 선회운동을 주어 분진입자에 작용하는 원심력에 의하여 입자를 분리하는 집진장치로 가장 적합한 것은?
① 백필터식 집진기 ② 사이클론식 집진기
③ 전기식 집진기 ④ 관성력식 집진기

11 "1 보일러 마력"에 대한 설명으로 옳은 것은?
① 0℃의 물 539kg을 1시간에 100℃의 증기로 바꿀 수 있는 능력이다.
② 100℃의 물 539kg을 1시간에 같은 온도의 증기로 바꿀 수 있는 능력이다.
③ 100℃의 물 15.65kg을 1시간에 같은 온도의 증기로 바꿀 수 있는 능력이다.
④ 0℃의 물 15.65kg을 1시간에 100℃의 증기로 바꿀 수 있는 능력이다.

| 정답 | 01 ① | 02 ② | 03 ③ | 04 ④ | 05 ④ | 06 ④ | 07 ① | 08 ② | 09 ① | 10 ② | 11 ③ |

12 연료성분 중 가연 성분이 아닌 것은?
① C ② H
③ S ④ O

13 보일러 급수내관의 설치 위치로 옳은 것은?
① 보일러의 기준수위와 일치되게 설치한다.
② 보일러의 상용수위보다 50mm정도 높게 설치한다.
③ 보일러의 안전저수위보다 50mm 정도 높게 설치한다.
④ 보일러의 안전저수위보다 50mm 정도 낮게 설치한다.

14 보일러 배기가스의 자연 통풍력을 증가시키는 방법으로 틀린 것은?
① 연도의 길이를 짧게 한다.
② 배기가스 온도를 낮춘다.
③ 연돌 높이를 증가시킨다.
④ 연돌의 단면적을 크게 한다.

15 증기의 건조도(x) 설명이 옳은 것은?
① 습증기 전체 질량 중 액체가 차지하는 질량비를 말한다.
② 습증기 전체 질량 중 증기가 차지하는 질량비를 말한다.
③ 액체가 차지하는 전체 질량 중 습증기가 차지하는 질량비를 말한다.
④ 증기가 차지하는 전체 질량 중 습증기가 차지하는 질량비를 말한다.

16 다음 중 저양정식 안전밸브의 단면적 계산식은?
(단, A = 단면적(mm^2), P = 분출압력(kgf/cm^2), E = 증발량(kg/h)이다.)
① A = 22E / (1.03P + 1)
② A = 10E / (1.03P + 1)
③ A = 5E / (1.03P + 1)
④ A = 2.5E / (1.03P + 1)

17 입형보일러에 대한 설명으로 거리가 먼 것은?
① 보일러 동을 수직으로 세워 설치한 것이다.
② 구조가 간단하고 설비비가 적게 든다.
③ 내부청소 및 수리나 검사가 불편하다.
④ 열효율이 높고 부하능력이 크다.

18 보일러용 가스버너 중 외부혼합식에 속하지 않는 것은?
① 파이럿 버너 ② 센터파이어형 버너
③ 링형 버너 ④ 멀티스폿형 버너

19 보일러 부속장치인 증기 과열기를 설치 위치에 따라 분류할 때, 해당되지 않는 것은?
① 복사식 ② 전도식
③ 접촉식 ④ 복사접촉식

20 가스 연소용 보일러의 안전장치가 아닌 것은?
① 가용마개 ② 화염검출기
③ 이젝터 ④ 방폭문

21 보일러에서 제어해야할 요소에 해당되지 않는 것은?
① 급수 제어 ② 연소 제어
③ 증기온도 제어 ④ 전열면 제어

22 관류보일러의 특징에 대한 설명으로 틀린 것은?
① 철저한 급수처리가 필요하다.
② 임계압력 이상의 고압에 적당하다.
③ 순환비가 1이므로 드럼이 필요하다.
④ 증기의 가동발생 시간이 매우 짧다.

23 보일러 전열면적 $1m^2$ 당 1시간에 발생되는 실제 증발량은 무엇인가?
① 전열면의 증발율 ② 전열면의 출력
③ 전열면의 효율 ④ 상당증발 효율

24 50kg의 -10℃ 얼음을 100℃의 증기로 만드는데 소요되는 열량은 몇 kcal 인가? (단, 물과 얼음의 비열은 각각 1kcal/kg·℃, 0.5kcal/kg·℃로 한다.)
① 36200 ② 36450
③ 37200 ④ 37450

25 피드 백 자동제어에서 동작신호를 받아서 제어계가 정해진 동작을 하는데 필요한 신호를 만들어 조작부에 보내는 부분은?
① 검출부 ② 제어부
③ 비교부 ④ 조절부

26 중유 보일러의 연소 보조 장치에 속하지 <u>않는</u> 것은?
① 여과기 ② 인젝터
③ 화염 검출기 ④ 오일 프리히터

27 보일러 분출 목적으로 <u>틀린</u> 것은?
① 불순물로 인한 보일러수의 농축을 방지한다.
② 포밍이나 프라이밍의 생성을 좋게 한다.
③ 전열면에 스케일 생성을 방지한다.
④ 관수의 순환을 좋게 한다.

28 캐리오버로 인하여 나타날 수 있는 결과로 거리가 먼 것은?
① 수격현상 ② 프라이밍
③ 열효율 저하 ④ 배관의 부식

29 입형보일러 특징으로 거리가 먼 것은?
① 보일러 효율이 높다.
② 수리나 검사가 불편하다.
③ 구조 및 설치가 간단하다.
④ 전열면적이 적고 소용량이다.

30 보일러의 점화 시 역화 원인에 해당되지 <u>않는</u> 것은?
① 압입통풍이 너무 약한 경우
② 프리퍼지의 불충분이나 또는 잊어버린 경우
③ 점화원을 가동하기 전에 연료를 분무해 버린 경우
④ 연료 공급밸브를 필요 이상 급개하여 다량으로 분무한 경우

31 관속에 흐르는 유체의 종류를 나타내는 기호 중 증기를 나타내는 것은?
① S ② W
③ O ④ A

32 보일러 청관제 중 보일러수의 연화제로 사용되지 <u>않는</u> 것은?
① 수산화나트륨 ② 탄산나트륨
③ 인산나트륨 ④ 황산나트륨

33 어떤 방의 온수난방에서 소요되는 열량이 시간당 21000kcal이고, 송수온도가 85℃이며, 환수온도가 25℃라면, 온수의 순환량은? (단, 온수의 비열은 1kcal/kg·℃이다.)
① 324kg/h ② 350kg/h
③ 398kg/h ④ 423kg/h

34 보일러에 사용되는 안전밸브 및 압력방출장치 크기를 20A 이상으로 할 수 있는 보일러구가 <u>아닌</u> 것은?
① 소용량 강철제 보일러
② 최대증발량 5T/h 이하의 관류보일러
③ 최고사용압력 1MPa(10kgf/cm^2) 이하의 보일러로 전열면적 5m^2 이하의 것
④ 최고사용압력 0.1MPa(1kgf/cm^2) 이하의 보일러

35 배관계의 식별 표시는 물질의 종류에 따라 달리한다. 물질과 식별색의 연결이 <u>틀린</u> 것은?
① 물 : 파랑 ② 기름 : 연한 주황
③ 증기 : 어두운 빨강 ④ 가스 : 연한 노랑

36 다음 보온재 중 안전사용 온도가 가장 낮은 것은?
① 우모펠트 ② 암면
③ 석면 ④ 규조토

37 주증기관에서 증기의 건도를 향상 시키는 방법으로 적당하지 <u>않은</u> 것은?
① 가압하여 증기의 압력을 높인다.
② 드레인 포켓을 설치한다.
③ 증기공간 내에 공기를 제거 한다.
④ 기수분리기를 사용한다.

38 보일러 기수공발(carry over)의 원인이 <u>아닌</u> 것은?
① 보일러의 증발능력에 비하여 보일러수의 표면적이 너무 넓다.
② 보일러의 수위가 높아지거나 송기 시 증기 밸브를 급개 하였다.
③ 보일러수 중의 가성소다, 인산소다, 유지분 등의 함유비율이 많았다.
④ 부유 고형물이나 용해 고형물이 많이 존재 하였다.

정답 26 ② 27 ② 28 ② 29 ① 30 ① 31 ① 32 ④ 33 ② 34 ③ 35 ③ 36 ① 37 ① 38 ①

39 동관의 끝을 나팔 모양으로 만드는데 사용하는 공구는?
① 사이징 툴　　② 익스팬더
③ 플레어링 툴　　④ 파이프 커터

40 보일러 분출 시의 유의사항 중 틀린 것은?
① 분출 도중 다른 작업을 하지 말 것
② 안전저수위 이하로 분출하지 말 것
③ 2대 이상의 보일러를 동시에 분출하지 말 것
④ 계속 운전 중인 보일러는 부하가 가장 클 때 할 것

41 난방부하 계산 시 고려해야 할 사항으로 거리가 먼 것은?
① 유리창 및 문의 크기　　② 현관 등의 공간
③ 연료의 발열량　　④ 건물 위치

42 보일러에서 수압시험을 하는 목적으로 틀린 것은?
① 분출 증기압력을 측정하기 위하여
② 각종 덮개를 장치한 후의 기밀도를 확인하기 위하여
③ 수리한 경우 그 부분의 강도나 이상 유무를 판단하기 위하여
④ 구조상 내부검사를 하기 어려운 곳에는 그 상태를 판단하기 위하여

43 온수난방법 중 고온수 난방에 사용되는 온수의 온도는?
① 100℃ 이상　　② 80℃~90℃
③ 60℃~70℃　　④ 40℃~60℃

44 온수방열기의 공기빼기 밸브의 위치로 적당한 것은?
① 방열기 상부　　② 방열기 중부
③ 방열기 하부　　④ 방열기의 최하단부

45 관의 방향을 바꾸거나 분기할 때 사용되는 이음쇠가 아닌 것은?
① 벤드　　② 크로스
③ 엘보　　④ 니플

46 보일러 운전이 끝난 후, 노내와 연도에 체류하고 있는 가연성 가스를 배출시키는 작업은?
① 페일 세이프(fail safe)
② 풀 프루프(fool proof)
③ 포스트 퍼지(post-purge)
④ 프리 퍼지(pre-purge)

47 온도 조절식 트랩으로 응축수와 함께 저온의 공기도 통과시키는 특성이 있으며, 진공 환수식 증기 배관의 방열기 트랩이나 과말 트랩으로 사용되는 것은?
① 버킷 트랩　　② 열동식 트랩
③ 플로트 트랩　　④ 매니폴드 트랩

48 온수난방의 특징에 대한 설명으로 틀린 것은?
① 실내의 쾌감도가 좋다.
② 온도 조절이 용이하다.
③ 화상의 우려가 적다.
④ 예열시간이 짧다.

49 고온 배관용 탄소강 강관의 KS 기호는?
① SPHT　　② SPLT
③ SPPS　　④ SPA

50 보일러 수위에 대한 설명으로 옳은 것은?
① 항상 상용수위를 유지한다.
② 증기 사용량이 적을 때는 수위를 높게 유지한다.
③ 증기 사용량이 많을 때는 수위를 얕게 유지한다.
④ 증기 압력이 높을 때는 수위를 높게 유지한다.

51 급수펌프에서 송출량이 10m³/min이고, 전양정이 8m일 때, 펌프의 소요마력은? (단, 펌프 효율은 75%이다.)
① 15.6PS　　② 17.8PS
③ 23.7PS　　④ 31.6PS

52 증기난방 배관에 대한 설명 중 옳은 것은?
① 건식환수식이란 환수주관이 보일러의 표준수위보다 낮은 위치에 배관되고 응축수가 환수주관의 하부를 따라 흐르는 것을 말한다.
② 습식환수식이란 환수주관이 보일러의 표준수위보다 높은 위치에 배관되는 것을 말한다.
③ 건식 환수식에서는 증기트랩을 설치하고, 습식 환수식에서는 공기빼기 밸브나 에어포켓을 설치한다.
④ 단관식 배관은 복관식 배관보다 배관의 길이가 길고 관경이 작다.

53 사용 중인 보일러의 점화 전 주의사항으로 틀린 것은?
① 연료 계통을 점검한다.
② 각 밸브의 개폐 상태를 확인한다.
③ 댐퍼를 닫고 프리퍼지를 한다.
④ 수면계의 수위를 확인한다.

54 다음 중 보일러의 안전장치에 해당되지 않는 것은?
① 방출밸브   ② 방폭문
③ 화염검출기   ④ 감압밸브

55 에너지이용 합리화법에 따른 열사용기자재 중 소형온수 보일러의 적용 범위로 옳은 것은?
① 전열면적 24m² 이하이며, 최고사용압력이 0.5MPa 이하의 온수를 발생하는 보일러
② 전열면적 14m² 이하이며, 최고사용압력이 0.35MPa 이하의 온수를 발생하는 보일러
③ 전열면적 20m² 이하인 온수보일러
④ 최고사용압력이 0.8MPa 이하의 온수를 발생하는 보일러

56 에너지이용 합리화법상 목표에너지원 단위란?
① 에너지를 사용하여 만드는 제품의 종류별 연간 에너지사용목표량
② 에너지를 사용하여 만드는 제품의 단위당 에너지사용목표량
③ 건축물의 총 면적당 에너지사용목표량
④ 자동차 등의 단위연료 당 목표주행거리

57 저탄소 녹색성장 기본법령상 관리업체는 해당 연도 온실가스 배출량 및 에너지 소비량에 관한 명세서를 작성하고, 이에 대한 검증기관의 검증 결과를 부문별 관장기관에게 전자적 방식으로 언제까지 제출하여야 하는가?
① 해당 연도 12월 31일까지
② 다음 연도 1월 31일까지
③ 다음 연도 3월 31일까지
④ 다음 연도 6월 30일까지

58 에너지이용 합리화법 시행령에서 에너지다소비 사업자라 함은 연료·열 및 전력의 연간 사용량 합계가 얼마 이상인 경우인가?
① 5백 티오이   ② 1천 티오이
③ 1천5백 티오이   ④ 2천 티오이

59 에너지이용 합리화법상 에너지소비효율 등급 또는 에너지 소비효율을 해당 효율관리 기자재에 표시할 수 있도록 효율관리 기자재의 에너지 사용량을 측정하는 기관은?
① 효율관리진단기관   ② 효율관리전문기관
③ 효율관리표준기관   ④ 효율관리시험기관

60 에너지이용 합리화법상 법을 위반하여 검사대상기기조종자를 선임하지 아니한 자에 대한 벌칙기준으로 옳은 것은?
① 2년 이하의 징역 또는 2천만 원 이하의 벌금
② 2천만 원 이하의 벌금
③ 1천만 원 이하의 벌금
④ 500만 원 이하의 벌금

정답 53 ③ 54 ④ 55 ② 56 ② 57 ③ 58 ④ 59 ④ 60 ③

2016년 1회 기출 복원 문제

2016년 1월 24일

01 연소가스 성분 중 인체에 미치는 독성이 가장 적은 것은?
① SO_2
② NO_2
③ CO_2
④ CO

02 유류용 온수보일러에서 버너가 정지하고 리셋버튼이 돌출하는 경우는?
① 연통의 길이가 너무 길다.
② 연소용 공기량이 부적당하다.
③ 오일 배관 내의 공기가 빠지지 않고 있다.
④ 실내 온도조절기의 설정온도가 실내 온도보다 낮다.

03 보일러 사용 시 이상 저수위의 원인이 아닌 것은?
① 증기 취출량이 과대한 경우
② 보일러 연결부에서 누출이 되는 경우
③ 급수장치가 증발능력에 비해 과소한 경우
④ 급수탱크 내 급수량이 많은 경우

04 어떤 물질 500kg을 20℃에서 50℃로 올리는데 3000kcal의 열량이 필요하였다. 이 물질의 비열은?
① 0.1kcal/kg·℃
② 0.2kcal/kg·℃
③ 0.3kcal/kg·℃
④ 0.4kcal/kg·℃

05 중유의 첨가제 중 슬러지의 생성방지제 역할을 하는 것은?
① 회분개질제
② 탈수제
③ 연소촉진제
④ 안정제

06 보일러 드럼 없이 초임계 압력 이상에서 고압증기를 발생시키는 보일러는?
① 복사 보일러
② 관류 보일러
③ 수관 보일러
④ 노통연관 보일러

07 보일러 1마력에 대한 표시로 옳은 것은?
① 전열면적 $10m^2$
② 상당증발량 15.65kg/h
③ 전열면적 $8ft^2$
④ 상당증발량 30.6lb/h

08 제어장치에서 인터록(inter lock)이란?
① 정해진 순서에 따라 차례로 동작이 진행되는 것
② 구비조건에 맞지 않을 때 작동을 정지시키는 것
③ 증기 압력의 연료량, 공기량을 조절하는 것
④ 제어량과 목표치를 비교하여 동작시키는 것

09 동작유체의 상태변화에서 에너지의 이동이 없는 변화는?
① 등온변화
② 정적변화
③ 정압변화
④ 단열변화

10 연소 시 공기비가 작을 때 나타나는 현상으로 틀린 것은?
① 불완전연소가 되기 쉽다.
② 미연소가스에 의한 가스 폭발이 일어나기 쉽다.
③ 미 연소가스에 의한 열손실이 증가될 수 있다.
④ 배기가스 중 NO 및 NO_2의 발생량이 많아진다.

11 보일러 연소장치와 가장 거리가 먼 것은?
① 스테이
② 버너
③ 연도
④ 화격자

12 증기트랩이 갖추어야 할 조건에 대한 설명으로 틀린 것은?
① 마찰저항이 클 것
② 동작이 확실할 것
③ 내식, 내마모성이 있을 것
④ 응축수를 연속적으로 배출할 수 있을 것

정답 01 ③ 02 ③ 03 ④ 04 ② 05 ④ 06 ② 07 ② 08 ② 09 ④ 10 ④ 11 ① 12 ①

13 과열증기에서 과열도는 무엇인가?
① 과열증기의 압력과 포화증기의 압력 차이다.
② 과열증기온도와 포화증기온도와의 차이다.
③ 과열증기온도에 증발열을 합한 것이다.
④ 과열증기온도에 증발열을 뺀 것이다.

14 다음은 증기보일러를 성능시험하고 결과를 산출하였다. 보일러 효율은?

- 급수온도 : 18℃
- 연료의 저위 발열량 : 10000kcal/Nm³
- 발생증기의 엔탈피 : 655.5kcal/kg
- 연료사용량 : 75kg/h
- 증기 발생량 : 1000kg/h

① 78 %   ② 80 %
③ 82 %   ④ 85 %

15 자동제어의 신호전달 방법에서 공기압식의 특징으로 옳은 것은?
① 전송 시 시간지연이 생긴다.
② 배관이 용이하지 않고 보존이 어렵다.
③ 신호전달 거리가 유압식에 비하여 길다.
④ 온도제어 등에 적합하고 화재의 위험이 많다.

16 보일러 유류연료 연소 시에 가스폭발이 발생하는 원인이 아닌 것은?
① 연소 도중에 실화되었을 때
② 프리퍼지 시간이 너무 길어졌을 때
③ 소화 후에 연료가 흘러들어 갔을 때
④ 점화가 잘 안되는데 계속 급유했을 때

17 세정식 집진장치 중 하나인 회전식 집진장치의 특징에 관한 설명으로 가장 거리가 먼 것은?
① 구조가 대체로 간단하고 조작이 쉽다.
② 급수 배관을 따로 설치할 필요가 없으므로 설치공간이 적게 든다.
③ 집진물을 회수할 때 탈수, 여과, 건조 등을 수행할 수 있는 별도의 장치가 필요하다.
④ 비교적 큰 압력손실을 견딜 수 있다.

18 다음 열효율 증대장치 중에서 고온부식이 잘 일어나는 장치는?
① 공기예열기   ② 과열기
③ 증발전열면   ④ 절탄기

19 증기과열기의 열 가스 흐름방식 분류 중 증기와 연소가스의 흐름이 반대방향으로 지나면서 열교환이 되는 방식은?
① 병류형   ② 혼류형
③ 향류형   ④ 복사대류형

20 열정산의 방법에서 입열 항목에 속하지 않는 것은?
① 발생 증기의 흡수열   ② 연료의 연소열
③ 연료의 현열   ④ 공기의 현열

21 가스용 보일러 설비 주위에 설치해야 할 계측기 및 안전장치와 무관한 것은?
① 급기 가스 온도계
② 가스 사용량 측정 유량계
③ 연료 공급 자동차단장치
④ 가스 누설 자동차단장치

22 수위 자동제어 장치에서 수위와 증기유량을 동시에 검출하여 급수밸브의 개도가 조절되도록 한 제어 방식은?
① 단요소식   ② 2요소식
③ 3요소식   ④ 모듈식

23 일반적으로 보일러의 상용수위는 수면계의 어느 위치와 일치시키는가?
① 수면계의 최상단부   ② 수면계의 2/3위치
③ 수면계의 1/2위치   ④ 수면계의 최하단부

24 왕복동식 펌프가 아닌 것은?
① 플런저 펌프   ② 피스톤 펌프
③ 터빈 펌프   ④ 다이어프램 펌프

25 어떤 보일러의 증발량이 40t/h이고, 보일러 본체의 전열면적이 580m² 일 때 이 보일러의 증발률은?
① 14kg/m²·h   ② 44kg/m²·h
③ 57kg/m²·h   ④ 69kg/m²·h

26 보일러의 수위제어 검출방식의 종류로 가장 거리가 먼 것은?
① 피스톤식 ② 전극식
③ 플로트식 ④ 열팽창관식

27 자연통풍 방식에서 통풍력이 증가되는 경우가 아닌 것은?
① 연돌의 높이가 낮은 경우
② 연돌의 단면적이 큰 경우
③ 연도의 굴곡수가 적은 경우
④ 배기가스의 온도가 높은 경우

28 액체 연료의 주요 성상으로 가장 거리가 먼 것은?
① 비중 ② 점도
③ 부피 ④ 인화점

29 절탄기에 대한 설명으로 옳은 것은?
① 연소용 공기를 예열하는 장치이다.
② 보일러의 급수를 예열하는 장치이다.
③ 보일러용 연료를 예열하는 장치이다.
④ 연소용 공기와 보일러 급수를 예열하는 장치이다.

30 보일러를 장기간 사용하지 않고 보존하는 방법으로 가장 적당한 것은?
① 물을 가득 채워 보존한다.
② 배수하고 물이 없는 상태로 보존한다.
③ 1개월에 1회씩 급수를 공급 교환한다.
④ 건조 후 생석회 등을 넣고 밀봉하여 보존한다.

31 하트포드 접속법(hart-ford connection)을 사용하는 난방방식은?
① 저압 증기난방 ② 고압 증기난방
③ 저온 온수난방 ④ 고온 온수난방

32 온수난방설비에서 온수, 온도차에 의한 비중력차로 순환하는 방식으로 단독주택이나 소규모 난방에 사용되는 난방방식은?
① 강제순환식 난방 ② 하향순환식 난방
③ 자연순환식 난방 ④ 상향순환식 난방

33 압축기 진동과 서징, 관의 수격작용, 지진 등에서 발생하는 진동을 억제하기 위해 사용되는 지지 장치는?
① 벤드벤 ② 플랩 밸브
③ 그랜드 패킹 ④ 브레이스

34 온수보일러에 팽창탱크를 설치하는 주된 이유로 옳은 것은?
① 물의 온도 상승에 따른 체적팽창에 의한 보일러의 파손을 막기 위한 것이다.
② 배관 중의 이물질을 제거하여 연료의 흐름을 원활히 하기 위한 것이다.
③ 온수 순환펌프에 의한 맥동 및 캐비테이션을 방지하기 위한 것이다.
④ 보일러, 배관, 방열기 내에 발생한 스케일 및 슬러지를 제거하기 위한 것이다.

35 온수난방에서 방열기내 온수의 평균온도가 82°C, 실내온도가 18°C이고, 방열기의 방열계수가 6.8 kcal/m²·h·°C인 경우 방열기의 방열량은?
① 650.9kcal/m²·h ② 557.6kcal/m²·h
③ 450.7kcal/m²·h ④ 435.2kcal/m²·h

36 보일러 설치·시공 기준상 유류보일러의 용량이 시간당 몇 톤 이상이면 공급 연료량에 따라 연소용 공기를 자동 조절하는 기능이 있어야 하는가? (단, 난방 보일러인 경우이다.)
① 1t/h ② 3t/h
③ 5t/h ④ 10t/h

37 포밍, 플라이밍의 방지 대책으로 부적합한 것은?
① 정상 수위로 운전할 것
② 급격한 과연소를 하지 않을 것
③ 주증기 밸브를 천천히 개방할 것
④ 수저 또는 수면 분출을 하지 말 것

38 증기보일러의 기타 부속장치가 아닌 것은?
① 비수방지관 ② 기수분리기
③ 팽창탱크 ④ 급수내관

39 온도 25°C의 급수를 공급받아 엔탈피가 725kcal/kg의 증기를 1시간당 2310kg을 발생시키는 보일러의 상당 증발량은?
① 1500kg/h ② 3000kg/h
③ 4500kg/h ④ 6000kg/h

40 다음 중 가스관의 누설검사 시 사용하는 물질로 가장 적합한 것은?
① 소금물 ② 증류수
③ 비눗물 ④ 기름

41 보일러 사고의 원인 중 제작상의 원인에 해당 되지 않는 것은?
① 구조와 불량 ② 강도부족
③ 재료의 불량 ④ 압력초과

42 열팽창에 대한 신축이 방열기에 영향을 미치지 않도록 주로 증기 및 온수난방용 배관에 사용되며, 2개 이상의 엘보를 사용하는 신축 이음은?
① 벨로즈 이음 ② 루프형 이음
③ 슬리브 이음 ④ 스위블 이음

43 보일러 급수 중의 용존(용해) 고형물을 처리하는 방법으로 부적합한 것은?
① 증류법 ② 응집법
③ 약품 첨가법 ④ 이온 교환법

44 난방부하를 구성하는 인자에 속하는 것은?
① 관류 열손실
② 환기에 의한 취득열량
③ 유리창으로 통한 취득 열량
④ 벽, 지붕 등을 통한 취득열량

45 증기보일러에는 2개 이상의 안전밸브를 설치하여야 하는 반면에 1개 이상으로 설치 가능한 보일러의 최대 전열면적은?
① 50m² ② 60m²
③ 70m² ④ 80m²

46 증기난방에서 저압증기 환수관이 진공펌프의 흡입구보다 낮은 위치에 있을 때 응축수를 원활히 끌어올리기 위해 설치하는 것은?
① 하트포드 접속(hartford connection)
② 플래시 레그(flash leg)
③ 리프트 피팅(lift fitting)
④ 냉각관(cooling leg)

47 중력순환식 온수난방법에 관한 설명으로 틀린 것은?
① 소규모 주택에 이용된다.
② 온수의 밀도차에 의해 온수가 순환한다.
③ 자연순환이므로 관경을 작게 하여도 된다.
④ 보일러는 최하위 방열기보다 더 낮은 곳에 설치한다.

48 연료의 연소 시 이론 공기량에 대한 실제 공기량의 비 즉, 공기 비(m)의 일반적인 값으로 옳은 것은?
① $m = 1$ ② $m < 1$
③ $m < 0$ ④ $m > 1$

49 보일러수 내처리 방법으로 용도에 따른 청관제로 틀린 것은?
① 탈산소제 - 염산, 알콜
② 연화제 - 탄산소다, 안산소다
③ 슬러지 조정제 - 탄닌, 리그닌
④ pH 조정제 - 인산소다, 암모니아

50 진공환수식 증기 난방장치의 리프트 이음 시 1단 흡상 높이는 최고 몇 m 이하로 하는가?
① 1.0 ② 1.5
③ 2.0 ④ 2.5

51 보일러 급수처리 방법 중 5000ppm 이하의 고형물 농도에서는 비경제적이므로 사용하지 않고, 선박용 보일러에 사용하는 급수를 얻을 때 주로 사용하는 방법은?
① 증류법 ② 가열법
③ 여과법 ④ 이온교환법

52 가스보일러에서 가스폭발의 예방을 위한 유의사항으로 틀린 것은?
① 가스압력이 적당하고 안정되어 있는지 점검한다.
② 화로 및 굴뚝의 통풍, 환기를 완벽하게 하는 것이 필요하다.
③ 점화용 가스의 종류는 가급적 화력이 낮은 것을 사용한다.
④ 착화 후 연소가 불안정할 때는 즉시 가스공급을 중단한다.

53 보일러드럼 및 대형헤더가 없고, 지름이 작은 전열관을 사용하는 관류보일러의 순환비는?
① 4　② 3
③ 2　④ 1

54 증기관이나 온수관 등에 대한 단열로서 불필요한 방열을 방지하고 인체에 화상을 입히는 위험방지 또는 실내공기의 이상온도 상승방지 등을 목적으로 하는 것은?
① 방로　② 보냉
③ 방한　④ 보온

55 효율관리 기자재가 최저소비효율기준에 미달하거나 최대사용량기준을 초과하는 경우 제조·수입·판매업자에게 어떠한 조치를 명할 수 있는가?
① 생산 또는 판매금지　② 제조 또는 설치금지
③ 생산 또는 세관금지　④ 제조 또는 시공금지

56 에너지이용 합리화법에 따라 산업통상자원부령으로 정하는 광고매체를 이용하여 효율관리기 자재의 광고를 하는 경우에는 그 광고 내용에 에너지소비 효율, 에너지소비효율등급을 포함시켜야 할 의무가 있는 자가 아닌 것은?
① 효율관리기자재의 제조업자
② 효율관리기자재의 광고업자
③ 효율관리기자재의 수입업자
④ 효율관리기자재의 판매업자

57 에너지이용합리화법상 에너지 진단기관의 지정기준은 누구의 령으로 정하는가?
① 대통령　② 시·도지사
③ 시공업자단체장　④ 산업통상자원부장관

58 열사용기자재 중 온수를 발생하는 소형온수보일러의 적용 범위로 옳은 것은?
① 전열면적 12m^2 이하, 최고사용압력 0.25MPa 이하의 온수를 발생하는 것
② 전열면적 14m^2 이하, 최고사용압력 0.25MPa 이하의 온수를 발생하는 것
③ 전열면적 12m^2 이하, 최고사용압력 0.35MPa 이하의 온수를 발생하는 것
④ 전열면적 14m^2 이하, 최고사용압력 0.35MPa 이하의 온수를 발생하는 것

59 에너지법에서 정한 지역에너지계획을 수립·시행하여야 하는 자는?
① 행정자치부장관
② 산업통상자원부장관
③ 한국에너지공단 이사장
④ 특별시장·광역시장·도지사 또는 특별자치도지사

60 검사대상기기 조종범위 용량이 10t/h 이하인 보일러의 조종자 자격이 아닌 것은?
① 에너지관리기사
② 에너지관리기능장
③ 에너지관리기능사
④ 인정검사대상기기조종자 교육이수자

2016년 2회 기출 복원 문제
2016년 4월 2일

01 압력에 대한 설명으로 옳은 것은?
① 단위 면적당 작용하는 힘이다.
② 단위 부피당 작용하는 힘이다.
③ 물체의 무게를 비중량으로 나눈 값이다.
④ 물체의 무게에 비중량을 곱한 값이다.

02 유류버너의 종류 중 수 기압(MPa)의 분무매체를 이용하여 연료를 분무하는 형식의 버너로서 2유체 버너라고도 하는 것은?
① 고압기류식 버너   ② 유압식 버너
③ 회전식 버너   ④ 환류식 버너

03 증기보일러의 효율 계산식을 바르게 나타낸 것은?
① 효율(%) = (상당증발량 × 538.8) / (연료소비량 × 연료의 발열량) × 100
② 효율(%) = (증기소비량 × 538.8) / (연료소비량 × 연료의 비중) × 100
③ 효율(%) = (급수량 × 538.8) / (연료소비량 × 연료의 발열량) × 100
④ 효율(%) = 급수사용량 / 증기 발열량 × 100

04 보일러 열효율 정산방법에서 열정산을 위한 액체연료량을 측정할 때, 측정의 허용오차는 일반적으로 몇 %로 하여야 하는가?
① ±1.0%   ② ±1.5%
③ ±1.6%   ④ ±2.0%

05 중유 예열기의 가열하는 열원의 종류에 따른 분류가 아닌 것은?
① 전기식   ② 가스식
③ 온수식   ④ 증기식

06 공기비를 m, 이론 공기량을 A_o라고 할 때, 실제 공기량 A를 계산하는 식은?
① $A = m \cdot A_o$ ② $A = m / A_o$
③ $A = 1 / (m \cdot A_o)$ ④ $A = A_o - m$

07 보일러 급수장치의 일종인 인젝터 사용 시 장점에 관한 설명으로 틀린 것은?
① 급수 예열 효과가 있다.
② 구조가 간단하고 소형이다.
③ 설치에 넓은 장소를 요하지 않는다.
④ 급수량 조절이 양호하여 급수의 효율이 높다.

08 다음 중 슈미트 보일러는 보일러 분류에서 어디에 속하는가?
① 관류식   ② 간접가열식
③ 자연순환식   ④ 강제순환식

09 보일러의 안전장치에 해당되지 않는 것은?
① 방폭문   ② 수위계
③ 화염검출기   ④ 가용마개

10 보일러의 시간당 증발량 1100kg/h, 증기엔탈피 650kcal/kg, 급수 온도 30℃일 때, 상당증발량은?
① 1050kg/h   ② 1265kg/h
③ 1415kg/h   ④ 1733kg/h

11 보일러의 자동연소제어와 관련이 없는 것은?
① 증기압력 제어   ② 온수온도 제어
③ 내압 제어   ④ 수위 제어

12 보일러의 과열방지장치에 대한 설명으로 틀린 것은?
① 과열방지용 온도퓨즈는 373K 미만에서 확실히 작동하여야 한다.
② 과열방지용 온도퓨즈가 작동한 경우 일정시간 후 재점화되는 구조로 한다.
③ 과열방지용 온도퓨즈는 봉인을 하고 사용자가 변경할 수 없는 구조로 한다.
④ 일반적으로 용해전은 369~371K에 용해되는 것을 사용한다.

정답 01 ① 02 ① 03 ① 04 ④ 05 ② 06 ① 07 ④ 08 ② 09 ② 10 ② 11 ④ 12 ②

13 보일러 급수처리의 목적으로 볼 수 없는 것은?
① 부식의 방지
② 보일러수와 농축방지
③ 스케일생성 방지
④ 역화 방지

14 배기가스 중에 함유되어 있는 CO₂, O₂, CO 3가지 성분을 순서대로 측정하는 가스 분석계는?
① 전기식 CO계
② 헴펠식 가스 분석계
③ 오르자트 가스 분석계
④ 가스 크로마토 그래픽 가스 분석계

15 보일러 부속장치에 관한 설명으로 틀린 것은?
① 기수분리기 : 증기 중에 혼입된 수분을 분리하는 장치
② 슈트 블로워 : 보일러 동 저면의 스케일, 침전물 등을 밖으로 배출하는 장치
③ 오일스트레이너 : 연료 속의 불순물 방지 및 유량계 펌프 등의 고장을 방지하는 장치
④ 스팀 트랩 : 응축수를 자동으로 배출하는 장치

16 일반적으로 보일러 판넬 내부 온도는 몇 °C를 넘지 않도록 하는 것이 좋은가?
① 60°C
② 70°C
③ 80°C
④ 90°C

17 함진 배기가스를 액방울이나 액막에 충돌시켜 분진 입자를 포집 분리하는 집진장치는?
① 중력식 집진장치
② 관성력식 집진장치
③ 원심력식 집진장치
④ 세정식 집진장치

18 보일러 인터록과 관계가 없는 것은?
① 압력초과 인터록
② 저수위 인터록
③ 불착화 인터록
④ 급수장치 인터록

19 상태변화 없이 물체의 온도 변화에만 소요되는 열량은?
① 고체열
② 현열
③ 액체열
④ 잠열

20 보일러용 오일 연료에서 성분분석 결과 수소 12.0%, 수분 0.3%라면, 저위발열량은? (단, 연료의 고위발열량은 10600kcal/kg이다.)
① 6500kcal/kg
② 7600kcal/kg
③ 8590kcal/kg
④ 9950kcal/kg

21 보일러에서 보염장치의 설치목적에 대한 설명으로 틀린 것은?
① 화염의 전기전도성을 이용한 검출을 실시한다.
② 연소용 공기의 흐름을 조절하여 준다.
③ 화염의 형상을 조절 한다.
④ 확실한 착화가 되도록 한다.

22 증기사용압력이 같거나 또는 다른 여러 개의 증기사용 설비의 드레인관을 하나로 묶어 한 개의 트랩으로 설치한 것을 무엇이라고 하는가?
① 플로트트랩
② 버킷트랩핑
③ 디스크트랩
④ 그룹트랩핑

23 보일러 윈드박스 주위에 설치되는 장치 또는 부품과 가장 거리가 먼 것은?
① 공기예열기
② 화염검출기
③ 착화버너
④ 투시구

24 보일러 운전 중 정전이나 실화로 인하여 연료의 누설이 발생하여 갑자기 점화되었을 때 가스폭발방지를 위해 연료공급을 차단하는 안전장치는?
① 폭발문
② 수위경보기
③ 화염검출기
④ 안전밸브

25 다음 중 보일러에서 연소가스의 배기가 잘 되는 경우는?
① 연도의 단면적이 작을 때
② 배기가스 온도가 높을 때
③ 연도에 급한 굴곡이 있을 때
④ 연도에 공기가 많이 침입 될 때

26 전열면적이 40m² 인 수직 연관보일러를 2시간 연소시킨 결과 4000kg의 증기가 발생하였다. 이 보일러의 증발률은?
① 40kg/m²·h
② 30kg/m²·h
③ 60kg/m²·h
④ 50kg/m²·h

27 다음 중 보일러 스테이(stay)의 종류로 거리가 먼 것은?
① 거싯(gusset)스테이 ② 바(bar)스테이
③ 튜브(tube)스테이 ④ 너트(nut)스테이

28 과열기의 종류 중 열가스 흐름에 의한 구분 방식에 속하지 않는 것은?
① 병류식 ② 접촉식
③ 향류식 ④ 혼류식

29 고체 연료의 고위발열량으로부터 저위발열량을 산출할 때 연료속의 수분과 다른 한 성분의 함유율을 가지고 계산하여 산출할 수 있는데 이 성분은 무엇인가?
① 산소 ② 수소
③ 유황 ④ 탄소

30 상용 보일러의 점화전 준비 사항에 관한 설명으로 틀린 것은?
① 수저분출밸브 및 분출 콕의 기능을 확인하고, 조금씩 분출되도록 약간 개방하여 둔다.
② 수면계에 의하여 수위가 적정한지 확인한다.
③ 급수배관의 밸브가 열려있는지, 급수펌프의 가능은 정상인지 확인한다.
④ 공기빼기 밸브는 증기가 발생하기 전까지 열어 놓는다.

31 도시가스 배관의 설치에서 배관의 이음부(용접이음매 제외)와 전기점멸기 및 전기접속기와의 거리는 최소 얼마 이상 유지해야 하는가?
① 10cm ② 15cm
③ 30cm ④ 60cm

32 증기보일러에는 2개 이상의 안전밸브를 설치하여야 하지만, 전열면적이 몇 이하인 경우에는 1개 이상으로 해도 되는가?
① 80m² ② 70m²
③ 60m² ④ 50m²

33 배관 보온재와 선정 시 고려해야 할 사항으로 가장 거리가 먼 것은?
① 전사용 온도 범위 ② 보온재의 가격
③ 해체의 편리성 ④ 공사 현장의 작업

34 증기주관의 관말트랩 배관의 드레인 포켓과 냉각관 시공 요령이다. 다음 ( )안에 적절한 것은?

증기주관에서 응축수를 건식환수관에 배출하려면 주관과 동경으로 (㉠) 이상 내리고 하부로 (㉡)mm 이상 연장하여 (㉢)을(를) 만들어준다. 냉각관은 (㉣) 앞에서 1.5m 이상 나관으로 배관한다.

① ㉠ 150, ㉡ 100, ㉢ 트랩, ㉣ 드레인 포켓
② ㉠ 100, ㉡ 150, ㉢ 드레인 포켓, ㉣ 트랩
③ ㉠ 150, ㉡ 100, ㉢ 드레인 포켓, ㉣ 드레인 밸브
④ ㉠ 100, ㉡ 150, ㉢ 드레인 밸브, ㉣ 드레인 포켓

35 파이프와 파이프를 홈 조인트로 체결하기 위하여 파이프 끝을 가공하는 기계는?
① 띠톱 기계
② 파이프 벤딩기
③ 동력파이프 나사절삭기
④ 그루빙 조인트 머신

36 보일러 보존 시 동결사고가 예상될 때 실시하는 밀폐식 보존법은?
① 건조 보존법 ② 만수 보존법
③ 화학적 보존법 ④ 습식 보존법

37 온수난방 배관 시공 시 이상적인 기울기는 얼마인가?
① 1/100 이상 ② 1/150 이상
③ 1/200 이상 ④ 1/250 이상

38 온수난방 설비의 내림구배 배관에서 배관 아랫면을 일치시키고자 할 때 사용되는 이음쇠는?
① 소켓 ② 편심 레듀셔
③ 유니언 ④ 이경엘보

39 두께 150mm, 면적이 15m²인 벽이 있다. 내면 온도는 200°C, 외면 온도가 20°C일 때 벽을 통한 열손실량은? (단, 열전도율은 0.25kcal/m·h·°C이다.)
① 101kcal/h ② 675kcal/h
③ 2345kcal/h ④ 4500kcal/h

40 보일러수에 불순물이 많이 포함되어 보일러수의 비등과 함께 수면부근에게 거품의 층을 형성하여 수위가 불안정하게 되는 현상은?
① 포밍　　　　② 프라이밍
③ 캐리오버　　④ 공동현상

41 수질이 불량하여 보일러에 미치는 영향으로 가장 거리가 먼 것은?
① 보일러의 수명과 열효율에 영향을 준다.
② 고압보다 저압일수록 장애가 더욱 심하다.
③ 부식현상이나 증기의 질이 불순하게 된다.
④ 수질이 불량하면 관계통에 관석이 발생한다.

42 다음 보온재 중 유기질 보온재에 속하는 것은?
① 규조토　　　② 탄산마그네슘
③ 유리섬유　　④ 기포성수지

43 관의 접속 상태·결합방식의 표시방법에서 용접이음을 나타내는 그림기호로 맞는 것은?

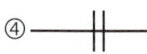

44 보일러 점화불량의 원인으로 가장 거리가 먼 것은?
① 댐퍼작동 불량
② 파일로트 오일 불량
③ 공기비의 조정 불량
④ 점화용 트랜스의 전기 스파크 불량

45 다음 방열기 도시기호 중 벽걸이 종형 도시기호는?
① W - H　　② W - V
③ W - Ⅱ　　④ W - Ⅲ

46 배관 지지구의 종류가 아닌 것은?
① 파이프 슈　　② 콘스탄트 행거
③ 리지드 서포트　　④ 소켓

47 보온시공 시 주의사항에 대한 설명으로 틀린 것은?
① 보온재와 보온재의 틈새는 되도록 적게 한다.
② 겹침부의 이음새는 동일 선상을 피해서 부착한다.
③ 테이프 감기는 물, 먼지 등의 침입을 막기 위해 위에서 아래쪽으로 향하여 감아 내리는 것이 좋다.
④ 보온의 끝 단면은 사용하는 보온재 및 보온 목적에 따라서 필요한 보호를 한다.

48 온수난방에 관한 설명으로 틀린 것은?
① 단관식은 보일러에서 멀어질수록 온수의 온도가 낮아진다.
② 4관식은 방열량의 변화가 일어나지 않고 밸브의 조절로 방열량을 가감할 수 있다.
③ 역귀환 방식은 각 방열기의 방열량이 거의 일정하다.
④ 증기난방에 비하여 소요방열면적과 배관경이 작게 되어 설비비를 비교적 절약할 수 있다.

49 온수보일러에서 팽창탱크를 설치할 경우 주의사항으로 틀린 것은?
① 밀폐식 팽창탱크의 경우 상부에 물빼기 관이 있어야 한다.
② 100℃의 혼수에도 충분히 견딜 수 있는 재료를 사용하여야 한다.
③ 내식성 재료를 사용하거나 내식 처리된 탱크를 설치하여야 한다.
④ 동결우려가 있을 경우에는 보온을 한다.

50 보일러 내부부식에 속하지 않는 것은?
① 점식　　② 저온부식
③ 구식　　④ 알카리부식

51 보일러 내부의 건조방식에 대한 설명 중 틀린 것은?
① 건조제로 생석회가 사용된다.
② 가열장치로 서서히 가열하여 건조시킨다.
③ 보일러 내부 건조 시 사용되는 기화성 부식 억제제(VCI)는 물에 녹지 않는다.
④ 보일러 내부 건조 시 사용되는 기화성 부식 억제제(VCI)는 건조제와 병용하여 사용할 수 있다.

52 증기 난방시공에서 진공환수식으로 하는 경우 리프트 피팅(lift fitting)을 설치하는데, 1단의 흡상높이로 적절한 것은?
① 1.5m 이내
② 2.0m 이내
③ 2.5m 이내
④ 3.0m 이내

53 배관의 나사이음과 비교한 용접 이음에 관한 설명으로 틀린 것은?
① 나사 이음부와 같이 관의 두께에 불균일한 부분이 없다.
② 돌기부가 없어 배관상의 공간효율이 좋다.
③ 이음부의 강도가 적고, 누수의 우려가 크다.
④ 변형과 수축, 잔류응력이 발생할 수 있다.

54 보일러 외부부식의 한 종류인 고온부식을 유발하는 주된 성분은?
① 황
② 수소
③ 인
④ 바나듐

55 에너지이용 합리화법에 따라 고시한 효율관리기자재 운용규정에 따라 가정용 가스보일러의 최저소비효율기준은 몇 %인가?
① 63%
② 68%
③ 76%
④ 86%

56 에너지다소비사업자는 산업 통상자원부령이 정하는 바에 따라 전년도의 분기별 에너지사용량·제품생산량을 그 에너지사용 시설이 있는 지역을 관할하는 시·도지사에게 매년 언제까지 신고해야 하는가?
① 1월 31일까지
② 3월 31일까지
③ 5월 31일까지
④ 9월 30일까지

57 저탄소 녹색성장 기본법에서 사람의 활동에 수반하여 발생하는 온실가스가 대기 중에 축적되어 온실가스 농도를 증가시킴으로써 지구 전체적으로 지표 및 대기의 온도가 추가적으로 상승하는 현상을 나타내는 용어는?
① 지구온난화
② 기후변화
③ 자원순환
④ 녹색경영

58 에너지이용 합리화법에 따라 산업통상 자원부장관 또는 시·도지사로부터 한국에너지공단에 위탁된 업무가 아닌 것은?
① 에너지사용계획의 검토
② 고효율시험기관의 지정
③ 대기전력경고표지대상제품의 측정결과 신고의 접수
④ 대기전력저감대상제품의 측정결과 신고의 접수

59 에너지이용 합리화법에서 효율관리기자재의 제조업자 또는 수입업자가 효율관리기자재의 에너지 사용량을 측정 받는 기관은?
① 산업통상자원부장관이 지정하는 시험기관
② 제조업자 또는 수입업자의 검사기관
③ 환경부장관이 지정하는 진단기관
④ 시·도지사가 지정하는 측정기관

60 에너지이용 합리화법에서 정한 국가에너지절약추진위원회의 위원장은?
① 산업통상자원부장관
② 국토교통부장관
③ 국무총리
④ 대통령

정답 52 ① 53 ③ 54 ④ 55 ③ 56 ① 57 ① 58 ② 59 ① 60 ①

2016년 3회 기출 복원 문제
2016년 7월 10일

01 비점이 낮은 물질인 수은, 다우섬 등을 사용하여 저압에서도 고온을 얻을 수 있는 보일러는?
① 관류식 보일러
② 열매체식 보일러
③ 노통연관식 보일러
④ 자연순환 수관식 보일러

02 90℃의 물 1000kg에 15℃의 물 2000kg을 혼합시키면 온도는 몇 ℃가 되는가?
① 40　② 30
③ 20　④ 10

03 보일러 효율 시험방법에 관한 설명으로 틀린 것은?
① 급수온도는 절탄기가 있는 것은 절탄기 입구에서 측정한다.
② 배기가스의 온도는 전열면의 최종 출구에서 측정한다.
③ 포화증기의 압력은 보일러 출구의 압력으로 부르돈관식 압력계로 측정한다.
④ 증기온도의 경우 과열기가 있을 때는 과열기 입구에서 측정한다.

04 보일러의 최고사용압력이 0.1MPa 이하일 경우 설치 가능한 과압방지 안전장치의 크기는?
① 호칭지름 5mm　② 호칭지름 10mm
③ 호칭지름 15mm　④ 호칭지름 20mm

05 연관보일러에서 연관에 대한 설명으로 옳은 것은?
① 관의 내부로 열가스가 지나가는 관
② 관의 외부로 연소가스가 지나가는 관
③ 관의 내부로 증기가 지나가는 관
④ 관의 내부로 물이 지나가는 관

06 고체연료에 대한 연료비를 가장 잘 설명한 것은?
① 고정탄소와 휘발분의 비
② 회분과 휘발분의 비
③ 수분과 회분의 비
④ 탄소와 수소의 비

07 석탄의 함유 성분이 많을수록 연소에 미치는 영향에 대한 설명으로 틀린 것은?
① 수분 : 착화성이 저하된다.
② 회분 : 연소 효율이 증가한다.
③ 고정탄소 : 발열량이 증가한다.
④ 휘발분 : 검은 매연이 발생하기 쉽다.

08 다음 중 보일러의 손실열 중 가장 큰 것은?
① 연료의 불완전연소에 의한 손실열
② 노내 분입증기에 의한 손실열
③ 과잉 공기에 의한 손실열
④ 배기가스에 의한 손실열

09 다음 중 수관식 보일러 종류가 아닌 것은?
① 다꾸마 보일러　② 가르베 보일러
③ 야로우 보일러　④ 하우덴 존슨 보일러

10 어떤 보일러의 연소효율이 92%, 전열면 효율이 85%이면 보일러 효율은?
① 73.2%　② 74.8%
③ 78.2%　④ 82.8%

11 원심형 송풍기에 해당하지 않는 것은?
① 터보형　② 다익형
③ 플레이트형　④ 프로펠러형

12 보일러 수위제어 검출방식에 해당되지 않는 것은?
① 유속식　② 전극식
③ 차압식　④ 열팽창식

13 보일러의 자동제어에서 제어량에 따른 조작량의 대상으로 옳은 것은?
① 증기온도 : 연소가스량
② 증기압력 : 연료량
③ 보일러수위 : 공기량
④ 노내압력 : 급수량

14 화염 검출기에서 검출되어 프로텍터 릴레이로 전달된 신호는 버너 및 어떤 장치로 다시 전달되는가?
① 압력제한 스위치   ② 저수위 경보장치
③ 연료차단 밸브   ④ 안전밸브

15 기체 연료의 특징으로 틀린 것은?
① 연소조절 및 점화나 소화가 용이하다.
② 시설비가 적게 들며 저장이나 취급이 편리하다.
③ 회분이나 매연발생이 없어서 연소 후 청결하다.
④ 연료 및 연소용 공기도 예열되어 고온을 얻을 수 있다.

16 증기의 압력에너지를 이용하여 피스톤을 작동시켜 급수를 행하는 펌프는?
① 워싱턴 펌프   ② 기어 펌프
③ 볼류트 펌프   ④ 디퓨져 펌프

17 유류 보일러 시스템에서 중유를 사용할 때 흡입측의 여과망 눈 크기로 적합한 것은?
① 1 ~ 10mesh   ② 20 ~ 60mesh
③ 100 ~ 150mesh   ④ 300 ~ 500mesh

18 절탄기에 대한 설명으로 옳은 것은?
① 절탄기의 설치방식은 혼합식과 분배식이 있다.
② 절탄기의 급수예열 온도는 포화온도 이상으로 한다.
③ 연료의 절약과 증발량의 감소 및 열효율을 감소시킨다.
④ 급수와 보일러수의 온도차 감소로 열응력을 줄여준다.

19 유류연소 버너에서 기름의 예열온도가 너무 높은 경우에 나타나는 주요 현상으로 옳은 것은?
① 버너 화구의 탄화물 축적
② 버너용 모터의 마모
③ 진동, 소음의 발생
④ 점화불량

20 습증기의 엔탈피 hx를 구하는 식으로 옳은 것은?
(단, h:포화수의 엔탈피, x:건조도, r:증발잠열(숨은열), v:포화수의 비체적)
① hx = h + x   ② hx = h + r
③ hx = h + xr   ④ hx = v + h + xr

21 화염 검출기의 종류 중 화염의 이온화 현상에 따른 전기 전도성을 이용하여 화염의 유무를 검출하는 것은?
① 플레임로드   ② 플레임아이
③ 스택스위치   ④ 광전관

22 비열이 0.6kcal/kg·℃인 어떤 연료 30kg을 15℃에서 35℃까지 예열하고자 할 때 필요한 열량은 몇 kcal 인가?
① 180   ② 360
③ 450   ④ 600

23 보일러 1마력을 열량으로 환산하면 약 몇 kcal/h 인가?
① 15.65   ② 539
③ 1078   ④ 8435

24 다음 중 보일러수 분출의 목적이 아닌 것은?
① 보일러수의 농축을 방지한다.
② 프라이밍, 포밍을 방지한다.
③ 관수의 순환을 좋게 한다.
④ 포화증기를 과열증기로 증기의 온도를 상승시킨다.

25 대형보일러인 경우에 송풍기가 작동하지 않으면 전자밸브가 열리지 않고, 점화를 저지하는 인터록은?
① 프리퍼지 인터록   ② 불착화 인터록
③ 압력초과 인터록   ④ 저수위 인터록

26 분진가스를 집진기내에 충돌시키거나 열가스의 흐름을 반전시켜 급격한 기류의 방향전환에 의해 분진을 포집하는 집진장치는?
① 중력식 집진장치
② 관성력식 집진장치
③ 사이클론식 집진장치
④ 멀티사이클론식 집진장치

27 가압수식을 이용한 집진장치가 아닌 것은?
① 제트 스크러버　② 충격식 스크러버
③ 벤튜리 스크러버　④ 사이클론 스크러버

28 보일러 부속장치에서 연소가스의 저온부식과 가장 관계가 있는 것은?
① 공기예열기　② 과열기
③ 재생기　④ 재열기

29 비교적 많은 동력이 필요하나 강한 통풍력을 얻을 수 있어 통풍저항이 큰 대형 보일러나 고성능 보일러에 널리 사용되고 있는 통풍 방식은?
① 자연통풍 방식　② 평형통풍 방식
③ 직접흡입 통풍 방식　④ 간접흡입 통풍 방식

30 보일러 강판의 가성취화 현상의 특징에 관한 설명으로 틀린 것은?
① 고압보일러에서 보일러수의 알칼리 농도가 높은 경우에 발생한다.
② 발생하는 장소로는 수면상부의 리벳과 리벳 사이에 발생하기 쉽다.
③ 발생하는 장소로는 관구멍 등 응력이 집중하는 곳의 틈이 많은 곳이다.
④ 외견상 부식성이 없고, 극히 미세한 불규칙적인 방사상 형태를 하고 있다.

31 급수 중 불순물에 의한 장해나 처리방법에 대한 설명으로 틀린 것은?
① 현탁고형물의 처리방법에는 침강분리, 여과, 응집침전 등이 있다.
② 경도성분은 이온 교환으로 연화시킨다.
③ 유지류는 거품의 원인이 되나, 이온교환수지의 능력을 향상시킨다.
④ 용존산소는 급수계통 및 보일러 본체의 수관을 산화 부식시킨다.

32 보일러 전열면의 과열 방지대책으로 틀린 것은?
① 보일러내의 스케일을 제거한다.
② 다량의 불순물로 인해 보일러수가 농축되지 않게 한다.
③ 보일러의 수위가 안전 저수면 이하가 되지 않도록 한다.
④ 화염을 국부적으로 집중 가열한다.

33 중력환수식 온수난방법의 설명으로 틀린 것은?
① 온수의 밀도차에 의해 온수가 순환한다.
② 소규모 주택에 이용된다.
③ 보일러는 최하위 방열기보다 더 낮은 곳에 설치한다.
④ 자연순환이므로 관경을 작게 하여도 된다.

34 증기난방에서 환수관의 수평 배관에서 관경이 가늘어지는 경우 편심 리듀서를 사용하는 이유로 적합한 것은?
① 응축수의 순환을 억제하기 위해
② 관의 열팽창을 방지하기 위해
③ 동심 리듀셔보다 시공을 단축하기 위해
④ 응축수의 체류를 방지하기 위해

35 온수난방 설비의 밀폐식 팽창탱크에 설치되지 않는 것은?
① 수위계　② 압력계
③ 배기관　④ 안전밸브

36 다른 보온재에 비하여 단열 효과가 낮으며, 500℃ 이하의 파이프, 탱크, 노벽 등에 사용하는 보온재는?
① 규조토　② 암면
③ 기포성수지　④ 탄산마그네슘

37 압력배관용 탄소강관의 KS 규격기호는?
① SPPS　② SPLT
③ SPP　④ SPPH

38 보일러성능시험에서 강철제 증기보일러의 증기건도는 몇 % 이상이어야 하는가?
① 89　② 93
③ 95　④ 98

39 난방설비 배관이나 방열기에서 높은 위치에 설치해야 하는 밸브는?
① 공기빼기 밸브　② 안전밸브
③ 전자밸브　④ 플로트 밸브

40 온수온돌의 방수처리에 대한 설명으로 적절하지 않은 것은?
① 다층건물에 있어서도 전층의 온수온돌에 방수처리를 하는 것이 좋다.
② 방수처리는 내식성이 있는 루핑, 비닐, 방수몰탈로 하며, 습기가 스며들지 않도록 완전히 밀봉한다.
③ 벽면으로 습기가 올라오는 것을 대비하여 온돌바닥보다 약 10 cm 이상 위까지 방수처리를 하는 것이 좋다.
④ 방수처리를 함으로써 열손실을 감소시킬 수 있다.

41 기름보일러에서 연소 중 화염이 점멸 하는 등 연소 불안정이 발생하는 경우가 있다. 그 원인으로 가장 거리가 먼 것은?
① 기름의 점도가 높을 때
② 기름 속에 수분이 혼입되었을 때
③ 연료의 공급 상태가 불안정한 때
④ 노내가 부압(負壓)인 상태에서 연소했을 때

42 진공환수식 증기난방 배관시공에 관한 설명으로 틀린 것은?
① 증기주관은 흐름 방향에 1/200~1/300의 앞내림 기울기로 하고 도중에 수직 상향부가 필요한 때 트랩장치를 한다.
② 방열기 분기관 등에서 앞단에 트랩장치가 없을 때에는 1/50~1/100의 앞올림 기울기로 하여 응축수를 주관에 역류시킨다.
③ 환수관에 수직 상향부가 필요한 때에는 리프트 피팅을 써서 응축수가 위쪽으로 배출되게 한다.
④ 리프트 피팅은 될 수 있으면 사용개소를 많게 하고 1단을 2.5m 이내로 한다.

43 어떤 강철제 증기보일러의 최고사용압력이 0.35 MPa이면 수압시험 압력은?
① 0.35 MPa   ② 0.5 MPa
③ 0.7 MPa   ④ 0.95 MPa

44 전열면적 12m²인 보일러의 급수밸브의 크기는 호칭 몇 A 이상이어야 하는가?
① 15   ② 20
③ 25   ④ 32

45 배관의 관 끝을 막을 때 사용하는 부품은?
① 엘보   ② 소켓
③ 티   ④ 캡

46 보온재의 열전도율과 온도와의 관계를 맞게 설명한 것은?
① 온도가 낮아질수록 열전도율은 커진다.
② 온도가 높아질수록 열전도율은 작아진다.
③ 온도가 높아질수록 열전도율은 커진다.
④ 온도에 관계없이 열전도율은 일정하다.

47 보일러에서 발생한 증기를 송기할 때의 주의사항으로 틀린 것은?
① 주증기관 내의 응축수를 배출시킨다.
② 주증기 밸브를 서서히 연다.
③ 송기한 후에 압력계의 증기압 변동에 주의 한다.
④ 송기한 후에 밸브의 개폐상태에 대한 이상 유무를 점검하고 드레인 밸브를 열어 놓는다.

48 실내의 천장 높이가 12m인 극장에 대한 증기난방 설비를 설계 하고자 한다. 이때의 난방부하 계산을 위한 실내 평균온도는? (단, 호흡선 1.5m에서의 실내온도는 18℃ 이다.)
① 23.5℃   ② 26.1℃
③ 29.8℃   ④ 32.7℃

49 난방부하가 2250kcal/h인 경우 온수방열기의 방열면적은? (단, 방열기의 방열량은 표준방열량으로 한다.)
① 3.5m²   ② 4.5m²
③ 5.0m²   ④ 8.3m²

50 보일러의 내부 부식에 속하지 않는 것은?
① 점식   ② 구식
③ 알칼리 부식   ④ 고온 부식

51 보일러 사고의 원인 중 보일러 취급상의 사고원인이 아닌 것은?
① 재료 및 설계불량   ② 사용압력초과 운전
③ 저수위 운전   ④ 급수처리 불량

52 증기 트랩을 기계식, 온도조절식, 열역학적 트랩으로 구분할 때 온도조절식 트랩에 해당하는 것은?
① 버킷 트랩　② 플로트 트랩
③ 열동식 트랩　④ 디스크형 트랩

53 배관 중간이나 밸브, 펌프, 열교환기 등의 접속을 위해 사용되는 이음쇠로서 분해, 조립이 필요한 경우에 사용되는 것은?
① 벤드　② 리듀셔
③ 플랜지　④ 슬리브

54 글랜드 패킹의 종류에 해당하지 않는 것은?
① 편조 패킹　② 액상 합성수지 패킹
③ 플라스틱 패킹　④ 메탈 패킹

55 다음 에너지이용 합리화법의 목적에 관한 내용이다. ( )안의 A, B에 각각 들어갈 용어로 옳은 것은?

> 에너지이용 합리화법은 에너지의 수급을 안정시키고 에너지의 합리적이고 효율적인 이용을 증진하며 에너지소비로 인한 (A)을(를) 줄임으로써 국민 경제의 건전한 발전 및 국민복지의 증진과 (B)의 최소화에 이바지함을 목적으로 한다.

① A = 환경파괴, B = 온실가스
② A = 자연파괴, B = 환경피해
③ A = 환경피해, B = 지구온난화
④ A = 온실가스배출, B = 환경파괴

56 에너지법에 따라 에너지기술개발 사업비의 사업에 대한 지원항목에 해당되지 않는 것은?
① 에너지기술의 연구·개발에 관한 사항
② 에너지기술에 관한 국내협력에 관한 사항
③ 에너지기술의 수요조사에 관한 사항
④ 에너지에 관한 연구인력 양성에 관한 사항

57 에너지이용 합리화법에 따라 검사에 합격되지 아니한 검사대상기기를 사용한 자에 대한 벌칙은?
① 6개월 이하의 징역 또는 5백만 원 이하의 벌금
② 1년 이하의 징역 또는 1천만 원 이하의 벌금
③ 2년 이하의 징역 또는 2천만 원 이하의 벌금
④ 3년 이하의 징역 또는 3천만 원 이하의 벌금

58 에너지이용 합리화법상 시공업자단체의 설립, 정관의 기재 사항과 감독에 관하여 필요한 사항은 누구의 령으로 정하는가?
① 대통령령　② 산업통상자원부령
③ 고용노동부령　④ 환경부령

59 에너지이용 합리화법에 따라 고효율 에너지 인증대상 기자재에 포함되지 않는 것은?
① 펌프　② 전력용 변압기
③ LED 조명기기　④ 산업건물용 보일러

60 에너지 이용 합리화법 상 열사용기 자재가 아닌 것은?
① 강철제보일러　② 구멍탄용 온수보일러
③ 전기순간온수기　④ 2종 압력용기

PART III

모의고사

제1회 모의고사

01 일반적으로 보일러 열손실 중 가장 큰 비중을 차지하는 것은?
① 방열 및 기타 손실열
② 불완전연소에 의한 손실열
③ 미연소분에 의한 손실열
④ 배기가스에 의한 손실열

해 보일러 출열항목 중 가장 큰 열손실이 발생하는 것은 배기가스와 함께 배출되는 손실열이다.

02 보일러 오일버너 선정 시 유의할 사항과 관계가 없는 것은?
① 노내 압력과 분위기 등에 따른 가열조건에 적합할 것
② 버너 용량이 가열용량과 보일러 용량에 적합할 것
③ 자동제어의 경우 버너 형식과의 관계를 고려할 것
④ 급수의 수질을 고려할 것

해 오일 버너 선정 시 고려해야 할 사항
• 버너 용량이 보일러 용량에 적합할 것
• 부하변동에 대한 유량 조절범위를 고려할 것
• 자동제어 방식에 적합한 버너형식을 고려할 것
• 가열조건과 연소실 구조에 적합할 것

03 탄성체 압력계의 교정용 또는 검사용으로 사용되는 압력계는?
① 기준분동식 압력계
② 부르동관식 압력계
③ 벨로스식 압력계
④ 다이어프램식 압력계

해 (1) 기준분동식 압력계 : 탄성식 압력계의 교정 사용되는 1차 압력계로 램, 실린더, 기름탱크, 가압펌프 등으로 구성되며 사용유체에 따라 측정범위가 다르게 적용된다
(2) 사용유체에 따른 측정범위
• 경유 : 40~100[kgf/cm²]
• 스핀들유, 피마자유 : 100~1000[kgf/cm²]

04 다음 그림은 몇 요소 수위제어를 나타낸 것인가?

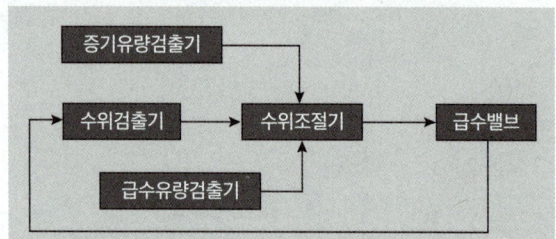

① 1요소 수위제어   ② 2요소 수위제어
③ 3요소 수위제어   ④ 4요소 수위제어

해 급수제어방법의 종류 및 검출대상(요소)

명칭	검출대상
1요소식	수위
2요소식	수위, 증기량
3요소식	수위, 증기량, 급수유량

05 증기보일러 수면계의 점검방법을 가장 올바르게 설명한 것은?
① 수면계는 1개의 수위만을 점검하면 된다.
② 보일러수의 증발이 가장 활발할 때만 점검한다.
③ 급수량만 검사하면 수면계는 확인할 필요가 없다.
④ 수면계는 항상 2개의 수면계 수위를 비교하여 일치하고 있음을 비교하여야 한다.

해 수면계 점검방법
• 수면계는 2개의 장치를 갖출 필요가 있고, 2개 가 있다고 그 하나를 예비로 생각해서는 안 되며, 2개 수면계의 양쪽을 비교하여 이상 유무를 판별한다.
• 수면계의 기능시험은 매일 실시한다. 시험은 점화할 때 압력이 있는 경우는 점화 직전에 실시하고, 압력이 없는 경우에는 증기압력이 상승하기 시작할 때에 실시한다.

06 다음 보기와 같은 특징을 갖고 있는 통풍방식은?

[보기]
- 연도의 끝이나 연돌 하부에 송풍기를 설치한다.
- 연도 내의 압력은 대기압보다 낮게 유지된다.
- 매연이나 부식성이 강한 배기가스가 통과하므로 송풍기의 고장이 자주 발생한다.

① 자연통풍 ② 압입통풍
③ 흡입통풍 ④ 평형통풍

해
- **자연통풍** : 일반적으로 별도의 동력을 사용하지 않고 연돌로 인한 통풍
- **압입통풍** : 연소용 공기를 송풍기로 노 입구에서 대기압보다 높은 압력으로 밀어 넣고 굴뚝의 통풍작용과 같이 통풍을 유지하는 방식
- **평형통풍** : 연소용 공기를 연소실로 밀어 넣는 방식

07 보일러사고의 원인 중 취급상의 원인이 아닌 것은?
① 부속장치 미비
② 최고사용압력 초과
③ 저수위로 인한 보일러 과열
④ 습기나 연소가스 속의 부식성 가스로 인한 외부 부식

해 부속장치 미비는 제작상의 원인이다.

08 보일러의 만수보존법이 적합한 경우는?
① 장기간 휴지할 때
② 단기간 휴지할 때
③ N_2 가스의 봉입이 필요할 때
④ 겨울철에 동결의 위험이 있을 때

해
- 만수보존법은 3개월 이하의 단기 보존법에 해당된다.
- 건조보존법은 6개월 이상의 장기 보존법에 해당된다.

09 최고사용압력이 $16kgf/cm^2$인 강철제 보일러의 수압시험 압력으로 맞는 것은?
① $6kgf/cm^2$ ② $16kgf/cm^2$
③ $24kgf/cm^2$ ④ $32kgf/cm^2$

해 $16 \times 1.5 = 24kgf/cm^2$
강철제 보일러
- 보일러의 최고사용압력이 0.43MPa 이하일 때에는 그 최고사용압력의 2배의 압력으로 한다.(다만, 그 시험압력이 0.2MPa 미만인 경우에 0.2MPa로 한다).
- 보일러의 최고사용압력이 0.43MPa 초과 1.5MPa 이하일 때는 최고사용압력의 1.3배에 0.3MPa를 더한 압력으로 한다.
- 보일러의 최고사용압력이 1.5MPa를 초과할 때에는 그 최고사용입력의 1.5배의 압력으로 한다.
- 조립 전에 수압시험을 실시하는 수관식 보일러의 내압부분은 최고 사용압력의 1.5배 압력으로 한다.

10 보일러시스템에서 공기예열기 설치 사용 시 특징으로 틀린 것은?
① 연소효율을 높일 수 있다.
② 저온부식이 방지된다.
③ 예열공기의 공급으로 불완전연소가 감소된다.
④ 노내의 연소속도를 빠르게 할 수 있다.

해 **공기예열기** : 연소실로 들어가는 공기를 예열시키는 장치로서 180~350℃까지 된다. 공기예열기에 가장 주의를 요하는 것은 공기 입구와 출구부의 저온부식이다. 즉, 배기가스 중의 황산화물에 의해 저온부식이 발생 된다.

11 온도가 20[℃]인 물 140[kg]이 있다. 이 물의 온도를 90[℃]까지 가열할 때 소요되는 열량은 몇 [kcal]인가? (단, 물의 평균비열은 1[kcal/kg·℃]이다.)
① 7000 ② 7500
③ 9000 ④ 9800

해 Q(열량) $= G$(온수의 순환량) $\times C$(비열) $\times \Delta T$(온도차)
$= 140 \times 1 \times (90-20) = 9800[kcal]$

12 보일러 수저분출장치의 주된 기능으로 가장 올바른 것은?
① 보일러 상부수면에 떠있는 유지분 등을 배출한다.
② 보일러 동내 온도를 조절한다.
③ 보일러 하부에 있는 슬러지나 농축된 관수를 밖으로 배출한다.
④ 보일러에 발생한 수격작용을 위하여 응축수를 배출한다.

해 분출장치종류
- 수면 분출장치(연속 분출장치) : 안전 저수위 선상에 설치하여 유지분, 부유물을 제거하여 프라이밍, 포밍 현상을 방지한다.
- 수저 분출장치(단속 분출장치) : 동체 아래 부분에 있는 스케일이나 침전물, 농축된 물 등을 외부로 배출시켜 제거한다.

13 보일러 급수펌프가 갖추어야 할 구비조건으로 틀린 것은?
① 저부하 시는 효율이 낮을 것
② 병렬운전을 할 수 있는 구조일 것
③ 작동이 확실하며 조작이 간편할 것
④ 부하변동에 신속히 대응할 수 있을 것

해 급수펌프의 구비조건
- 고온, 고압에 견딜 것
- 작동이 확실하고 조작이 간단할 것
- 부하변동에 대응할 수 있을 것
- 저부하에도 효율이 좋을 것
- 병렬운전에 지장이 없을 것
- 회전식은 고속회전에 안전할 것

14 포화증기는 압력이 높아질수록 증발잠열의 크기는 어떻게 되는가?
① 증가한다. ② 감소한다.
③ 변하지 않는다. ④ 감소 후 증가한다.

해 증기압력이 상승할 때 나타나는 현상
- 포화수의 온도가 상승한다.
- 포화수의 부피가 증가한다.
- 포화수의 비중이 감소한다.
- 물의 현열이 증가하고, 증기의 잠열이 감소한다.
- 건포화증기 엔탈피가 증가한다.
- 증기의 비체적이 증가한다.

15 보일러 용량 표시 방법이 아닌 것은?
① 전열면적 ② 정격출력
③ 단열면적 ④ 상당증발량

해 보일러 용량 표시방법
- 시간당 최대증발량 : [kg/h], [t/h]
- 상당(환산) 증발량 : [kg/h]
- 최고 사용압력 : [kgf/cm^2], [MPa]
- 보일러 마력
- 전열면적 : [m^2]
- 과열증기온도 : [℃]

16 20A 관을 90°로 구부릴 때 중심곡선의 적당한 길이는 약 몇 mm인가?(단, 곡률 반지름 R = 100mm이다.)
① 157 ② 147
③ 177 ④ 167

해 배관의 길이
$$l = 2\pi R \frac{\theta}{360} = 2 \times 3.14 \times 100 \times \frac{90}{360} = 157$$

17 증기의 건조도(x) 설명으로 옳은 것은?
① 습증기 전체 질량 중 액체가 차지하는 질량비이다.
② 습증기 전체 질량 중 증기가 차지하는 질량비이다.
③ 액체가 차지하는 전체 질량 중 습증기가 차지하는 질량비이다.
④ 증기가 차지하는 전체 질량 중 습증기가 차지하는 질량비이다.

18 포화온도 105℃인 증기난방 방열기의 상당 방열면적이 20m^{2}일 경우 시간당 발생하는 응축수량은 약 kg/h인가?(단, 105℃ 증기의 증발잠열은 535.6kcal/kg이다)
① 10.37 ② 20.57
③ 12.17 ④ 24.27

해 $G = \dfrac{Q}{\gamma} = \dfrac{650 \times 20}{535.6} ≒ 24.27 kg/h$

여기서, Q : 방열기 방열량
γ : 증발잠열

19 팽창탱크 내의 물이 넘쳐흐를 때를 대비하여 팽창탱크에 설치하는 관은?
① 배수관 ② 환수관
③ 오버플로관 ④ 팽창관

해 팽창탱크에는 물의 팽창 등에 대비하여 본체, 보일러 및 관련 부품에 위해가 발생되지 않도록 일수관(오버플로관)을 설치하여야 한다.

20 보일러 급수처리의 목적으로 가장 거리가 먼 것은?
① 스케일 생성 및 고착 방지
② 부식 발생 방지
③ 가성취화 발생 감소
④ 배관 중의 응축수 생성 방지

해 급수처리의 목적
- 급수를 깨끗이 연화시켜 스케일 생성 및 고착을 방지한다.
- 부식 발생을 방지한다.
- 가성취화의 발생을 감소시킨다.
- 포밍과 프라이밍의 발생을 방지한다.
√ 응축수 : 기체인 증기가 응축이 되어 만들어진 액체

21 사이폰관과 특히 관계가 있는 것은?
① 수면계 ② 안전밸브
③ 유량계 ④ 부르동관 압력계

해 사이폰관 : 과열증기로부터 부르동(bourdon)관 압력계의 부르동관을 보호하기 위하여 설치되는 것이다.

22 가스보일러의 점화 시 주의사항 설명으로 잘못된 것은?
① 점화는 1회에 점화되도록 한다.
② 점화용 가스는 화력이 좋은 것을 사용한다.
③ 갑작스런 실화 시에는 가스 공급을 즉시 차단한다.
④ 댐퍼를 닫고 프리퍼지를 한 다음 점화한다.

해 연소실 및 굴뚝의 통풍, 환기는 완벽하게 하는 것이 필요하며, 댐퍼를 열고 프리퍼지를 한 다음 점화한다.

23 다음 증기에 관한 사항 중 옳지 않은 설명은?
① 과열증기는 포화증기를 가열한 증기이다.
② 습포화증기는 건포화증기보다 엔탈피값이 적다.
③ 과열증기는 보일러에서 처음 생긴 증기이다.
④ 과열증기는 건포화증기보다 온도가 높다.

해 과열증기는 습포화증기를 가열하여 건조증기가 된 건증기를 다시 가열할 때 압력은 오르지 않고 온도만 상승되는 증기이다.

24 과열기의 종류 중 열가스 흐름에 의한 구분 방식에 속하지 않는 것은?
① 병류식 ② 접촉식
③ 향류식 ④ 혼류식

해 과열기의 분류
- 열가스 접촉에 의한 분류(전열방식) : 접촉과열기(대류형), 복사 과열기(방사형), 복사 접촉과열기(방사 대류형)
- 증기와 연소가스의 흐름에 의한 분류 : 병류식, 향류식, 혼류식

25 보일러 인터록과 관계가 없는 것은?
① 압력초과 인터록 ② 저수위 인터록
③ 불착화 인터록 ④ 급수장치 인터록

해 보일러 인터록의 종류
- 압력초과 인터록 : 증기압력이 일정압력에 도달할 때 전자밸브를 닫아 보일러의 가동을 정지시키는 것으로 증기압력 제한기가 해당된다.
- 저수위 인터록 : 보일러 수위가 안전 저수위에 도달할 때 전자밸브를 닫아 보일러 가동을 정지시키는 것으로 저수위 경보기가 해당된다.
- 불착화 인터록 버너 : 착화 시 점화되지 않거나 운전 중 실화가 될 경우 전자밸브를 닫아 연료공급을 중지하여 보일러 가동을 정지시키는 것으로 화염검출기가 해당된다.
- 저연소 인터록 : 보일러 운전 중 연소상태가 불량하거나 저연소 상태로 유량조절밸브가 조절되지 않으면 전자밸브를 닫아 보일러 가동을 정지시킨다.
- 프리퍼지 인터록 : 점화 전 일정시간 동안 송풍기가 작동되지 않으면 전바밸브가 열리지 않아 점화가 되지 않는다.

정답 19 ③ 20 ④ 21 ④ 22 ④ 23 ③ 24 ② 25 ④

26 다음 보기에서 설명한 송풍기의 종류는?

> [보기]
> - 경향 날개형이며 6~12매의 철판제 직선 날개를 보스에서 방사한 스포크에 리벳 죔을 한 것이며, 측관이 있는 임펠러와 측판이 없는 것이 있다.
> - 구조가 견고하며 내마모성이 크고 날개를 바꾸기도 쉬우며 회진이 많은 가스의 흡출 통풍기, 미분탄 장치의 배탄기 등에 사용된다.

① 터보송풍기　② 다익송풍기
③ 축류송풍기　④ 플레이트송풍기

해
- **터보송풍기** : 낮은 정압부터 높은 정압의 영역까지 폭넓은 운전범위를 가지고 있으며, 각 용도에 적합한 깃 및 케이싱 구조, 재질의 선택을 통하여 일반 공기 이상에서 고온의 가스 혼합물 및 분체 이송까지 폭넓은 용도로 사용할 수 있다.
- **다익송풍기** : 일반적으로 시로코 팬(Sirocco Fan)이라고 하며 임펠러 형상이 회전 방향에 대해 앞쪽으로 굽어진 원심형 전향익 송풍기이다.
- **축류송풍기** : 기본적으로 원통형 케이싱 속에 놓은 임펠러의 회전에 따라 축 방향으로 기체를 송풍하는 형식이다. 일반적으로 효율이 높고 고속회전에 적합하므로 전체가 소형이 되는 이점이 있다.

27 기체연료 중 가스보일러용 연료로 사용하기에 적합하고, 발열량이 비교적 좋으며 석유분해가스, 액화석유가스, 천연가스 등을 혼합한 것은?

① LPG　② LNG
③ 도시가스　④ 수성가스

해
- **LPG** : 주성분은 프로판으로, 기체연료 중 발열량이 가장 크고 공기보다 무겁다.
- **LNG** : 무색투명한 액체로 공해물질이 거의 없고. 열량이 높아 매우 우수한 연료이다.
- **도시가스** : 파이프라인을 통하여 수요자에게 공급하는 연료가스로, 석유 정제 시에 나오는 납사를 분해시킨 것이나 LPG, LNG를 원료로 사용한다.

28 강판 제조 시 강괴 속에 함유되어 있는 가스체 등에 의해 강판이 두장의 층을 형성하는 결함은?

① 래미네이션　② 크랙
③ 브리스터　④ 리프트

해
- **래미네이션** : 강판이 내부의 기포에 의해 2장의 층으로 분리되는 현상
- **크랙** : 균열
- **브리스터** : 강판이 내부의 기포에 의해 표면이 부풀어 오르는 현상

29 증기보일러의 관류밸브에서 보일러와 압력릴리프밸브의 사이에 체크밸브를 설치할 경우, 압력릴리프밸브는 몇 개 이상 설치하여야 하는가?

① 1개　② 2개
③ 3개　④ 4개

해 안전밸브의 성능 및 개수
- 증기보일러에는 안전밸브를 2개 이상(전열면적 50m² 이하의 증기보일러에서는 1개 이상) 설치하여야 한다. 다만, 내부의 압력이 최고사용압력에 6%에 해당되는 값(그 값이 0.035MPa(0.35kg/cm²) 미만일 때는 0.035MPa(0.35kgf/cm²)을 더한 값을 초과하지 않도록 하여야 한다.
- 관류보일러에서 보일러와 압력릴리프밸브의 사이에 체크밸브를 설치할 경우, 압력릴리프밸브는 2개 이상이어야 한다.

30 보일러용 가스버너 중 외부 혼합식에 속하지 않는 것은?

① 파일럿 버너
② 센터파이어형 버너
③ 링형 버너
④ 멀티스폿형 버너

해 파일럿 버너 : 점화버너로 사용되는 내부 혼합형 가스버너

31 보일러 점화 시에 역화나 폭발을 방지하기 위해 어떤 조치를 가장 먼저 해야 하는가?

① 화력의 상승속도를 빠르게 한다.
② 댐퍼를 열고 미연가스 등을 배출시킨다.
③ 연료를 공급 후 연소용 공기를 공급한다.
④ 연료의 점화가 빨리 고르게 전파되게 한다.

해 보일러를 가동하기 전에 노 내와 연도에 체류하고 있는 가연성가스를 배출시키는 프리 퍼지(pre-purge) 작업을 하여야 한다.

32 온수순환 방식에 의한 분류 중에서 순환이 자유롭고 신속하며, 방열기의 위치가 낮아도 순환이 가능한 방법은?
① 중력 순환식 ② 강제 순환식
③ 단관식 순환식 ④ 복관식 순환식

해 강제 순환식은 관내 온수를 순환펌프를 이용하여 강제적으로 순환시키는 방법으로 배관지름이 작고, 방열기의 위치가 낮아도 순환이 가능하다.

33 보일러의 부속설비 중 연료공급 계통에 해당 하는 것은?
① 콤버스터 ② 버너타일
③ 슈트 블로워 ④ 오일 프리히터

해 • 연소장치 : 연료를 연소시키기 위한 장치로서 연소실, 연도, 연돌, 버너 등이다.
• 연료 공급 계통 : 저장탱크, 서비스 탱크, 연료 여과기, 연료펌프, 유량계, 유압계, 유예열기(oil preheater), 유량조절장치 등

34 체크밸브(check valve)에 관한 설명으로 잘 못 된 것은?
① 유체의 역류 방지용으로 사용된다.
② 리프트형은 수직 배관에만 사용할 수 있다.
③ 스윙형은 수직, 수평 배관에 모두 사용할 수 있다.
④ 풋형은 펌프운전 중에 흡입측 배관 내 물이 없어지지 않도록 하기 위하여 사용한다.

해 리프트형은 수평 배관에만 사용할 수 있다.

35 보일러 점화 시 역화의 원인에 해당되지 않는 것은?
① 착화가 지연되었을 경우
② 급유밸브를 급개하여 소량으로 분무한 경우
③ 프리퍼지의 불충분이나 또는 잊어버린 경우
④ 점화원을 가동하기 전에 연료를 분무해 버린 경우

해 보일러 점화 시 역화 원인
• 프리퍼지가 불충분한 경우
• 점화 시 착화시간이 지연된 경우
• 점화원을 사용하지 않고 노 내의 잔열로 점화한 경우
• 연료 공급밸브를 필요 이상 급개하여 다량으로 분무한 경우
• 점화원을 가동하기 전에 연료를 분무해 버린 경우

36 고온배관용 탄소강관의 KS 기호는?
① SPHT ② SPLT
③ SPPS ③ SPA

해 고온배관용 탄소강관 : SPHT, 350~450℃

37 보일러 화염검출장치의 보수나 점검에 대한 설명 중 틀린 것은?
① 플레임 아이 장치의 주위 온도는 50℃ 이상이 되지 않게 한다.
② 광전관식은 유리나 렌즈를 매주 1회 이상 청소하고 감도 유지에 유의한다.
③ 플레임 로드는 검출부가 불꽃에 직접 접하므로 소손에 유의하고 자주 청소해 준다.
④ 플레임 아이는 불꽃의 직사광이 들어가면 오동작하므로 불꽃의 중심을 향하지 않도록 설치한다.

해 플레임 아이 : 화염검출장치로, 불꽃의 직사광이 들어가면 정상작동이며, 불꽃의 중심을 향하도록 설치한다.

38 지역난방의 특징에 대한 설명으로 틀린 것은?
① 설비가 길어지므로 배관 손실이 있다.
② 초기 시설투자비가 높다.
③ 개개 건물의 공간을 많이 차지한다.
④ 대기오염을 효과적으로 방지할 수 있다.

해 지역난방 : 대규모 시설로 일정 지역 내의 건축물을 난방하는 형식이다. 설비의 열효율이 높고 도시 매연 발생은 적으며, 개개 건물의 공간을 많이 차지하지 않는다.

39 고체연료에 대한 연료비를 가장 잘 설명한 것은?
① 고정탄소와 휘발분의 비
② 회분과 휘발분의 비
③ 수분과 회분의 비
④ 탄소와 수소의 비

해 연료비란 석탄의 공업 분석으로부터 얻어지는 고정탄소(%)와 휘발분(%)의 비, 즉 고정탄소/휘발분의 수치이다. 석탄은 탄화도가 진행될수록 고정탄소가 증가하여 휘발분이 감소한다.

정답 32 ② 33 ④ 34 ② 35 ② 36 ① 37 ④ 38 ③ 39 ①

40 다음 중 유량을 나타내는 단위가 아닌 것은?
① m³/h ② kg/min
③ L/s ④ kg/cm²

해 kg/cm² : 압력의 단위

41 복사난방의 분류 중 방열면의 위치에 의한 분류에 속하지 않는 것은?
① 천장 패널 ② 벽 패널
③ 파이프 코일 패널 ④ 바닥 패널

해 방열면(패널)의 위치에 의한 분류
- 천장 패널식 : 천장부에 난방용 코일을 매입하여 난방하는 방법이다.
- 벽 패널식 : 벽면에 난방용 코일을 매입하여 난방하는 방식으로 다른 방법의 보조용으로 사용된다.
- 바닥 패널 : 바닥면에 난방용 코일을 매입하여 난방하는 방식으로 온수온돌 난방이 대표적이다.

42 글랜드 패킹에 속하지 않는 것은?
① 석면각형 패킹 ② 고무 패킹
③ 아마존 패킹 ④ 몰드 패킹

해 글랜드 패킹의 종류 : 석면 각형 패킹(편조 패킹), 석면 얀 패킹, 몰드 패킹, 아마존 패킹

43 호칭지름이 25[A]인 강관으로 양쪽에 90° 엘보를 사용하여 중심선의 길이를 250[mm]로 조립하고자 할 때 관의 실제 소요 길이는 얼마인가? (단, 나사의 물림 길이는 15[mm]로 한다.)
① 204[mm] ② 209[mm]
③ 210[mm] ④ 215[mm]

해 배관길이 계산
25A 90° 엘보의 중심치수(A)는 38mm이다.
$$\therefore l = L - 2(A - a)$$
$$= 250mm - 2 \times (38mm - 15mm)$$
$$= 204mm$$

44 지역난방의 특징 설명으로 틀린 것은?
① 연료비와 인건비를 줄일 수 있다.
② 설비의 고도화에 따른 도시 매연이 증가된다.
③ 각 건물에 보일러를 설치하는 경우에 비해 열효율이 좋다.
④ 각 건물에 보일러를 설치하는 경우에 비해 건물의 유효면적이 증대된다.

해 지역난방의 특징
- 연료비와 인건비를 줄일 수 있다.
- 설비의 고도화에 따른 도시 대기오염을 감소시킬 수 있다.
- 각 건물에 위험물을 취급하지 않으므로 화재의 위험이 적다.
- 각 건물에 보일러를 설치하는 경우에 비해 건물의 유효면적이 증대된다.
- 각 건물에 보일러를 설치하는 경우에 비해 열효율이 좋다.
- 온수를 사용하는 것이 관내 저항 손실이 크고, 증기를 사용하면 관내 저항 손실이 작다.

45 질소봉입 방법으로 보일러 보존 시 보일러 내부에 질소가스의 봉입압력[MPa]으로 적합한 것은?
① 0.02 ② 0.03
③ 0.06 ④ 0.08

해 질소가스 봉입법 : 고압 대용량 보일러에 적합하며, 질소가스를 0.06[MPa] 정도로 압입하여 보일러 내부의 산소를 배제시켜 부식을 방지하는 법이다. 질소가스의 압력이 0.015[MPa] 이하가 되면 질소가스를 압입하여 0.06[MPa] 정도의 압력을 유지시켜야 한다.

46 증기의 압력에너지를 이용하여 피스톤을 작동시켜 급수를 행하는 펌프는?
① 워싱턴펌프 ② 기어펌프
③ 벌류트펌프 ④ 디퓨져펌프

해 왕복동식 펌프
- 피스톤펌프
- 플런저펌프
- 다이어프램펌프
- 워싱턴펌프
- 웨어펌프

47 사용 중인 보일러의 점화 전 주의사항으로 잘못된 것은?
① 연료 계통을 점검한다.
② 각 밸브의 개폐 상태를 확인한다.
③ 댐퍼를 닫고 프리퍼지를 한다.
④ 수면계의 수위를 확인한다.

해 프리퍼지 : 보일러 점화 전에 댐퍼를 열고 노 내와 연도에 있는 가연성 가스를 송풍기로 취출시키는 작업

48 보일러의 점화 조작 시 주의사항으로 틀린 것은?
① 연료가스의 유출속도가 너무 빠르면 실화 등이 일어나고 너무 늦으면 역화가 발생한다.
② 연소실의 온도가 낮으면 연료의 확산이 불량해지며 착화가 잘 안된다.
③ 연료의 예열온도가 낮으면 무화 불량, 화염의 편류, 그을음, 분진이 발생한다.
④ 유압이 낮으면 점화 및 분사가 양호하고, 높으면 그을음이 없어진다.

해 유압이 낮으면 점화 및 분사가 불량하고, 유압이 높으면 그을음이 축적되기 쉽다.

49 소화기의 비치 위치로 가장 적합한 곳은?
① 방화수가 있는 곳
② 눈에 잘 띄는 곳
③ 방화사가 있는 곳
④ 불이 나면 자동으로 폭발할 수 있는 곳

해 소화기는 눈에 잘 띄는 곳에 비치한다.

50 보일러의 압력에 관한 안전장치 중 설정압이 낮은 것부터 높은 순으로 열거된 것은?
① 압력제한기 - 압력조절기 - 안전밸브
② 압력조절기 - 압력제한기 - 안전밸브
③ 안전밸브 - 압력제한기 - 압력조절기
④ 압력조절기 - 안전밸브 - 압력제한기

해 보일러의 압력에 관한 안전장치 설정압
압력조절기 < 압력제한기 < 안전밸브

51 증기보일러의 장치에 사용되지 않는 것은?
① 비수방지관　　② 기수분리기
③ 팽창관　　　　④ 급수내관

해 팽창관은 온수난방설비에서 내부의 팽창된 물을 팽창탱크로 전달하는 관으로 환수주관에 설치하며, 팽창관 도중에는 밸브나 체크밸브 등을 설치하지 않는다.

52 증기난방에서 진공환수식 난방설비에 관한 설명으로 틀린 것은?
① 응축수 환수방식 중 증기 순환이 가장 빠르다.
② 진공펌프는 회전식과 왕복동식의 2종류가 있다.
③ 방열기 설치 위치에 제한을 받으므로 반드시 방열기는 보일러보다 높은 위치에 설치한다.
④ 발열량을 광범위하게 조절할 수 있다.

해 방열기 설치장소에 제한을 받지 않는다.

53 강관 배관에서 유체의 흐름방향을 바꾸는 데 사용되는 이음쇠는?
① 부싱　　　　　② 리턴벤드
③ 리듀서　　　　④ 소켓

해 사용 용도에 의한 강관 이음재 분류
• 배관의 방향을 전환할 때 : 엘보(elbow), 벤드(bend), 리턴 벤드
• 관을 도중에 분기할 때 : 티(tee), 와이(Y), 크로스(cross)
• 동일 지름의 관을 연결할 때 : 소켓(socket), 니플(nipple), 유니언(union)
• 지름이 다른 관(이경관)을 연결할 때 : 리듀서(reducer), 부싱(bushing), 이경 엘보, 이경티
• 관 끝을 막을 때 : 플러그(plug), 캡(cap)
• 관의 분해, 수리가 필요할 때 : 유니언, 플랜지

54 배관 지지구의 종류가 아닌 것은?
① 파이프 슈　　② 콘스탄트 행거
③ 리지드　　　④ 서포트 소켓

해 배관 지지장치의 종류
• 행거(hanger) : 배관계 중량을 위에서 걸어 당겨 지지할 목적으로 사용하는 것으로 리지드 행거, 스프링 행거, 콘스턴트 행거가 있다.
• 서포트(support) : 배관계 중량을 아래에서 위로 지지할 목적으로 사용하는 것으로 스프링 서포트, 롤러 서포트, 파이프 슈, 리지드 서포트가 있다.
• 리스트 레인트(restraint) : 배관의 신축으로 인한 배관의 상하, 좌우 이동을 제한하고 구속하는 목적에 사용하는 것으로 앵커, 스톱, 가이드가 있다.
• 소켓(socket) : 동일한 지름의 관을 직선으로 이음할 때 사용하는 부속이다.

정답　47 ③　48 ④　49 ②　50 ②　51 ③　52 ③　53 ②　54 ④

55 에너지법에서 정한 에너지에 해당하지 않는 것은?
① 열 ② 연료
③ 전기 ④ 원자력

🔑 용어의 정의(에너지법 제2조) : 에너지란 연료, 열 및 전기를 말한다.

56 에너지이용합리화법에서 검사의 종류 중 계속사용검사에 해당하는 것은?
① 설치검사 ② 개조검사
③ 안전검사 ④ 재사용검사

🔑 계속사용검사 : 안전검사, 운전성능검사

57 에너지이용합리화법에서 에너지사용계획을 제출하여야 하는 민간사업주관자가 설치하려는 시설로 옳은 것은?
① 연간 5천 TOE 이상의 연료 및 열을 사용하는 시설
② 연간 1만 TOE 이상의 연료 및 열을 사용하는 시설
③ 연간 1천만 kWh 이상의 전기를 사용하는 시설
④ 연간 2천만 kWh 이상의 전기를 생산하는 시설

🔑
- 연간 5천 TOE 이상의 연료 및 열을 사용하는 시설
- 연간 2천만 kWh 이상의 전력을 사용하는 시설

58 보일러 마력에 대한 설명으로 옳은 것은?
① 0℃의 물 539kg을 1시간에 100℃의 증기로 바꿀 수 있는 능력이다.
② 100℃의 물 539kg을 1시간에 같은 온도의 증기로 바꿀 수 있는 능력이다.
③ 100℃의 물 15.65kg을 1시간에 같은 온도의 증기로 바꿀 수 있는 능력이다.
④ 0℃의 물 15.65kg을 1시간에 100℃의 증기로 바꿀 수 있는 능력이다.

🔑 보일러 마력
- 1시간에 100℃의 물 15.65kg을 건조포화증기로 만드는 능력
- 상당증발량으로 환산하면 15.65kg/h
- 시간당 발생열량으로 환산하면 15.65×539=8,435kcal

59 에너지이용합리화법에 따라 검사대상기기관리자는 선임 된 날로부터 얼마이내에 교육을 받아야 하는가?
① 1개월 ② 3개월
③ 6개월 ④ 1년

🔑 검사대상기기관리자의 교육(에너지이용합리화법 시행규칙 별표 4의2)
검사대상기기관리자로 선임된 날부터 6개월 이내에 그 후에는 교육을 받은 날부터 3년마다 교육을 받아야 한다.

60 에너지이용합리화법에 따라 에너지저장의무 부과 대상자로 가장 거리가 먼 것은?
① 전기사업자 ② 석탄가공업자
③ 도시가스사업자 ④ 원자력사업자

🔑 에너지저장의무 부과 대상자 : 전기사업자, 도시가스사업자, 석탄가공업자, 집단에너지사업자, 연간 2만 석유환산톤 이상의 에너지를 사용하는 자(에너지이용합리화법 시행령 제12조)

제2회 모의고사

01 보일러의 노통에 대한 설명으로 물은 것은?
① 내부에서 연소가 이루어지는 통
② 외부에서 연소가 이루어지는 통
③ 내부에는 물이 차있고, 외부로는 연소가 스가 흐르는 통
④ 증기와 불이 들어 있는 통

해 노통(flue) : 노통연관 보일러에서 연료의 연소가 이루어지는 화로 부분이다.

02 중유의 종류를 A중유, B중유, C중유로 구분하는 기준 중 기본이 되는 사항은?
① 비중   ② 점도
③ 발열량 ④ 인화점

해 점도에 의한 분류 : A중유 < B중유 < C중유

03 탄성체 압력계의 교정용 또는 검사용으로 사용되는 압력계는?
① 기준분동식 압력계
② 부르동관식 압력계
③ 벨로스식 압력계
④ 다이어프램식 압력계

해 (1) 기준분동식 압력계 : 탄성식 압력계의 교정 사용되는 1차 압력계로 램, 실린더, 기름탱크, 가압펌프 등으로 구성되며 사용유체에 따라 측정범위가 다르게 적용된다
(2) 사용유체에 따른 측정범위
• 경유 : 40~100[kgf/cm^2]
• 스핀들유, 피마자유 : 100~1000[kgf/cm^2]
• 모빌유 : 3000[kgf/cm^2] 이상
• 점도가 큰 오일을 사용하면 5000[kgf/cm^2]까지도 측정이 가능하다.

04 보일러 안전장치와 가장 거리가 먼 것은?
① 수저분출장치 ② 가용전
③ 저수위경보기 ④ 플레임 아이

해 보일러 안전장치의 종류 : 안전밸브 및 방출밸브, 가용전, 방폭문, 고저수위 경보장치, 화염검출기, 압력제한기 및 압력조절기 등

05 물의 임계압력에서의 잠열은 몇 kcal/kg인가?
① 539   ② 100
③ 0   ④ 639

해 임계점(임계압력)
포화수가 증발현상이 없고 포화수가 증기로 변하며, 액체와 기체의 구별이 없어지는 지점으로 증발잠열이 0인 상태의 압력 및 온도
• 임계압 : 222.65kg/cm^2
• 임계온도 : 374.15℃
• 임계잠열 : 0kcal/kg

06 벨로스형 신축이음쇠에 대한 설명으로 틀린 것은?
① 설치 공간을 넓게 차지하지 않는다.
② 고온 고압 배관의 옥내배관에 적당하다.
③ 팩레스(Packless) 신축이음쇠라고도 한다.
④ 벨로스는 부식되지 않는 스테인리스, 청동 제품 등을 사용한다.

해 √신축이음 : 열을 받으면 늘어나고, 반대이면 줄어드는 것을 최소화하기 위해 만든 것이다.
• 슬리브형(미끄럼형) : 신축이음 자체에서 응력이 생기지 않으며 단식과 복식이 있다.
• 루프형(만곡형) : 효과가 가장 뛰어나 옥외용으로 사용하며, 관지름의 6배 크기의 원형을 만든다.
• 벨로스형(팩레스형, 주름형, 파상형) : 신축이 좋기 위해서는 주름이 있어야 하므로 고압에는 사용할 수 없다. 설치에 넓은 장소가 필요하지 않으며 신축에 응력을 일으키지 않는 신축이음형식이다.
• 스위블형 : 방열기(라디에이터)에 사용한다.

정답 01 ① 02 ② 03 ① 04 ① 05 ③ 06 ②

07 보일러 내부의 전열면에 스케일이 부착되어 발생하는 현상이 아닌 것은?
① 전열면 온도 상승
② 전열량 저하
③ 수격현상 발생
④ 보일러수의 순환 방해

해 수격작용은 급격한 압력 변화 때문에 발생한다.

08 보일러에서 발생하는 고온부식의 원인물질로 거리가 먼 것은?
① 나트륨　　② 유황
③ 철　　　　④ 바나듐

해 고온부식 : 보일러의 과열기나 재열기, 복사 전열면과 같은 고온부 전열면에 중유의 회분 속에 포함되어 있는 바나듐, 유황, 나트륨 화합물이 고온에서 용융 부착하여 금속 표면의 보호피막을 깨뜨리고 부식시키는 현상

09 급유량계 앞에 설치하는 여과기의 종류가 아닌 것은?
① U형　　　② V형
③ S형　　　④ Y형

해 여과기의 종류 : Y형, U형, V형

10 보일러 용량을 표시하는 방법으로 사용되지 않는 것은?
① 보일러 수부의 크기
② 보일러의 마력
③ 정격출력
④ 상당증발량

해 보일러 용량 표시방법
- 시간당 최대증발량 : [kg/h], [t/h]
- 상당(환산)증발량 : [kg/h]
- 최고사용압력 : [kgf/cm^2], [MPa]
- 보일러 마력 :
- 전열면적 : [m^2]
- 과열증기온도 : [℃]

11 보일러 운전 중 수격작용이 발생하는 경우와 가장 거리가 먼 것은?
① 다량의 증기를 갑자기 송기할 때
② 증기관 속에 응축수가 고여 있을 때
③ 주증기 밸브를 급히 열었을 때
④ 급수관 내부를 속도가 느리게 유동 할 때

해 수격작용 발생원인
- 기수공발(carry over) 현상 발생 시
- 주증기 밸브를 급개(急開)할 때
- 배관에서의 손실열량이 과대할 때
- 배관 구배(기울기) 선정의 잘못
- 부하변동이 심할 때

12 분진가스를 방해판 등에 충돌시키거나 급격한 방향전환 등에 의해 매연을 분리 포집하는 집진방법은?
① 중력식　　② 여과식
③ 관성력식　④ 유수식

해 관성력식 집진장치의 특징
- 구조가 간단하고 취급이 쉽다.
- 유지비가 적게 소요된다.
- 다른 집진장치의 전처리용으로 사용된다.
- 집진효율이 낮다.
- 미세한 입자의 포집효율이 낮다.(집진효율은 50~70[%] 정도이다.)

13 보일러 급수펌프가 갖추어야 할 구비조건으로 틀린 것은?
① 저부하 시는 효율이 낮을 것
② 병렬운전을 할 수 있는 구조일 것
③ 작동이 확실하며 조작이 간편할 것
④ 부하변동에 신속히 대응할 수 있을 것

해 급수펌프의 구비조건
- 고온, 고압에 견딜 것
- 작동이 확실하고 조작이 간단할 것
- 부하변동에 대응할 수 있을 것
- 저부하에도 효율이 좋을 것
- 병렬운전에 지장이 없을 것
- 회전식은 고속회전에 안전할 것

14 화염검출기 종류 중 화염의 이온화를 이용한 것으로 가스 점화 버너에 주로 사용하는 것은?
① 플레임 아이 ② 스택 스위치
③ 광도전 셀 ④ 플레임 로드

해 화염 검출기의 종류
- 플레임 아이(flame eye) : 화염의 발광체를이 용한 것
- 플레임 로드(flame lod) : 화염의 이온화 현상에 의한 전기 전도성을 이용한 것
- 스택 스위치(stack switch) : 연도에 바이메탈을 설치하여 연소가스의 발열체를 이용한 것

15 분사관을 이용해 선단에 노즐을 설치하여 청소하는 것으로, 주로 고온의 전열면에 사용하는 수트 블로어(Soot Blower)의 형식은?
① 롱 리트랙터블(Long Retractable)형
② 로터리(Rotary)형
③ 건(Gun)형
④ 에어히터클리너(Air Heater Cleaner)형

해 수트 블로어의 종류
- 롱리트랙터블형 : 과열기와 같은 고온 전열면에 부착하여 사용한다.
- 쇼트 리트랙터블형(건 타입형) : 연소로 벽, 전열면 등에 부착하여 사용한다.
- 회전형 : 절탄기와 같은 저온 전열면에 부착하여 사용한다.

16 보일러 열정산의 설명으로 옳은 것은?
① 입열과 출열이 반드시 같아야 한다.
② 방열손실로 인하여 입열이 항상 크다.
③ 열효율 증대장치로 인하여 출열이 항상 크다.
④ 연소효율에 따라 입열과 출열은 다르다.

해 열정산이란 열을 사용하는 각종 설비나 기구에 어떠한 물질이 얼마만큼의 열을 가지고 들어갔으며, 들어간 열이 어디에서 어떠한 형태로 얼마만큼 나왔느냐를 계산하는 것으로서 열수지(Heat Blance) 또는 열감정이라고도 한다.

17 보일러 동 내부 안전저수위보다 약간 높게 설치하여 유지분, 부유물 등을 제거하는 장치로서 연속분출장치에 해당되는 것은?
① 수면분출장치 ② 수저분출장치
③ 수중분출장치 ④ 압력분출장치

해 분출장치
- 수면분출장치(수면에 설치) : 관수 중의 부유물, 유지분 등을 제거하기 위해 설치한다. - 연속 취출
- 수저분출장치(동저부에 설치) : 수중의 침전물(슬러지 등)을 분출 제거하기 위해 설치한다. - 단속 취출(간헐 취출)

18 보일러의 수압시험을 하는 주된 목적은?
① 제한 압력을 결정하기 위하여
② 열효율을 측정하기 위하여
③ 균열의 여부를 알기 위하여
④ 설계의 양부를 알기 위하여

해 수압시험의 목적
- 검사나 사용의 보조수단으로 실시한다.
- 구조상 내부검사를 하기 어려운 곳에 그 상태를 판단하기 위하여 실시한다.
- 보일러 각부의 균열, 부식, 각종 이음부의 누설 정도를 확인한다.
- 각종 덮개를 장치한 후의 기밀도를 확인한다.
- 손상이 생긴 부분의 강도를 확인한다.
- 수리한 경우 그 부분의 강도나 이상 유무를 판단한다.

19 배관의 높이를 관의 중심을 기준으로 표시한 기호는?
① TOP ② GL
③ BOP ④ EL

해 높이 표시
- EL : 배관의 높이를 관의 중심을 기준으로 표시한 것 관 외경의 아랫면까지의 높이를 기준으로 표시
- BOP법 : 관 외경의 윗면까지의 높이를 기준으로 표시
- TOP법 : 1층의 바닥면을 기준으로 하여 높이를 표시한 것
- GL : 지표면을 기준으로 하여 높이를 표시한 것
- FL : 1층의 바닥면을 기준으로 높이를 표시한 것

20 보일러의 상당증발량이 1000[kg/h], 급수 온도가 20[℃]. 발생증기의 엔탈피가 659 [kcal/kg]일 때, 실제 증발량은 약 몇 [kg/h]인가?
① 844　　　　② 1000
③ 539　　　　④ 980

해 $G_e = \dfrac{G_a \times (h_2 - h_1)}{539}$

$\therefore G_a = \dfrac{539 \times G_e}{h_2 - h_1} = \dfrac{539 \times 1000}{659 - 20}$

$= 843.505 \, [kg/h]$

21 공기비에 관한 식을 옳게 나타낸 것은? (단, m 공기비, A 실제공기량, A_0 이론공기량)
① $A = m \times A_0$　　② $A_0 = m \times A$
③ $A_0 = (m-1)A$　　④ $A = (m+1)A_0$

22 보일러 관석(스케일) 중 고온에서 주로 석출되어 증발관 등에 부착되기 쉬운 것은?
① 황산칼슘　　② 중탄산칼슘
③ 염화마그네슘　　④ 실리카

해 황산칼슘($CaSO_4$) : 고온에서 석출하므로 주로 증발관에서 스케일화 되는 것으로 보일러 내처리가 불충분한 경우에 생성되기 쉽고 대단히 악질 스케일이 된다.

23 다음 증기에 관한 사항 중 옳지 않은 설명은?
① 과열증기는 포화증기를 가열한 증기이다.
② 습포화증기는 건포화증기보다 엔탈피값이 적다.
③ 과열증기는 보일러에서 처음 생긴 증기이다.
④ 과열증기는 건포화증기보다 온도가 높다.

해 과열증기는 습포화증기를 가열하여 건조증기가 된 건증기를 다시 가열할 때 압력은 오르지 않고 온도만 상승되는 증기이다.

24 가스버너의 종류 중 강제혼합식에 해당되지 않는 것은?
① 내부 혼합식　　② 외부 혼합식
③ 부분 혼합식　　④ 진동 혼합식

해 강제혼합식 버너의 종류
• 내부혼합식 : 고압버너, 표면연소버너, 리본(ribon) 버너
• 외부혼합식 : 고속버너, 라디언트 튜브(radiant tube) 버너, 액중연소버너, 휘염버너, 혼소버너, 산업용 보일러버너
• 부분혼합식

25 보일러에서 라미네이션(Lamination)이란?
① 보일러 본체나 수관 등이 사용 중에 내부에서 2장의 층을 형성한 것
② 보일러 강관이 화염에 당아 볼록 튀어 나온 것
③ 보일러 동에 작용하는 응력의 불균일로 동의 일부가 함몰된 것
④ 보일러 강판이 화염에 접속하여 점식된 것

해 • 라미네이션 : 강판이 내부의 기포에 의해 2장의 층으로 분리되는 현상
• 리스터 : 강판이 내부의 기포에 의해 표면이 부풀어 오르는 현상

26 육상용 보일러의 열정산은 원칙적으로 정격부하 이상에서 정상 상태로 적어도 몇 시간 이상의 운전결과에 따라 하는가?(단, 액체 또는 기체연료를 사용하는 소형 보일러에서 인수·인도 당사자 간의 협정이 있는 경우는 제외)
① 0.5시간　　② 1시간
③ 1.5시간　　④ 2시간

해 육상용 보일러의 열정산은 원칙적으로 정격부하 이상에서 정상 상태로 적어도 2시간 이상의 운전결과에 따라야 한다(KS B 6205).

27 보일러 급수의 ph로 가장 적합한 것은?
① 4~6　　② 7~9
③ 9~11　　④ 11~13

해 • 보일러 급수의 pH : 7~9
• 관수의 pH : 10.5 ~ 11.8(약 알칼리성)

28 증기난방과 비교한 온수난방의 설명으로 틀린 것은?
① 예열시간이 길다.
② 건물 높이에 제한을 받지 않는다.
③ 난방 부하변동에 따른 온도 조절이 용이하다.
④ 실내 쾌감도가 높다.

해 온수난방은 건물이 너무 높으면 온도분포가 균일하지 못하다.

29 보일러 연소용 공기조절장치 중 착화를 원활하게 하고 화염의 안정을 도모하는 장치는?
① 윈드박스(wind Box)
② 보염기(Stabilizer)
③ 버너타일(Burner Tile)
④ 플레임 아이(Flame Eye)

해 **보염장치** : 노 내에 분사된 연료에 연소용 공기를 유효하게 공급 확산시켜 연소를 유효하게 하고 확실한 착화와 화염의 안정을 도모하기 위하여 설치하는 장치이다.

30 연소 중의 보일러가 노내나 연도 내에 심한 소리를 내면서 공명하면 보일러 전체가 진동하기도 하며, 경우에 따라서는 보일러실까지도 공명하여 유리창이 진동할 때도 있다. 이러한 현상을 맥동연소 또는 진동연소라 하는데 그 발생원인과 거리가 가장 먼 것은?
① 연료 중에 수분이 많은 경우
② 연도 단면의 변화가 큰 경우
③ 2차 연소를 일으킨 경우
④ 연료와 공기의 혼합으로 연소속도가 빠른 경우

해 **맥동연소의 원인**
- 연료 중에 수분이 많은 경우
- 연도 단면의 변화가 큰 경우
- 2차 연소를 일으킨 경우
- 연소량이 일정하지 않은 경우
- 연료와 공기와의 혼합불량으로 연소속도가 느린 경우
- 공급공기량에 심한 과부족이 생긴 경우
- 무리한 연소를 하는 경우
- 연소실이나 연도 등의 틈 사이에서 공기가 새는 경우
- 송풍기에서 서징현상이 발생하는 경우

31 보온재의 선정 시 고려해야 할 사항에 속하지 않는 것은?
① 열전도율이 적어야 한다.
② 물리적, 화학적 강도가 커야 한다.
③ 안전 사용온도 범위에 적합해야 한다.
④ 부피 및 비중이 커야 한다.

해 **보온재의 구비조건(선정 시 고려사항)**
- 열전도율이 작을 것
- 흡습. 흡수성이 작을 것
- 적당한 기계적 강도를 가질 것
- 공성이 좋을 것
- 부피, 비중(밀도)이 작을 것
- 경제적일 것

32 저위발열량이 9650[kcal/kg]인 기름을 240[kg/h] 연소하여, 증기엔탈피가 668[kcal/kg]인 증기 3000[kg/h]을 발생하였다면, 이 보일러의 효율은 약 몇 [%]인가?(단, 급수엔탈피는 20[kcal/kg]이다.)
① 78.6
② 83.9
③ 85.1
④ 89.6

해 $\eta = \dfrac{G_a \times (h_2 - h_1)}{G_f \times H_l} \times 100$

$= \dfrac{3000 \times (668 - 20)}{240 \times 9650} \times 100$

$= 83.937 [\%]$

33 보일러의 부속설비 중 연료공급 계통에 해당 하는 것은?
① 콤버스터
② 버너타일
③ 슈트 블로워
④ 오일 프리히터

해
- **연소장치** : 연료를 연소시키기 위한 장치로서 연소실, 연도, 연돌, 버너 등이다.
- **연료 공급 계통** : 저장탱크, 서비스 탱크, 연료 여과기, 연료펌프, 유량계, 유압계, 유예열기(oil preheater), 유량조절장치 등

34 액체나 기체는 열팽창에 의하여 밀도가 변하고 그 각 부분은 순환 운동을 하여 데워지는 대류현상과 관련이 있는 법칙은?
① 퓨리에의 열전도법칙
② 뉴턴의 냉각법칙
③ 스테판볼츠만법칙
④ 쿨로지우스법칙

해 **뉴톤의 냉각법칙** : 시간에 따른 물체의 온도변화는 그 물체의 온도와 주위 물체의 온도차에 비례한다.

35 배관계의 식별 표시는 물질의 종류에 따라 다르다. 물질과 식별색의 연결이 틀린 것은?
① 물 : 파랑
② 기름 : 연한 주황
③ 증기 : 어두운 빨강
④ 가스 : 연한 노랑

해 배관 내를 흐르는 물질의 종류를 식별하기 위해 도포하는 색은 KS 0503(배관계의 식별 표시)에 지정되어 있다. KS에 의한 식별법은 물(파랑), 증기(어두운 빨강), 공기(하양), 가스(연한 노랑), 산 또는 알칼리(회보라), 기름(어두운 주황), 전기(연한 주황), 그 이외의 물질에 대해서는 여기에 규정된 식별색 이외의 것을 사용한다.

정답 29 ② 30 ④ 31 ④ 32 ② 33 ④ 34 ② 35 ②

36 강관의 스케줄 번호가 나타내는 것은?
① 관의 중심 ② 관의 두께
③ 관의 외경 ④ 관의 내경

해 스케줄 번호(SCH) : 관의 두께를 나타내는 번호

37 보일러 내면의 산세정 시 염산을 사용하는 경우 세정액의 처리온도와 처리시간으로 가장 적합한 것은?
① 60±5℃, 1~2시간 ② 60±5℃, 4~6시간
③ 90±5℃, 1~2시간 ④ 90±5℃, 4~6시간

해 보일러 내면의 산세정 시 염산을 사용하는 경우 세정액의 처리온도는 60±5℃이고, 처리시간은 4~6시간이 가장 적합하다.

38 보일러 수위제어검출방식에 해당되지 않는 것은?
① 전극식 ② 유속식
③ 열팽창식 ④ 차압식

해 수위제어검출방식 : 전극식, 차압식, 열팽창식

39 보일러 부속장치에 관한 설명으로 틀린 것은?
① 기수분리기 : 증기 중에 혼입된 수분을 분리하는 장치
② 수트 블로어 : 보일러 동 저면의 스케일, 침전물 등을 밖으로 배출하는 장치
③ 오일 스트레이너 : 연료 속의 불순물 방지 및 유량계 펌프 등의 고장을 방지하는 장치
④ 스팀 트랩 : 응축수를 자동으로 배출하는 장치

해 수트 블로어 : 전열면에 부착된 그을음을 제거하는 장치

40 동관의 이음 방법이 아닌 것은?
① 플레어 이음 ② 플랜지 이음
③ 납땜 이음 ④ 플라스턴 이음

해 동관 이음 방법의 종류 : 플랜지 이음, 플레어 이음(압축이음), 납땜 이음(용접이음)
∴ 플라스턴 이음은 연관의 이음 방법이다.

41 보일러 내부부식에 속하지 않는 것은?
① 점식 ② 저온부식
③ 구식 ④ 알카리부식

해 보일러 부식의 분류 및 종류
• 외부부식 : 고온부식, 저온부식, 산화부식 등
• 내부부식 : 점식, 국부부식, 전면부식, 구상부식(구식), 알칼리부식 등

42 온수보일러 시공에 따른 용어 설명 중 틀린 것은?
① 팽창탱크란 온수의 온도상승으로 인한 체적팽창에 의한 보일러의 파손을 막기 위해 설치하는 장치이다.
② 상향 순환식이란 송수주관을 상향 구배로 하고 난방개소의 방열면을 보일러 설치 기준면보다 높게 하여 온수순환이 상향으로 송수되어 환수하는 방식이다.
③ 환수주관이란 보일러에서 발생된 온수를 난방 개소에 매설된 방열관 및 온수탱보에 온수를 공급하는 관을 말한다.
④ 급수탱크란 팽창탱크에 물이 부족할 때 급수할 수 있는 장치이다.

해 송수주관 및 환수주관
• 송수주관 : 보일러에서 발생 된 온수를 온수난방의 경우 난방 개소에 매설된 방열관에, 급탕 시설의 경우에는 온수탱크에 온수를 공급하는 관을 말한다.
• 환수주관 : 온수난방의 경우 방열관을 통과하여 냉각된 온수를, 급탕 시설의 경우 사용하지 않은 온수를 재가열하기 위해 보일러로 되돌려 주는 관을 말한다.

43 호칭지름이 25[A]인 강관으로 양쪽에 90° 엘보를 사용하여 중심선의 길이를 350[mm]로 조립하고자 할 때 관의 실제 소요 길이는 얼마인가? (단, 나사의 물림 길이는 15[mm]로 한다.)
① 304[mm] ② 309[mm]
③ 310[mm] ④ 315[mm]

해 배관길이 계산
25A 90° 엘보의 중심치수(A)는 38mm이다.
∴ $l = L - 2(A - a)$
$= 350mm - 2 \times (38mm - 15mm)$
$= 304mm$

44 호칭지름 20[A]의 강관을 반지름 100[mm] 로 180° 벤딩할 때, 곡선길이는 약 몇 [mm] 인가?
① 285
② 314
③ 428
④ 628

🗊 • 원둘레 길이를 구하는 식은 파이(π)에 지름 (D)을 곱하고, 원은 360°이다.
• 180°벤딩 길이 계산 : 반지름(R) 100[mm]를 지름(D)으로 변환하면 200[mm]이다.

$$\therefore 180°L = \frac{180}{360} \times \pi \times D$$
$$= \frac{180}{360} \times \pi \times 200$$
$$= 314.159 [mm]$$

45 두께 150mm, 면적이 15m² 인 벽이 있다. 내면온도는 200℃, 외면온도가 20℃일 때, 벽을 통한 열손실량은?(단, 열전도율은 0.25kcal/m·h·℃이다)
① 101kcal/h
② 675kcal/h
③ 2,345kcal/h
④ 4,500kcal/h

🗊 $Q = \lambda \times F \times \frac{\Delta t}{l}$
$= 0.25 \times 15 \times \frac{200-20}{0.15}$
$= 4,500 kcal/h$

여기서, Q : 1시간동안 전해진 열량(kcal/h)
λ : 열전도율(kcal/m·h·℃)
l : 두께(m)
F : 전열면적(m²)
Δt : 온도차(℃)

46 연료의 인화점에 대한 설명으로 가장 옳은 것은?
① 가연물을 공기 중에서 가열했을 때 외부로부터 점화원 없이 발화하여 연소를 일으키는 최저 온도
② 가연성 물질이 공기 중의 산소와 혼합하여 연소할 경우에 필요한 혼합가스의 농도 범위
③ 가연성 액체의 증기 등이 불씨에 의해 불이 붙는 최저 온도
④ 연료의 연소를 계속 시키기 위한 온도

🗊 인화점 : 공기 중에서 가연성분이 외부의 불꽃에 의해 불이 붙는 최저 온도

47 물을 가열하여 압력을 높이면 어느 지점에서 액체, 기체 상태의 구별이 없어지고 증발잠열이 0kcal/kg이 된다. 이 점을 무엇이라 하는가?
① 임계점
② 삼중점
③ 비등점
④ 압력점

🗊 임계점 : 액체와 기체의 두 상태를 서로 분간할 수 없게 되는 임계상태에서의 온도와 이때의 증기압이다. 따라서 임계점에서 증발잠열은 0이다.

48 보일러 급수처리법 중 급수 중에 용존하고 있는 O_2, CO_2 등의 용존기체를 분리 제거하는 급수처리방법으로 가장 적합한 것은?
① 탈기법
② 여과법
③ 석회소다법
④ 응집법

🗊 급수처리(관외처리)
• 고형협착물 처리 : 침강법, 여과법, 응집법
• 용존가스제 처리 : 기폭법(CO_2, Fe, Mn, NH_3 H_2S), 탈기법(O_2, CO_2)
• 용해고형물 처리 : 증류법, 이온교환법, 약품첨가법

49 보일러 이음부 부근에서 발생하는 도랑 형태의 부식은?
① 점식(Pitting)
② 전면식
③ 반식
④ 구식(Grooving)

🗊 구식(그루빙, 도랑부식) : 응력부식균열의 일종으로, 홈 모양의 선으로 부식하는 것

50 보일러 급수처리 방법 중 5000[ppm] 이하의 고형물 농도에서는 비경제적이므로 사용하지 않으며, 선박용 보일러에 사용하는 급수를 얻을 때 사용하는 법은?
① 증류법
② 가열법
③ 여과법
④ 이온교환법

🗊 증류법 : 물을 가열하여 발생된 수증기를 냉각시켜 응축수로 만드는 방법으로 경제성이 높지 않아 일반적인 보일러에서는 사용되지 않고, 선박용 보일러에 사용되는 방법이다.

정답 44 ② 45 ④ 46 ③ 47 ① 48 ① 49 ④ 50 ①

51 안전밸브 또는 압력방출장치의 크기를 호칭지름 20[A] 이상으로 할 수 있는 보일러가 아닌 것은?
① 최고사용압력 0.1[MPa] 이하의 보일러
② 최고사용압력 0.5[MPa] 이하의 보일러로 동체의 안지름이 500mm 이하이며, 동체의 길이가 1000mm 이하의 것
③ 최고사용압력 0.5[MPa] 이하의 보일러로 전열 면적이 2[m²] 이하의 것
④ 최대증발량 10[t/h] 이하의 관류 보일러

해 최대증발량 5[t/h] 이하의 관류보일러

52 보일러의 증기관 중 반드시 보온을 해야 하는 곳은?
① 난방하고 있는 실내에 노출된 배관
② 방열기 주위 배관
③ 주증기 공급관
④ 관말 증기트랩장치의 냉각레그

해 보일러 주증기관은 보온을 하여 응축수로 인한 해를 방지하여야 한다.

53 강관 배관에서 유체의 흐름방향을 바꾸는 데 사용되는 이음쇠는?
① 부싱   ② 리턴벤드
③ 리듀서   ④ 소켓

해 사용 용도에 의한 강관 이음재 분류
• 방향을 전환할 때 : 엘보(elbow), 벤드(bend), 리턴 벤드
• 관을 도중에 분기할 때 : 티(tee), 와이(Y), 크로스(cross)
• 동일 지름의 관을 연결할 때 : 소켓(socket), 니플(nipple), 유니언(union)
• 지름이 다른 관(이경관)을 연결할 때 : 리듀서(reducer), 부싱(bushing), 이경 엘보, 이경티
• 관 끝을 막을 때 : 플러그(plug), 캡(cap)
• 관의 분해, 수리가 필요할 때 : 유니언, 플랜지

54 연단과 아마인유를 혼합한 방청도료로서 밀착력이 강하고 도막(塗膜)은 질이 조밀하여 풍화에 잘 견디므로 기계류의 도장 밑칠에 사용되는 도료는?
① 알루미늄 도료   ② 광명단 도료
③ 산화철 도료   ④ 합성수지 도료

해 광명단 도료 : 연단을 아마인(linseed oil)와 혼합한 것으로 밀착력이 강하고 풍화에 잘 견디므로 페인트 밑칠에 사용한다.

55 과열증기 사용 시의 장점이 아닌 것은?
① 열효율이 증가한다.
② 증기소비량을 감소시킨다.
③ 보일러 관 내의 물때가 적어진다.
④ 습증기로 인한 부식을 방지한다.

해 증기 공급 시 과열증기 사용
• 장점 : 적은 증기로 많은 일을 함, 증기의 마찰저항 감소, 부식 및 수격작용 방지, 열효율 증가
• 단점 : 가열장치에 열응력 발생, 표면온도 일정 유지 곤란

56 검사대상기기관리자의 선임기준에 관한 설명으로 틀린 것은?
① 1구역마다 1인 이상을 선임하여야 한다.
② 에너지관리기사 자격증 소지자는 모든 검사대상기기관리자로 선임될 수 있다.
③ 압력용기의 경우 한 시야로 볼 수 있는 범위마다 2인 이상의 관리자를 선임하여야 한다.
④ 중앙통제, 관리설비를 갖춘 경우는 1인이 통제, 관리할 수 있는 범위로 한다.

해 검사대상기기관리자의 선임기준(에너지이용합리화법 시행규칙 제31조의27)
• 검사대상기기관리자의 선임기준은 1구역마다 1명 이상으로 한다.
• 1구역은 검사대상기기관리자가 한 시야로 볼 수 있는 범위 또는 중앙통제, 관리설비를 갖추어 검사대상기기관리자 1명이 통제, 관리할 수 있는 범위로 한다. 다만, 압력용기의 경우에는 검사대상기기관리자 1명이 관리할 수 있는 범위로 한다.

57 에너지법에서 정의하는 '에너지 사용자'의 의미로 가장 옳은 것은?
① 에너지 보급 계획을 세우는 자
② 에너지를 생산, 수입하는 사업자
③ 에너지 사용시설의 소유자 또는 관리자
④ 에너지를 저장, 판매하는 자

해 • 에너지사용자 : 에너지 사용시설의 소유자 또는 관리자를 말한다.
• 에너지공급자 : 에너지를 생산·수입·전환·수송·저장 또는 판매하는 사업자를 말한다.

58 에너지이용합리화법상 검사대상기기관리자의 선임을 하여야 하는 자는?
① 시·도지사
② 한국에너지공단이사장
③ 검사대상기기 판매자
④ 검사대상기기 설치자

해 검사대상기기관리자의 선임(에너지이용합리화법 제40조)
검사대상기기설치자는 검사대상기기의 안전관리, 위해방지 및 에너지이용의 효율을 관리하기 위하여 검사대상기기의 관리자를 선임하여야 한다.

59 에너지이용합리화법에 따라 용접검사신청서 제출시 첨부하여야 할 서류가 아닌 것은?
① 용접 부위도
② 검사대상기기의 설계도면
③ 검사대상기기의 강도계산서
④ 비파괴시험성적서

해 용접검사신청서 제출 시 첨부하여야 할 서류(에너지이용합리화법 시행규칙 제31조의 14)
• 용접 부위도 1부
• 검사대상기기의 설계도면 2부
• 검사대상기기의 강도계산서 1부

60 에너지법상 에너지기술개발계획에 포함되어야 할 사항으로 틀린 것은?
① 에너지의 효율적 사용을 위한 기술개발에 관한 사항
② 신재생에너지 등 환경 배타적 에너지에 관련된 기술개발에 관한 사항
③ 에너지 사용에 따른 환경오염 저감을 위한 기술개발에 관한 사항
④ 국제에너지기술협력의 촉진에 관한 사항

해 에너지기술개발계획에 포함되어야 할 사항 : 에너지법 제11조
• 에너지의 효율적 사용을 위한 기술개발에 관한 사항
• 신재생에너지 등 환경친화적 에너지에 관련된 기술개발에 관한 사항
• 에너지 사용에 따른 환경오염을 줄이기 위한 기술개발에 관한 사항
• 온실가스배출을 줄이기 위한 기술개발에 관한 사항

정답 58 ④ 59 ④ 60 ②

제3회 모의고사

01 [1N]에 대한 설명으로 옳은 것은?
① 질량 1[kg]의 물체에 가속도 1[m/s²]이 작용하여 생기게 하는 힘이다.
② 질량 1[lg]의 물체에 가속도 1[cm/s²]이 작용하여 생기게 하는 힘이다.
③ 면적 1[cm²]에 1[kg]의 무게가 작용할 때의 응력이다.
④ 면적 1[cm²]에 1[g]의 무게가 작용할 때의 응력이다.

해 힘의 단위
- SI단위
 - N(Newton) : 질량 1[kg]인 물체가 1[m/s²]의 가속도를 받았을 때의 힘
 - dyne : 질량 1[lg]인 물체가 1[cm/s²]의 가속도를 받았을 때의 힘
- 공학단위 : 질량 1[kg]인 물체가 9.8[m/s²]의 중력가속도를 받았을 때의 힘으로 [kgf]로 표시한다.

02 중유의 종류를 A중유, B중유, C중유로 구분하는 기준 중 기본이 되는 사항은?
① 비중   ② 점도
③ 발열량   ④ 인화점

해 점도에 의한 분류 : A중유 < B중유 < C중유

03 비점이 낮은 물질인 수은, 다우섬 등을 사용하여 저압에서도 고온을 얻을 수 있는 보일러는?
① 관류식 보일러
② 자연순환 수관식 보일러
③ 노통연관식 보일러
④ 열매체식 보일러

해 열매체 보일러 : 특수한 열매체를 사용하여 낮은 압력에서 고온의 증기를 얻을 수 있도록 한 보일러로 사용하는 액체는 다우섬 A 및 E, 수은. 서큐리티 53, 모빌삼, 카네크롤 등을 사용한다.

04 어떤 보일러의 5시간 동안 증발량이 5,000kg이고, 그때의 급수엔탈피가 25kcal/kg, 증기엔탈피가 675kcal/kg이라 면 상당증발량은 약 몇 kg/h인가?
① 1.106   ② 1,206
③ 1,304   ④ 1,451

해 상당증발량 = $\dfrac{\dfrac{5000}{5} \times (675-25)}{539}$
≒ $1,206 kg/h$

05 보일러 운전 정지의 순서를 바르게 나열한 것은?

> 가. 댐퍼를 닫는다.
> 나. 공기의 공급을 정지한다.
> 다. 급수 후 급수펌프를 정지한다.
> 라. 연료의 공급을 정지한다.

① 가→나→다→라   ② 가→라→나→다
③ 라→가→나→다   ④ 라→나→다→가

해 보일러 운전 정지 순서
연료 공급 정지 → 공기 공급 정지 → 급수하여 압력을 낮추고 급수펌프 정지 → 증기밸브 차단 → 드레인밸브를 연다. → 댐퍼를 닫는다.

06 캐리오버(Carry Over)를 방지하기 위한 대책이 <u>아닌</u> 것은?
① 보일러 내에 증기 세정장치를 설치한다.
② 급격한 부하변동을 준다.
③ 운전 시에 블로다운을 행한다.
④ 고압보일러에서는 실리카를 제거한다.

해 캐리오버 발생의 원인
- 물리적 원인
 - 증발부 면적이 좁은 경우
 - 보일러 내의 수면이 비정상적으로 높아진 경우
 - 증기정지밸브를 급히 열 경우
 - 보일러 부하가 급격하게 증대될 경우
 - 압력의 급강하로 격렬한 자기증발을 일으킬 때
- 화학적 원인
 - 나트륨 등 염류가 많을 경우, 특히 인산나트륨이 많을 경우
 - 유지류나 부유 고형물이 많고 융해 고형물이 다량 존재할 경우

정답 01 ① 02 ② 03 ④ 04 ② 05 ④ 06 ②

07 두께가 13cm, 면적이 10m²인 벽이 있다. 벽의 내부온도는 200℃, 외부온도는 20℃일 때 벽을 통해 전도되는 열량은 약 몇 kcal/h인가?(단, 열전도율은 0.02kcal/m·h·℃이다)
① 234.2　　② 259.6
③ 276.9　　④ 312.8

해 열전도량(Q)

$$Q = \lambda \times F \times \frac{\Delta t}{l} = 0.02 \times 10 \times \frac{(200-20)}{0.13}$$

∴ 276.923kcal/h

08 보일러의 열손실이 아닌 것은?
① 방열손실　　② 배기가스 열손실
③ 미연소손실　　④ 응축수손실

해 보일러의 출열 중 열손실
- 배기가스에 의한 손실열(손실열 중 비중이 가장 크다.)
- 불완전연소에 의한 손실열
- 미연소연료에 의한 손실열
- 노벽 방산에 의한 방산손실 등
- 발생증기 보유열

09 실로코형이라고도 불리는 전향날개형의 대표적인 송풍기는?
① 다익송풍기
② 터보송풍기
③ 플레이트송풍기
④ 축류송풍기

해 실로코형 송풍기 : 원심송풍기로서 회전차의 지름이 작고 소형, 경량인 송풍기로 전향 날개를 많이 설치한 것으로 다익송풍기로 불려지며 특징은 다음과 같다.
- 풍량이 많으나 풍압이 낮다.
- 효율이 낮다.
- 소요 동력이 많이 필요하다.
- 제작비가 저렴하다.

10 원통형 보일러의 특징이 아닌 것은?
① 구조가 간단하고 취급이 용이하다.
② 부하변동에 의한 압력변화가 적다.
③ 보유수량이 적어 파열 시 피해가 적다.
④ 고압 및 대용량에는 부적당하다.

해 원통형 보일러의 특징
- 구조가 간단하고 취급 및 청소, 검사가 용이하다.
- 설비비가 저렴하다.
- 고압이나 대용량에는 부적합하다.
- 기동으로부터 증기 발생까지는 시간이 걸리지만 부하의 변동에 따른 압력변동이 적다.
- 보유수량이 많으며 파열의 경우 피해가 크다.

11 보일러 화염검출장치의 보수나 점검에 대한 설명 중 틀린 것은?
① 플레임아이 장치의 주위 온도는 50℃ 이상이 되지 않게 한다.
② 광전관식은 유리나 렌즈를 매주 1회 이상 청소하고 감도 유지에 유의한다.
③ 플레임로드는 검출부가 불꽃에 직접 접하므로 소손에 유의하고 자주 청소해 준다.
④ 플레임아이는 불꽃의 직사광이 들어가면 오동작하므로 불꽃의 중심을 향하지 않도록 설치한다.

해 플레임 아이는 발광체를 이용하여 화염을 검출하므로 불꽃에서 직사광이 들어오도록 불꽃의 중심을 향하도록 설치하여야 한다.

12 분진가스를 방해판 등에 충돌시키거나 급격한 방향전환 등에 의해 매연을 분리 포집하는 집진방법은?
① 중력식　　② 여과식
③ 관성력식　　④ 유수식

해 관성력식 집진장치의 특징
- 구조가 간단하고 취급이 쉽다.
- 유지비가 적게 소요된다.
- 다른 집진장치의 전처리용으로 사용된다.
- 집진효율이 낮다.
- 미세한 입자의 포집효율이 낮다.(집진효율은 50~70[%] 정도이다.)

13 LNG를 사용하는 보일러에서 배기가스 중의 이산화탄소 농도가 10[%]이었다. 이 보일러의 공기비는 얼마인가? (단, LNG의 CO_2max 값은 12[%]이다.)
① 1.0 ② 1.1
③ 1.2 ④ 1.3

해 $m = \dfrac{CO_2\,max\,[\%]}{CO_2\,[\%]} = \dfrac{12}{10} = 1.2$

14 원통형 및 수관식 보일러의 구조에 대한 설명 중 틀린 것은?
① 노통 접합부는 애덤슨 조인트(Adamson Joint)로 연결하여 열에 의한 신축을 흡수한다.
② 코니시 보일러는 노통을 편심으로 설치하여 보일러수의 순환이 잘되도록 한다.
③ 갤러웨이관은 전열면을 증대하고 강도를 보강한다.
④ 강수관의 내부는 열가스가 통과하여 보일러수 순환을 증진한다.

해 강수관 내부에 열가스가 통과하는 것은 연관식 보일러이다.

15 보일러 전열면적 1m² 당 1시간에 발생되는 실제증발량은?
① 전열면 증발률 ② 전열면 출력
③ 전열면의 효율 ④ 상당증발효율

해 전열면 증발율(kg/m² · h) = 보일러 증발량(kg/h) / 전열면적(m²)

16 열전달의 기본형식에 해당되지 않는 것은?
① 대류 ② 복사
③ 발산 ④ 전도

해 열이동 방식 : 전도, 대류, 복사

17 증기보일러의 캐리오버(Carry Over)의 발생원인과 가장 거리가 먼 것은?
① 보일러 부하가 급격하게 증대할 경우
② 증기부 면적이 불충분할 경우
③ 증기정지밸브를 급격히 열었을 경우
④ 부유 고형물 및 용해 고형물이 존재하지 않을 경우

해 • 물리적 발생 원인
 - 증발부 면적이 좁은 경우
 - 보일러 내의 수면이 비정상적으로 높아질 경우
 - 증기정지밸브를 급히 열 경우
 - 보일러 부하가 급격하게 증대될 경우
 - 압력의 급강하로 격렬한 자기증발을 일으킬 때

• 화학적 발생 원인
 - 나트륨 등 염류가 많은 경우, 특히 인산나트륨이 많은 경우
 - 유지류나 부유 고형물이 많고 융해 고형물이 다량 존재할 경우

18 보일러 내부에 아연판을 매다는 가장 큰 이유는?
① 기수공발을 방지하기 위하여
② 보일러판의 부식을 방지하기 위하여
③ 스케일 생성을 방지하기 위하여
④ 프라이밍을 방지하기 위하여

해 아연은 철판보다 이온화 경향이 크기 때문에 아연이 희생하여 철의 부식을 방지하는 희생양극법의 형태이다.

19 자동연소제어에서 노내 압력을 제어하는데 필요한 조작량은?
① 공기량 ② 연소가스량
③ 급수량 ④ 전열량

20 과열증기의 특징 설명으로 틀린 것은?
① 증기의 마찰손실이 적다.
② 증기 소비량이 적어도 된다.
③ 가열표면의 온도가 균일하다.
④ 가열장치에 큰 열응력이 발생한다.

해 과열증기로 피가열물을 가열할 경우 과열증기와 포화증기가 열전달을 하므로 가열 표면의 온도가 불균일해진다.

21 보일러 점화 시 역화의 원인과 관계가 없는 것은?
① 착화가 지연될 경우
② 점화원을 사용한 경우
③ 프리퍼지가 불충분할 경우
④ 연료 공급밸브를 급개하여 다량으로 분무한 경우

해 보일러 점화 시 역화 원인
• 프리퍼지가 불충분한 경우
• 점화 시 착화시간이 지연된 경우
• 점화원을 사용하지 않고 노 내의 잔열로 점화한 경우
• 연료 공급밸브를 필요 이상 급개하여 다량으로 분무한 경우
• 점화원을 가동하기 전에 연료를 분무해 버린 경우

22 보일러 관석(스케일) 중 고온에서 주로 석출되어 증발관 등에 부착되기 쉬운 것은?
① 황산칼슘　　② 중탄산칼슘
③ 염화마그네슘　　④ 실리카

해 **황산칼슘($CaSO_4$)** : 고온에서 석출하므로 주로 증발관에서 스케일화 되는 것으로 보일러 내처리가 불충분한 경우에 생성되기 쉽고 대단히 악질 스케일이 된다.

23 고저수위 경보기의 종류 중 플로트의 위치 변위에 따라 수은스위치를 작동시켜 경보를 울리는 것은?
① 기계식 경보기　　② 자석식경보기
③ 전극식 경보기　　④ 맥도널식 경보기

해 **맥도널식 경보기** : 수위의 부력에 의한 플로트 위치에 따라 연결된 수은스위치로 작동하는 형식으로 중소형 보일러에 가장 많이 사용하는 저수위 경보장치이다.

24 액면계 중 직접식 액면계에 속하는 것은?
① 압력식　　② 방사선식
③ 초음파식　　④ 유리관식

해 • **직접식 액면계** : 유리관식, 검척식, 플로트식, 편위식
• **간접식 액면계** : 압력식, 퍼지식, 방사선식, 초음파식, 정전용량식

25 보일러 액체연료가 갖추어야 할 성질이 아닌 것은?
① 발열량이 클 것
② 점도가 낮고, 유동성이 클 것
③ 적당한 유황분을 포함할 것
④ 저장이 간편하고, 연소 시 매연이 적을 것

해 **액체연료의 특징**
• 품질이 균일하고 발열량이 크다.
• 운반, 저장, 취급 등이 편리하다.
• 회분 등의 연소 잔재물이 적다.
• 국부과열과 인화성의 위험도가 크다.
• 가격이 고가이다.

26 연료를 연소시키는 데 필요한 실제공기량과 이론공기량의 비, 즉 공기비를 m이라 할 때 다음 식이 뜻하는 것은?

$$(m-1) \times 100\%$$

① 과잉공기율　　② 과소공기율
③ 이론공기율　　④ 실제공기율

해 과잉공기율 $= (m-1) \times 100\%$

27 배관의 단열공사를 실시하는 목적으로 가장 거리가 먼 것은?
① 열에 대한 경제성을 높인다.
② 온도 조절과 열량을 낮춘다.
③ 온도 변화를 제한한다.
④ 화상 및 화재를 방지한다.

해 단열재는 주위온도보다 높거나 낮은 온도에서 작동되는 배관 및 각종 기기의 표면으로부터 열손실 또는 열취득을 차단하는 목적을 가지고 있다. 다음 중 하나 이상의 기능을 달성하기 위하여 적절하게 설계되어야 한다.
• 열전달의 최소화
• 화상 등의 사고 방지를 위한 표면온도 조절
• 결로 방지를 위한 표면온도 조절
• 작동유체의 온도 유지 또는 동결 방지
• 기타 소음 제어, 화재 안전, 부식 방지 등

28 효율이 82%인 보일러로 발열량 9,800kcal/kg의 연료를 15kg 연소시키는 경우의 손실 열량은?
① 80,360kcal　　② 32,500kcal
③ 26,460kcal　　④ 120,540kcal

해 보일러 효율 계산 효율

$$효율 = \left(1 - \frac{총손실열량}{입열량}\right) \times 100$$

$$0.82 = 1 - \frac{x}{9800 \times 15}$$

$$\therefore x = 26,460 \text{kcal}$$

29 수관식 보일러의 연소실 수냉노벽의 구조에 따른 종류에 해당되지 않는 것은?
① 탄젠샬 배열
② 스페이스드 배열
③ 스킨 케이싱 배열
④ 스테이 배열

해 **구조에 따른 수냉노벽의 종류** : 탄젠샬 배열, 스페이스드 배열, 스킨 케이싱 배열, 핀 패널식 케이싱

정답　22 ①　23 ④　24 ④　25 ③　26 ①　27 ②　28 ③　29 ④

30 대기압 상태를 0으로 기준하여 압력계에서 측정한 압력은?
① 표준대기압 ② 대기압
③ 게이지압력 ④ 절대압력

해 압력의 구분
- 표준대기압 : 0[℃], 위도 45° 해수면, 중력가 속도 9.8[m/s²]을 기준으로 수은주의 높이가 760[mm]일 때의 압력
- 게이지압력 : 대기압을 기준으로 하여 압력계에서 측정한 압력
- 진공압력 : 대기압을 기준으로 하여 대기압 이하의 압력을 측정한 것이다.
- 절대압력 : 완전진공을 기준으로 하여 측정한 압력

31 분출밸브의 최고사용압력은 보일러 최고사용압력의 몇 배 이상이 되어야 하는가?
① 0.5배 ② 1.0배
③ 1.03배 ④ 1.25배

해 분출밸브의 모양과 강도와 분출밸브는 스케일 그 밖의 침전물이 퇴적되지 않는 구조이어야 하며, 그 최고사용 압력은 보일러 최고사용압력의 1.25배 또는 보일러의 최고사용압력에 1.5[MPa]를 더한 압력 중 작은 쪽의 압력 이상이어야 한다.

32 저위발열량이 9650[kcal/kg]인 기름을 240[kg/h] 연소하여, 증기엔탈피가 668[kcal/kg]인 증기 3000[kg/h]을 발생하였다면, 이 보일러의 효율은 약 몇 [%]인가?(단, 급수엔탈피는 20[kcal/kg]이다.)
① 78.6 ② 83.9
③ 85.1 ④ 89.6

해 $\eta = \dfrac{G_a \times (h_2 - h_1)}{G_f \times H_l} \times 100$

$= \dfrac{3000 \times (668 - 20)}{240 \times 9650} \times 100$

$= 83.937 [\%]$

33 온수난방에서 물은 온도변화에 따라 용적이 변화하므로 이를 흡수하여 배관계통을 보호하기 위해 설치하는 설비는 무엇인가?
① 팽창탱크 ② 공기빼기밸브
③ 온수분배기 ④ 전동밸브

해 팽창탱크 설치목적(팽창탱크 역할)
- 운전 중 장치내의 온도상승에 의한 체적팽창 및 그 압력을 흡수한다.
- 팽창된 온수의 넘침을 방지하여 열손실을 방지한다.
- 운전 중 장치내의 압력을 소정의 압력으로 유지하고, 온수온도를 유지한다.
- 장치 내 보충수 공급 및 공기침입을 방지한다.

34 보일러 청관제 중 보일러수의 연화제로 사용되지 않는 것은?
① 수산화나트륨 ② 탄산나트륨
③ 인산나트륨 ④ 황산나트륨

해 보일러 내처리
- pH 및 알칼리조정제 : 수산화나트륨, 탄산나트륨, 인산소다, 암모니아 등
- 경도 성분연화제 : 수산화나트륨, 탄산나트륨, 각종 인산나트륨 등
- 슬러지조정제 : 타닌, 리그닌, 전분 등
- 탈산소제 : 아황산소다, 하이드라진, 타닌 등
- 가성취화억제제 : 인산나트륨, 타닌, 리그닌, 황산나트륨 등

35 온수보일러의 순환펌프 설치방법으로 옳은 것은?
① 순환펌프의 모터 부분은 수평으로 설치한다.
② 순환펌프는 보일러 본체에 설치한다.
③ 순환펌프는 송수주관에 설치한다.
④ 공기빼기장치가 없는 순환펌프는 체크벨브를 설치한다.

해 순환펌프는 온수난방에 사용하는 펌프이다. 120℃ 전후의 내열성을 가진 것으로, 비교적 저양정(3~6mH₂O)의 원심펌프이다. 전동기와 같은 구조의 라인펌프와 주택의 중앙난방에만 사용되며, 방열기와 보일러 사이에 설치한다.

36 보일러 내부에 아연판을 매다는 가장 큰 이유는?
① 기수공발을 방지하기 위하여
② 보일러판의 부식을 방지하기 위하여
③ 스케일 생성을 방지하기 위하여
④ 프라이밍을 방지하기 위하여

🖁 보일러 내부에 아연판을 매다는 이유는 부식을 방지하기 위해서이다.

37 방열기 도시기호 중 벽걸이 종형 도시기호는?
① W-H   ② W-V
③ W-Ⅱ   ④ W-Ⅲ

🖁 호칭 및 도시방법
• 주형 방열기 : 2주형(Ⅱ), 3주형(Ⅲ), 3세주형(3), 5세주형(5)
• 벽걸이형(W) : 가로형(W-H = Wall-Horizontal), 세로형(W-V = Wall-Vertical)

38 배기가스 중에 함유되어 있는 CO_2, O_2, CO 3가지 성분을 순서대로 측정하는 가스분석계는?
① 전기식 CO계
② 헴펠식 가스분석계
③ 오르자트 가스분석계
④ 가스크로마토 그래픽 가스분석계

🖁 자동 오르자트법의 가스 흡수액
• CO_2 : 수산화칼륨(KOH) 30% 수용액
• O_2 : 알칼리성 파이로갈롤 용액
• CO : 암모니아성 염화제1용액

39 온수보일러의 개방식 팽창탱크에 관한 설명으로 틀린 것은?
① 고 온수난방 배관에 주로 사용된다.
② 온도변화에 따른 온수의 체적변화를 흡수한다.
③ 팽창관, 급수관, 안전관, 통기관, 드레인관 등이 연결되어 있다.
④ 팽창탱크는 방열면 또는 최고 위치의 방열기보다 최소 1[m] 이상 높게 설치한다.

🖁 고온수 난방설비에는 밀폐식 팽창탱크, 저온수 난방설비에는 개방식 팽창탱크를 사용한다.

40 증기난방에서 방열기 안에 생긴 응축수를 보일러에 환수할 때 온수의 공급과 환수가 동일 관을 이용하여 흐르게 하는 방식은?
① 단관식   ② 복관식
③ 상향식   ④ 하향식

🖁 증기관의 배관방식에 의한 분류
• 단관식 : 응축수와 증기가 동일 배관 내에서 흐르도록 하는 배관 방식이다.
• 복관식 : 증기와 응축수가 각각 다른 배관에서 흐르는 배관 방식으로 규모가 큰 난방설비에 적용한다.

41 일반적으로 단열재와 보온재, 보냉재는 무엇을 기준으로 하여 구분하는가?
① 압축강도   ② 열전도도
③ 안전사용온도   ④ 내화도

🖁 안전사용온도 범위
• 내화재 : 내화도가 SK26(1580℃) 이상에서 사용
• 내화단열재 : 내화재와 단열재의 중간으로 SK10(1300℃) 이상에 견디는 것
• 단열재 : 내화벽과 외벽의 사이에 끼워 단열효과를 얻는 것으로 800~1200℃에서 견디는 것
• 무기질 보온재 : 300~800℃ 정도까지 사용
• 유기질 보온재 : 100~300℃ 정도까지 사용
• 보냉재 : 100℃ 이하에서 보냉을 목적으로 사용

42 온수보일러 시공에 따른 용어 설명 중 틀린 것은?
① 팽창탱크란 온수의 온도상승으로 인한 체적팽창에 의한 보일러의 파손을 막기 위해 설치하는 장치이다.
② 상향 순환식이란 송수주관을 상향 구배로 하고 난방개소의 방열면을 보일러 설치 기준면보다 높게 하여 온수순환이 상향으로 송수되어 환수하는 방식이다.
③ 환수주관이란 보일러에서 발생된 온수를 난방개소에 매설된 방열관 및 온수탱크에 온수를 공급하는 관을 말한다.
④ 급수탱크란 팽창탱크에 물이 부족할 때 급수할 수 있는 장치이다.

🖁 송수주관 및 환수주관
• 송수주관 : 보일러에서 발생 된 온수를 온수난방의 경우 난방 개소에 매설된 방열관에, 급탕 시설의 경우에는 온수탱크에 온수를 공급하는 관을 말한다.
• 환수주관 : 온수난방의 경우 방열관을 통과하여 냉각된 온수를, 급탕 시설의 경우 사용하지 않은 온수를 재가열하기 위해 보일러로 되돌려 주는 관을 말한다.

📖 정답 36 ② 37 ② 38 ③ 39 ① 40 ① 41 ③ 42 ③

43 보일러 연료를 완전연소 시키기 위한 방법으로 틀린 것은?
① 연소실 용적을 되도록 작게 할 것
② 연료와 연소용 공기를 적절히 예열할 것
③ 연소실 내의 온도를 되도록 높게 유지할 것
④ 적량의 공기를 공급하여 연료와 잘 혼합할 것

해 완전연소의 구비조건
- 적절한 공기공급과 혼합을 잘 시킬 것
- 연소실 온도를 착화온도 이상으로 유지할 것
- 연소실에 고온을 유지할 것
- 연소에 충분한 연소실과 시간을 유지할 것

44 온수난방배관 시공 시 이상적인 기울기는?
① 1/100 이상 ② 1/150 이상
③ 1/200 이상 ④ 1/250 이상

해 온수난방배관 기울기
1/250 이상 앞올림 기울기를 배관하고 자동공기배출밸브를 설치한다. 배관의 최상단에는 공기배출밸브를, 최하단에는 배수밸브를 설치한다.

45 보일러 점화 전에 댐퍼를 열고 노 내와 연도에 남아 있는 가연성가스를 송풍기로 취출시키는 것은?
① 프리퍼지 ② 포스트퍼지
③ 에어드레인 ④ 통풍압 조절

해
- 포스트퍼지 : 소화 후 통풍
- 프리퍼지 : 점화 전 통풍

46 다음 보기에서 설명한 송풍기의 종류는?

[보기]
- 경향 날개형이며 6~12매의 철판제 직선날개를 보스에서 방사한 스포크에 리벳 죔을 한 것이며, 촉관이 있는 임펠러와 측판이 없는 것이 있다.
- 구조가 견고하며 내마모성이 크고 날개를 바꾸기도 쉬우며 회진이 많은 가스의 흡출통풍기, 미분탄 장치의 배탄기 등에 사용된다.

① 터보 송풍기 ② 다익 송풍기
③ 축류 송풍기 ④ 플레이트 송풍기

해
- 터보 송풍기 : 낮은 정압에서 높은 정압의 영역까지 폭넓은 운전범위를 가지고 있으며, 각 용도에 적합한 깃 및 케이싱 구조, 재질의 선택을 통하여 일반 공기 이송에서 고온의 가스 혼합물 및 분체 이송까지 폭넓은 용도로 사용할 수 있다.
- 다익 송풍기 : 일반적으로 시로코 팬(Sirocco Fan)이라고 하며 임펠러 형상이 회전 방향에 대해 앞쪽으로 굽어진 원심형 전향익 송풍기이다.
- 축류 송풍기 : 기본적으로 원통형 케이싱 속에 있는 임펠러의 회전에 따라 축 방향으로 기체를 송풍하는 형식이다. 일반적으로 효율이 높고 고속회전에 적합하여 전체가 소형이 되는 이점이 있다.

47 수면계의 기능시험 시기로 틀린 것은?
① 보일러를 가동하기 전
② 수위의 움직임이 활발할 때
③ 보일러를 가동하여 압력이 상승하기 시작했을 때
④ 2개 수면계의 수위에 차이를 발견했을 때

해 수면계의 점검시기
- 보일러를 가동하기 전
- 프라이밍, 포밍 발생 시
- 두 조의 수면계 수위가 서로 다를 경우
- 수면계의 수위가 의심스러울 때
- 수면계 교체 시

48 보일러 기수공발(Carry Over)의 원인이 아닌 것은?
① 증발 수면적이 너무 넓다.
② 주증기 밸브를 급개하였다.
③ 부유 고형물이나 용해 고형물이 많이 존재하였다.
④ 압력의 급강하로 격렬한 자기증발을 일으켰다.

해 캐리오버(기수공발) : 발생 증기 중 물방울이 포함되어 송기되는 현상으로 증발 수면적이 좁을 때 발생한다.

49 연소온도에 영향을 미치는 인자와 관계가 없는 것은?
① 산소의 농도 ② 연료의 발열량
③ 공기비 ④ 연료의 가격

해 연소온도를 높이는 방법
- 발열량이 높은 연료를 사용한다.
- 연료를 완전 연소시킨다.
- 가능한 한 적은 과잉공기를 사용한다.
- 연료, 공기를 예열하여 사용한다.
- 복사 전열을 감소시키기 위해 연소속도를 빨리 할 것

50 배관 라인에 설치된 각종 펌프, 압축기 등에서 발생되는 진동 및 수격작용에 의한 충격 등을 억제하기 위하여 사용하는 관지지기구는?
① 리스트레인트　　② 콘스턴트 행거
③ 브레이스　　　　④ 스커트

해 브레이스(brace) : 펌프, 압축기 등에서 발생하는 진동을 흡수하여 배관계통에 전달되는 것을 방지하는 역할을 한다.

51 보일러 연소에서 공기비가 적정 공기비보다 클 때 나타나는 현상으로 맞는 것은?
① 연소실 내의 온도가 상승한다.
② 배기가스에 의한 열손실이 감소한다.
③ 미연소 가스로 인한 역화의 위험이 있다.
④ 연소가스 중의 NO_2량이 증대하여 대기오염을 초래한다.

해 • 공기비가 클 경우 영향
• 연소실내의 온도가 낮아진다.
• 배기가스로 인한 열손실이 증가한다.
• 연료 소비량이 증가한다.
• 배기가스 중 질소화합물(NO_X)이 많아져 대기오염을 초래한다.

52 보일러의 증기관 중 반드시 보온을 해야하는 곳은?
① 난방하고 있는 실내에 노출된 배관
② 방열기 주위 배관
③ 주증기 공급관
④ 관말 증기트랩장치의 냉각레그

해 보일러 주증기관은 보온을 하여 응축수로 인한 해를 방지하여야 한다.

53 온수난방에서 팽창탱크의 용량 및 구조에 대한 설명으로 틀린 것은?
① 개방식 팽창탱크는 저온수난방 배관에 주로 사용된다.
② 밀폐식 팽창탱크는 고온수난방 배관에 주로 사용된다.
③ 밀폐식 팽창탱크에는 수면계를 설치한다.
④ 개방식 팽창탱크에는 압력계를 설치한다.

해 팽창탱크에 연결되는 관 및 계기의 종류
• 개방식 : 팽창관, 급수관, 통기관, 오버플로관, 배수관, 방출관
• 밀폐식 : 팽창관, 급수관, 배수관, 압축공기관, 압력계, 수면계, 안전밸브

54 외부와 열의 출입이 없는 열역학적 변화는?
① 등온 변화　　② 정압 변화
③ 단열 변화　　④ 정적 변화

55 보일러 가동 시 맥동연소가 발생하지 않도록 하는 방법으로 틀린 것은?
① 연료 속에 함유된 수분이나 공기를 제거한다.
② 2차 연소를 촉진시킨다.
③ 무리하게 연소하지 않는다.
④ 연소량의 급격한 변동을 피한다.

해 맥동연소 예방대책
• 연료 속에 함유된 수분이나 공기는 제거하고, 가열온도를 적절히 유지한다.
• 연료량과 공급 공기량과의 밸런스를 맞춘다. 특히 2차 공기의 예열이나 공급방법 등을 개선하며, 더욱 이들의 혼합을 적절히 함으로써 연소실 내에서 속히 연소를 완료할 수 있도록 양호한 연소 상태를 유지한다.
• 무리한 연소는 하지 않는다.
• 연소량의 급격한 변동은 피한다.
• 연소실이나 연도의 가스 포켓부는 이를 충분히 둥그스름하게 해서 연소가스가 와류를 일으키지 않도록 개선한다.
• 연도의 단면이 급격히 변화하지 않도록 한다.
• 노 내나 연도 내에 불필요한 공기가 누입되지 않도록 한다.
• 2차 연소(1차 연소에서 타고 남은 석탄, 즉 미연탄을 재연소시키기 위한 연소)를 방지한다.

56 장시간 사용을 중지하고 있던 보일러의 점화 준비에서 부속장치 조작 및 시동에 대한 설명으로 틀린 것은?
① 댐퍼는 굴뚝에서 가까운 것부터 차례로 연다.
② 통풍장치의 댐퍼 개폐도가 적당한지 확인한다.
③ 흡입통풍기가 설치된 경우는 가볍게 운전한다.
④ 절탄기나 과열기에 바이패스가 설치된 경우는 바이패스 댐퍼를 닫는다.

해 절탄기나 과열기에 바이패스가 설치된 경우는 바이패스 댐퍼를 연다.

57 에너지이용합리화법상의 특정열사용기자재가 아닌 것은?
① 강철제 보일러　　② 난방기기
③ 2종 압력용기　　　④ 온수보일러

58 에너지이용합리화법에 따라 검사대상기기 관리자가 퇴직한 경우, 검사대상기기 관리자 퇴직신고서에 자격증수첩과 관리할 검사대상기기 검사증을 첨부하여 누구에게 제출하여야 하는가?
① 시·도지사
② 시공업자단체장
③ 산업통상자원부장관
④ 한국에너지공단 이사장

해 검사대상기기관리자의 선임신고 등(에너지이용합리화법 시행규칙 제31조의 28)
검사대상기기의 설치자는 검사대상기기 관리자를 선임·해임하거나 검사대상기기 관리자가 퇴직한 경우, 검사대상기기 관리자 선임(해임, 퇴직)신고서에 자격증수첩과 관리할 검사대상기기 검사증을 첨부하여 한국에너지공단 이사장에게 제출하여야 한다.

59 에너지이용 합리화법상 온실가스배출 감축 실적의 신청, 등록, 관리 등에 관하여 필요한 사항을 정하는 령은?
① 대통령령
② 산업통상자원부령
③ 한국에너지공단이사장령
④ 환경부장관령

해 온실가스배출 감축실적의 등록관리 : 에너지이용 합리화법 제29조
• 정부는 에너지절약전문기업, 자발적 협약체결 기업 등이 에너지이용 합리화를 통한 온실가스배출 감축실적의 등록을 신청하는 경우 그 감축실적을 등록·관리하여야 한다.
• 신청, 등록·관리 등에 관하여 필요한 사항은 대통령령으로 정한다.

60 에너지이용 합리화법의 목적이 아닌 것은?
① 에너지 수급 안정화
② 국민 경제의 건전한 발전에 이바지
③ 에너지 소비로 인한 환경피해 감소
④ 연료수급 및 가격 조정

해 에너지이용 합리화법의 목적(법 제1조) : 에너지의 수급을 안정시키고 에너지의 합리적이고 효율적인 이용을 증진하며 에너지소비로 인한 환경피해를 줄임으로써 국민경제의 건전한 발전 및 국민복지의 증진과 지구온난화의 최소화에 이바지함을 목적으로 한다.

제4회 모의고사

01 열정산의 목적으로 틀린 것은?
① 조업방식을 개선할 수 있다.
② 열의 손실을 파악할 수 있다.
③ 열설비의 성능을 파악할 수 있다.
④ 연료의 발열량을 조절할 수 있다.

해 열정산 목적
- 열의 이동 상태를 파악하기 위하여
- 열의 손실을 파악하기 위하여
- 열설비의 성능을 파악하기 위하여
- 보일러의 성능 개선 자료를 얻기 위하여
- 보일러의 효율을 파악하기 위하여
- 조업 방법을 개선하기 위하여

02 가스버너에서 리프팅(Lifting)현상이 발생하는 경우는?
① 가스압이 너무 높은 경우
② 버너 부식으로 염공이 커진 경우
③ 버너가 과열된 경우
④ 1차 공기의 흡인이 많은 경우

해 리프팅(선화) 발생원인
- 가스유출압력이 연소속도보다 더 빠른 경우
- 버너 내의 가스압력이 너무 높아 가스가 지나치게 분출하는 경우
- 댐퍼가 과대하게 개방되어 혼합가스량이 많을 때
- 염공이 막혔을 때

03 분진가스를 방해판 등에 충돌시키거나 급격한 방향 전환 등에 의해 매연을 분리 포집하는 집진방법은?
① 중력식
② 여과식
③ 관성력식
④ 유수식

해 관성력 집진장치 : 함진가스를 방해판 등에 충돌시키거나 기류의 방향을 전환시켜 포집하는 방식

04 다음 중 열량의 계량 단위가 아닌 것은?
① J
② kWh
③ Ws
④ kg

해 kg은 질량의 단위이다.

05 액체연료의 유압분무식 버너의 종류에 해당되지 않는 것은?
① 플랜지형
② 외측 반환유형
③ 직접 분사형
④ 간접 분사형

해 유압분무식 버너의 종류 : 플랜지형, 외측 반환류형, 직접 분사형
√ 간접 분사형은 미분탄 연료의 분사형식이다.

06 보일러 화염검출장치의 보수나 점검에 대한 설명 중 틀린 것은?
① 플레임아이 장치의 주위온도는 50℃ 이상이 되지 않게 한다.
② 광전관식은 유리나 렌즈를 매주 1회 이상 청소하고 감도 유지에 유의한다.
③ 플레임 로드는 검출부가 불꽃에 직접 접하므로 소손에 유의하고 자주 청소해 준다.
④ 플레임 아이는 불꽃의 직사광이 들어가면 오동작하므로 불꽃의 중심을 향하지 않도록 설치한다.

해 플레임 아이는 불꽃의 직사광이 들어가면 정상작동이다.

07 보일러의 연소 배기가스를 분석하는 궁극적인 목적으로 가장 알맞은 것은?
① 노내압 조정
② 연소열량 계산
③ 매연농도 산출
④ 최적연소효율 도모

해 배기가스를 분석하여 적정공기비가 유지되는지 확인하여, 최적의 연소효율을 도모하기 위함이다.

정답 01 ④ 02 ① 03 ③ 04 ④ 05 ④ 06 ④ 07 ④

08 보일러 과열기를 분류할 때 전열방식에 따른 종류에 해당되지 <u>않는</u> 것은?
① 복사 과열기 ② 대향류 과열기
③ 접촉 과열기 ④ 복사 접촉 과열기

🔳 과열기의 분류
- 열가스 접촉에 의한 분류(전열방식, 설치장소) : 접촉 과열기(대류형), 복사 과열기(방사형), 복사 접촉 과열기(방사 대류형)
- 증기와 연소가스의 흐름에 의한 분류 : 병류식 향류식, 혼류식

09 연소용 버너 중 2중관으로 구성되어 중심부에서는 유류가 분사되고 외측에는 가스가 분사되는 형태로 유류와 가스를 동시에 연소시킬 수 있는 버너로 센터파이어라고도 하는 버너는?
① 건형 가스버너
② 링형 가스버너
③ 다분기관형 가스버너
④ 스크롤형 가스버너

🔳 건(gun)형 가스버너 : 센터파이어형(center fire type) 또는 통형이라고도 하며, 2중관형 구조로 중심부에서 유류 연료가 분사되고, 외측으로는 가스 연료가 분출되는 형태로 액체연료는 가스분출에 의한 사용이 가능하여 많이 사용된다.

10 자연 통풍력에 관한 설명으로 틀린 것은?
① 연돌의 단면적을 크게 하면 통풍력이 증가한다.
② 배기가스 온도를 낮게 하면 통풍력이 증가한다.
③ 연돌의 높이를 높게 하면 통풍력이 증가한다.
④ 외기와 배기가스의 밀도차가 클수록 통풍력이 증가한다.

🔳 연돌의 통풍력이 증가되는 경우
- 연돌의 높이가 높을수록
- 연돌의 단면적이 클수록
- 연돌의 굴곡부가 적을수록
- 배기가스 온도가 높을수록
- 외기온도가 낮을수록

11 함진가스에 선회운동을 주어 분진입자의 작용하는 원심력에 의하여 입자를 분리하는 집진장치로 가장 적합한 것은?
① 백필터식 집진기
② 사이클론식 집진기
③ 전기식 집진기
④ 관성력식 집진기

🔳 원심력 집진장치 : 함진가스에 선회운동을 주어 입자에 원심력을 작용시켜 입자를 분리하는 방식으로 사이클론식과 멀티클론식이 있다.

12 보일러 증기 발생량 5t/h, 발생 증기엔탈피 650kcal/kg, 연료 사용량 400kg/h, 연료의 저위발열량 9,750kcal/kg일 때 보일러 효율은 약 몇 %인가?(단, 급수온도는 20℃이다.)
① 78.8% ② 80.8%
③ 82.4% ④ 84.2%

🔳 $\eta = \dfrac{G_a \times (h_2 - h_1)}{G_f \times H_l} \times 100$

$= \dfrac{5000 \times (650 - 20)}{400 \times 9750} \times 100$

$= 80.769 [\%]$

13 증기의 과열도를 옳게 표현한 식은?
① 과열도 = 포화증기온도 - 과일증기온도
② 과열도 = 포화증기온도 - 압축수의 온도
③ 과열도 = 과일증기온도 - 압축수의 온도
④ 과열도 = 과열증기온도 - 포화증기온도

🔳 과열도 : 과열증기온도와 포화증기온도의 차이

14 보일러의 압력이 8kgf/cm² 이고, 안전밸브 입구 구멍의 단면적이 20cm² 라면 안전밸브에 작용하는 힘은 얼마인가?
① 140kgf ② 160kgf
③ 170kgf ④ 180kgf

🔳 안전밸브 작용하는 힘(P)

$P = \dfrac{W}{A}$

$8 = \dfrac{x}{20}$

$\therefore x = 160 kgf$

15 무게 80kg인 물체를 수직으로 5m까지 끌어올리기 위한 일을 열량으로 환산하면 약 몇 kcal인가?

① 0.94kcal ② 0.094kcal
③ 400kcal ④ 40kcal

해 $80 \times 5 = 400 \text{kg} \cdot \text{m}$

일의 열당량 $A = \dfrac{1}{427} \text{kcal/kg} \cdot \text{m}$

$= \dfrac{400}{427} \fallingdotseq 0.9367 \text{kcal}$

16 액체연료 연소에서 무화의 목적이 아닌 것은?
① 단위 중량당 표면적을 크게 한다.
② 연소효율을 향상시킨다.
③ 주위 공기와 혼합을 좋게 한다.
④ 연소실의 열부하를 낮게 한다.

해 무화의 목적
• 단위 중량당 표면적을 넓게 한다.
• 공기와의 혼합을 좋게 한다.
• 연소에 적은 과잉공기를 사용할 수 있다.
• 연소효율 및 열효율을 높게 한다.

17 연소가스의 흐름 방향에 따른 과열기의 종류 중 연소가스와 과열기 내 증기의 흐름 방향이 같으며, 가스에 의한 소손은 적으나 열의 이용도가 낮은 것은?
① 대류식 ② 향류식
③ 병류식 ④ 혼류식

해 증기와 연소가스 흐름에 의한 분류
• 병류식 : 증기와 연소가스의 흐름 방향이 같으며, 연소가스에 의한 관의 손상이 적으나 효율이 낮다.
• 향류식 : 장기와 연소가스의 흐름방향이 반대이며, 효율이 좋으나 연소가스에 의한 관의 손상이 크다.
• 혼류식 : 병류식과 향류식의 혼합형으로 효율도 좋고, 연소가스에 의한 관의 손상도 적다.

18 전열면적 20[m²]인 입형 연관보일러를 2시간 가동한 결과 6000[kg]의 증기가 발생하였다면, 이 보일의 전열면적 당 매시간 증발율은 얼마인가?
① 1000[kg/m²·h] ② 120[kg/m²·h]
③ 150[kg/m²·h] ④ 440[kg/m²·h]

해 $Be_1 = \dfrac{\text{매시 실제증기발생량}}{\text{전열면적}}$

$= \dfrac{6000}{20 \times 2} = 150 [\text{kg/m}^2 \cdot \text{h}]$

19 어떤 보일러의 급수온도가 50[℃]에서 압력 [7kgf/cm²], 온도 250[℃]의 증기를 1시간당 2500[kg] 발생할 때 상당증발량은 약 몇 [kg/h]인가? (단, 발생증기의 엔탈피는 660 [kcal/kg]이다.)
① 2829 ② 2960
③ 3265 ④ 3415

해 • 물의 비열은 1[kcal/kg·℃]이므로 급수 온도를 급수엔탈피(h1)[kcal/kg]로 적용한다.
• 상당증발량(G_e) 계산

$\therefore G_e = \dfrac{G_a \times (h_2 - h_1)}{539}$

$= \dfrac{2500 \times (660 - 50)}{539}$

$= 2829.314 [\text{kg/h}]$

20 일반적으로 보일러 동(드럼) 내부에는 물을 어느 정도로 채워야 하는가?

① $\dfrac{1}{4} \sim \dfrac{1}{3}$ ② $\dfrac{1}{6} \sim \dfrac{1}{5}$

③ $\dfrac{1}{4} \sim \dfrac{2}{5}$ ④ $\dfrac{2}{3} \sim \dfrac{4}{5}$

해 일반적으로 보일러 동(드럼) 내부에는 물을 $\dfrac{2}{3} \sim \dfrac{4}{5}$ 정도 보유하여야 하고, 운전 중에 보유할 수위는 $\dfrac{2}{3} \sim \dfrac{3}{4}$ 정도가 적당하다.

21 열매체 보일러 및 사용온도가 120[℃] 이상인 온수발생 보일러에 작동유체의 온도가 최고사용온도를 초과하지 않도록 설치하는 자동 연료차단장치는?
① 온도 - 급수제어장치
② 온도 - 압력제어장치
③ 온도 - 연소제어장치
④ 온도 - 수위제어장치

해 열매체보일러 및 사용온도가 393]K](120[℃]) 이상인 온수발생보일러에는 작동유체의 온도가 최고사용온도를 초과하지 않도록 온도 - 연소제어장치를 설치해야 한다.

22 방열기의 표준 방열량에 대한 설명으로 틀린 것은?
① 증기의 경우, 게이지 압력 1kg/cm², 온도 80℃로 공급하는 것이다.
② 증기 공급 시의 표준 방열량은 650kcal/m²·h이다.
③ 실내온도는 증기일 경우 21℃, 온수일 경우 18℃ 정도이다.
④ 온수 공급 시의 표준 방열량은 450kcal/m²·h이다.

열매	표준 방열량 (kcal/m²·h)	표준 온도차(℃)	표준 상태에서의 온도 (℃)	
			열매온도	실온
증기	650	81	102	21
온수	450	62	80	18

23 연소온도에 영향을 미치는 요소와 무관한 것은?
① 산소의 농도
② 연료의 저위발열량
③ 과잉공기량
④ 연료의 단위중량

해 연료의 단위중량은 연소온도에 영향을 미치지 않는다.

24 급유량계 앞에 설치하는 여과기의 종류가 아닌 것은?
① U형   ② V형
③ S형   ④ Y형

해 여과기의 종류 : Y형, U형, V형

25 액체연료 중 주로 경질유에 사용하는 기화연소방식의 종류에 해당하지 않는 것은?
① 포트식   ② 심지식
③ 증발식   ④ 무화식

해 액체연료 연소장치
• 기화연소방식 : 연료를 고온의 물체에 충돌시켜 연소시키는 방식으로 심지식, 포트식, 버너식, 증발식의 연소방식이 사용된다.
• 무화연소방식 : 연료에 압력을 주거나 고속회전시켜 무화하여 연소하는 방식이다.

26 바이패스(By-pass)관에 설치해서는 안 되는 부품은?
① 플로트트랩   ② 연료차단밸브
③ 감압밸브   ④ 유류배관의 유량계

해 바이패스관 : 설비 고장 시 유체의 보수, 점검, 교체 등을 쉽게 하기 위한 배관방식

27 과열증기에 대한 설명으로 옳은 것은?
① 과열증기로 가열할 때 과열증기와 포화증기에 의해 열전달이 이루어지므로 피 가열 물의 온도분포가 다르다.
② 과열증기가 장치에 공급되면 과열증기의 온도가 일정하여 장치의 온도가 균일하고 열응력 발생이 없다.
③ 건포화증기에 열을 계속 가열하면 압력이 상승되고, 계속 온도가 상승하는데 이를 과열증기라 한다.
④ 과열증기는 초기부하가 적은 엔진의 열효율을 향상시키며, 단거리 수송에서 방열에 의한 열손실이 적다.

해 과열증기로 가열할 때 과열증기와 포화증기에 의해 열전달이 이루어지므로 피 가열물의 온도분포가 다르다.

28 보일러의 용량표시 방법에 해당되지 않는 것은?
① 상당증발량   ② 보일러마력
③ 전열면적   ④ 증발면적

해 보일러 용량 표시방법
• 시간당 최대증발량 : [kg/h], [ton/h]
• 상당(환산) 증발량 : [kg/h]
• 최고 사용압력 : [kgf/cm²], [MPa]
• 보일러 마력
• 전열면적 : [m²]
• 과열증기온도 : [℃]

29 보일러 용량표시에서 정격출력[kcal/h]을 올바르게 설명한 것은?
① 보일러의 실제증발 열량을 기준증발 열량으로 나눈 값을 말한다.
② 한 시간에 15.65[kg]의 상당증발량을 말한다.
③ 매시간 보일러에서 증기나 온수가 발생할 때의 보유열량을 말한다.
④ 난방부하와 급탕부하의 합을 말한다.

해 보일러 정격출력 : 1시간 동안 보일러에서 발생 된 증기나 온수가 보유한 열량으로 단위는 [kcal/h]이다.

정답 22 ① 23 ④ 24 ③ 25 ④ 26 ② 27 ① 28 ④ 29 ③

30 보일러 부하율에 대한 설명으로 맞는 것은?
① 상당증발량에 대한 실제증발량과의 비율이다.
② 최대 연속증발량에 대한 실제증발량과의 비율이다.
③ 증발배수와 증발계수와의 차이다.
④ 최대연속증발량과 상당증발량과의 차이다.

해 보일러 부하율 : 시간당 최대 연속증발량에 대한 연료의 연소에 의해서 실제로 발생되는 증발량과의 비이다.

$$\therefore 보일러부하율[\%] = \frac{실제증발량}{최대연속증발량} \times 100$$

31 동일지름의 관을 직선으로 연결할 때 사용되는 관이음쇠는?
① 부싱 ② 엘보
③ 소켓 ④ 플러그

해 사용 용도에 의한 강관 이음재 분류
- 배관의 방향을 전환할 때 : 엘보(elbow), 벤드(bend), 리턴 벤드
- 관을 도중에 분기할 때 : 티(tee), 와이(Y), 크로스(cross)
- 동일 지름의 관을 연결할 때 : 소켓(socket), 니플(nipple), 유니언(union)
- 지름이 다른관(이경관)을 연결할 때 : 리듀서(reducer), 부싱(bushing), 이경 엘보, 이경 티
- 관 끝을 막을 때 : 플러그(plug), 캡(cap)
- 차관의 분해 수리가 필요할 때 : 유니언, 플랜지

32 증기의 건조도(x)에 대한 설명으로 옳은 것은?
① 습증기 전체 질량 중 액체가 차지하는 질량비이다.
② 습증기 전체 질량 중 증기가 차지하는 질량비이다.
③ 액체가 차지하는 전체 질량 중 습증기가 차지하는 질량비이다.
④ 증기가 차지하는 전체질량 중 습증기가 차지하는 질량비이다.

33 보온재 중 흔히 스티로폼이라고 하며, 체적의 97~98%가 기공으로 되어 있어 열 차단능력이 우수하고, 내수성도 뛰어난 보온재는?
① 경질 우레탄 폼 ② 폴리스티렌 폼
③ 코르크 ④ 그라스 울

해 스티로폼(폴리스티렌 폼) : 체적의 97~98%가 기공으로 되어 있어 열 차단능력이 우수하고, 내수성도 뛰어난 보온재

34 사이클론 집진기의 집진율을 증가시키기 위한 방법으로 틀린 것은?
① 사이클론의 내면을 거칠게 처리한다.
② 블로다운 방식을 사용한다.
③ 사이클론 입구의 속도를 크게 한다.
④ 분진박스와 모양은 적당한 크기와 형상으로 한다.

해 사이클론 집진기의 집진율을 증가시키려면 사이클론 내면을 매끄럽게 한다.

35 보일러용 오일연료에서 성분 분석결과 수소 12.0%, 수분 0.3%라면 저위발열량은?(단, 연료의 고위발열량은 10,600kcal/kg이다)
① 6,500kcal/kg ② 7,600kcal/kg
③ 8,590kcal/kg ④ 9,950kcal/kg

해 저위발열량(H_l) = 고위발열량(H_h) − 600(9H + W)
= 10,600 − 600(9 × 0.12 + 0.003)
= 9,950.2kcal/kg
H : 수소성분
W : 수분의 성분

36 보일러의 수위제어검출방식의 종류로 가장 거리가 먼 것은?
① 피스톤식 ② 전극식
③ 열팽창관식 ④ 플로트식

해 수위제어검출방식 : 전극식, 차압식, 열팽창식

37 파이프 벤더에 의한 구부림 작업 시 관에 주름이 생기는 원인으로 가장 옳은 것은?
① 압력조정이 세고 저항이 크다.
② 굽힘 반지름이 너무 작다.
③ 받침쇠가 너무 나와 있다.
④ 바깥지름에 비하여 두께가 너무 얇다.

해 주름이 생기는 원인
- 관이 미끄러진다.
- 받침쇠가 너무 들어갔다.
- 굽힘형의 홈이 관지름보다 크거나, 작다.
- 바깥지름에 비하여 두께가 얇다.
- 굽힘형이 주축에서 빗나가 있다.

38 단열재와 보온재, 보냉재 등은 무엇을 기준으로 하여 구분하는가?
① 내화도 ② 압축강도
③ 열전도도 ④ 안전사용온도

구분	온도범위
내화재	내화도가 SK26(1580℃) 이상에서 사용
내화단열재	내화재와 단열재의 중간으로 SK10(1300℃) 이상에 견디는 것
단열재	내화벽과 외벽의 사이에 끼워 단열효과를 얻는 것으로 800~1200[℃]에 견디는 것
무기질 보온재	300~800[℃] 정도까지 사용
유기질 보온재	100~300[℃] 정도까지 사용
보냉재	100[℃] 이하에서 보냉을 목적으로 사용

39 다음 방열기의 도시기호를 설명한 것 중 **틀린**것은?

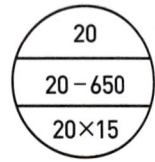

① 온수난방용 방열기이다.
② 20쪽(절)짜리 방열기이다.
③ 방열기 출구 배관지름이 15[A]이다.
④ 5세주 높이 650[mm] 주철제 방열기이다.

해 • 주형 방열기는 증기, 온수에 사용된다.
• 방열기 입구 배관지름은 20[A]이다.

40 벽체의 열관류에 의한 손실열량( )을 계산하는 다음 식의 기호 설명으로 잘못된 것은?

$$H_L = K \cdot A \cdot (t_r - t_0)$$

① K : 벽체의 열관류율
② A : 벽체의 부피
③ t_r : 벽체 내부(고온부)의 온도
④ t_0 : 벽체 외부(저온부)의 온도

해 A는 벽체의 면적[m²]을 나타낸다.

41 증기관이나 온수관 등에 대한 단열로서 불필요한 방열을 방지하고 또 인체에 화상을 입히는 위험방지나 실내공기의 이상온도 상승의 방지 등을 목적으로 하는 것을 무엇이라고 하는가?
① 방로 ② 보냉
③ 방한 ④ 보온

해 단열하는 종류 및 목적
• **보온** : 증기관이나 온수관 등에 대한 단열로서 불필요한 방열을 방지하고, 인체에 화상을 입히는 위험방지나 실내공기의 이상온도 상승의 방지 등을 목적으로 한다.
• **보냉** : 냉수관이나 냉매배관 등에 대한 단열로서 열취득을 방지하고 관 표면에 발생하는 결로를 방지하는 목적으로 한다.
• **방로** : 실내나 천장 속에 배관한 급수관, 배수관 등에 대한 단열로서 관 표면에 일어나는 결로의 방지를 목적으로 한다.
• **방한** : 한냉지나 겨울철에 대비하여 금속관 등에 하는 단열로서 관내부의 물이 동결되어 관을 파손하는(동파) 것을 방지하는 목적으로 한다.
• **단열** : 연도나 배기통 등 고온도의 관에 대한 단열로서 화재예방과 인체에 대한 위협방지를 목적으로 한다.

42 보일러에서 보염장치의 설치목적에 대한 설명으로 **틀린** 것은?
① 화염의 전기전도성을 이용한 검출을 실시한다.
② 연소용 공기의 흐름을을 조절해 준다.
③ 화염의 형상을 조절한다.
④ 착화가 확실하게 되도록 한다.

해 보염장치 : 연소용 공기의 흐름을 조절하여 착화를 화실히 해주고, 화염의 안정을 도모하며, 화염의 각도 및 형상을 조절하여 국부 과열 또는 화염의 편류현상을 방지한다.

43 보일러를 옥외에 설치하는 경우에 대한 설명으로 **틀린** 것은?
① 보일러에 빗물이 스며들지 않도록 케이싱 등의 적절한 방지설비를 하여야 한다.
② 노출된 절연재 또는 래깅 등에는 방수처리를 하여야 한다.
③ 보일러 외부에 있는 증기관 등이 얼지 않도록 적절한 보호조치를 하여야 한다.
④ 강제통풍팬의 입구에는 빗물방지보호판을 설치할 필요가 없다.

헤 보일러를 옥외에 설치하는 경우에는 다음의 조건에 만족하여야 한다.
- 보일러에 빗물이 스며들지 않도록 케이싱 등의 적절한 방지설비를 할 것
- 노출된 절연재 또는 래깅 등에는 방수처리(금속 커버 또는 페인트 포함)를 할 것
- 보일러 외부에 있는 증기관 및 급수관 등이 얼지 않도록 적절한 방호장치를 할 것
- 강제 통풍팬의 입구에는 빗물방지보호판을 설치할 것

44 보일러 산세정의 순서로 옳은 것은?
① 전처리→산액처리→수세→중화방청→수세
② 전처리→수세→산액처리→수세→중화방청
③ 산액처리→수세→전처리→중화방청→수세
④ 산액처리→전처리→수세→중화방청→수세

헤 산세정의 순서
전처리→수세→산액처리→수세→중화방청

45 소용량 보일러에 부착하는 압력계의 최고 눈금은 보일러 최고사용압력의 몇 배로 하는가?
① 1~1.5배 ② 1.5~3배
③ 4~5배   ④ 5~6배

헤 압력계의 눈금범위 : 최고사용압력의 1.5배 이상 3배 이하로 한다.

46 연소에 있어서 환원염이란?
① 과잉 산소가 많이 포함되어 있는 화염
② 공기비가 커서 완전연소된 상태의 화염
③ 과잉 공기가 많아 연소가스가 많은 상태의 화염
④ 산소 부족으로 일산화탄소와 같은 미연분이 포함된 화염

헤 환원염 : 산소 부족으로 인한 화염

47 하트포드 접속법은 어느 난방법에 적합한 것인가?
① 고압증기 난방배관   ② 고온수 난방배관
③ 저압증기 난방배관   ④ 저온수 난방배관

헤 하트포드(hartford) 접속법 : 저압증기 난방에서 환수관을 보일러에 직접 연결할 경우 보일러 수의 역류현상을 방지하기 위해서 사용하는 방식으로 증기관과 환수관사이에 밸런스관(균형관)을 설치하여 안전저수면 보다 높은 위치에 환수관을 접속하는 배관방법을 말한다.

48 보일러에서 분출사고 시 긴급조치 사항으로 틀린 것은?
① 연도 댐퍼를 전개한다.
② 연소를 정지시킨다.
③ 압입통풍기를 가동시킨다.
④ 급수를 계속하여 수위 저하를 막고 보일러의 수위유지에 노력한다.

49 보일러에서 발생한 증기 또는 온수를 건물의 각 실내에 설치된 방열기에 보내어 난방하는 방식은?
① 복사난방법   ② 간접난방법
③ 온풍난방법   ④ 직접난방법

헤 직접 난방법 : 건물의 각 실내에 방열기를 설치하여 보일러에서 발생한 열원(증기 또는 온수)을 공급하여 난방하는 방식이다.

50 보일러 운전 중 취급상의 사고원인이 아닌 것은?
① 부속장치 미비   ② 압력초과
③ 급수처리 불량   ④ 부식

헤 사고의 원인
- 제작상의 원인 : 재료불량, 강도부족, 설계불량, 구조불량, 부속기기 설비의 미비, 용접불량
- 취급상의 원인 : 압력초과, 저수위, 급수처리불량, 부식, 과열, 미연소가스 폭발사고, 부속기기 정비불량 등

51 증기트랩의 종류 중 온도조절식 트랩에 해당되지 않는 것은?
① 열동식 트랩   ② 플로트식 트랩
③ 바이메탈식 트랩 ④ 벨로스식 트랩

헤

구분	작동원리	종류
기계식 트랩	증기와 응축수의 비중 차 이용(플로트 또는 버킷의 부력 이용)	상향 버킷식, 하향 버킷식, 레버 플로트식, 자유 플로트식
온도 조절식 트랩	증기와 응축수의 온도 차 이용(금속의 신축성을 이용)	바이메탈식, 벨로스식, 열동식
열역학적 트랩	증기와 응축수의 열역학적, 유체역학적 특성 차 이용	오리피스식, 디스크식

정답 44 ② 45 ② 46 ④ 47 ③ 48 ③ 49 ④ 50 ① 51 ②

52 기름보일러에서 연소 중 화염이 점멸하는 등 연소 불안정이 발생하는 경우가 있다. 그 원인으로 가장 거리가 먼 것은?
① 기름의 점도가 높을 때
② 기름 속에 수분이 혼입되었을 때
③ 연료의 공급 상태가 불안정한 때
④ 노 내가 부압인 상태에서 연소했을 때

해 연소 불안정의 원인
- 기름배관 내에 공기가 들어간 경우
- 기름 내에 수분이 포함된 경우
- 기름온도가 너무 높을 경우
- 펌프의 흡입량이 부족한 경우
- 연료 공급 상태가 불안정한 경우
- 기름 점도가 너무 높을 경우
- 1차 공기 압송량이 너무 많을 경우

53 연관보일러에서 연관에 대한 설명으로 옳은 것은?
① 관이 내부로 연소가스가 지나가는 관
② 관의 외부로 연소가스가 지나가는 관
③ 관의 내부로 증기가 지나가는 관
④ 관의 내부로 물이 지나가는 관

해 강수관 내부에 열가스가 통과하는 것은 연관식 보일러이다.

54 기포성 수지에 대한 설명으로 틀린 것은?
① 열전도율이 낮고 가볍다.
② 불에 잘 타며, 보온성과 보랭성은 좋지 않다.
③ 흡수성은 좋지 않으나 굽힘성은 풍부하다.
④ 합성수지 또는 고무질 재료를 사용하여 다공질 제품으로 만든 것이다.

해 기포성 수지는 불에 잘 타며, 보온성과 보랭성은 우수하다.

55 습증기의 엔탈피를 구하는 식으로 옳은 것은?
(단, h : 포화수의 엔탈피, x : 건조도,
r : 증발잠열(숨은열), v : 포화수의 비체적)
① $hx = h + x$
② $hx = h + r$
③ $hx = h + xr$
④ $hx = v + h + xr$

해 증기의 건조도(x) : 습증기 전체 질량 중 증기가 차지하는 질량비

56 에너지이용합리화법에 따라 검사대상기기인 보일러의 계속사용검사 중 운전성능검사의 유효기간은?
① 6개월 ② 1년
③ 2년   ④ 3년

57 에너지이용 합리화법에 따라 열사용기자재 중 소형 온수보일러는 최고사용압력 얼마 이하의 온수를 발생하는 보일러를 의미하는가?
① 0.35[MPa] 이하   ② 0.5[MPa] 이하
③ 0.65[MPa] 이하   ④ 0.85[MPa] 이하

해 소형온수보일러의 적용범위(에너지이용 합리화법 시행규칙 제1조의2, 별표1) : 전열면적이 14[m²] 이하이며, 최고사용압력이 0.35[MPa] 이하의 및 수를 발생하는 것. 다만, 구멍탄용 온수보일러 축열식 전기보일러·가정용 화목보일러 및 가스사용량이 17[kg/h](도시가스는 232.6[kw]) 이하인 가스용 온수보일러를 제외한다.

58 에너지이용 합리화법령상 특정열사용기자재 시공업의 범주에 들지 않는 것은?
① 특정열사용기자재의 설치
② 특정열사용기자재의 시공
③ 특정열사용기자재의 판매
④ 특정열사용기자재의 세관

59 에너지이용 합리화법에 따라 에너지관리기능사의 자격을 가진 자가 관리할 수 있는 보일러는?
① 용량이 10[t/h]인 보일러
② 용량이 20[t/h]인 보일러
③ 용량이 30[t/h]인 보일러
④ 용량이 40[t/h]인 보일러

해 에너지관리기능사 : 용량이 10[t/h] 이하인 보일러

60 에너지이용 합리화법에 따라 냉·난방온도의 제한온도 기준 중 난방온도는 몇 [℃] 이하로 정해져 있는가?
① 18   ② 20
③ 22   ④ 26

해 냉·난방온도의 제한온도 기준(에너지이용 합리화법 시행규칙 31조의2)
- 냉방 : 26[℃] 이상
- 난방 : 20[℃] 이하
- 판매시설 및 공항의 경우에 냉·방온도는 25[℃] 이상으로 한다.

정답 52 ④ 53 ① 54 ② 55 ③ 56 ② 57 ① 58 ③ 59 ① 60 ②

제5회 모의고사

01 피드백 자동제어에서 압력이나 온도, 유량 등의 제어량을 측정하고 그 값을 신호로 만들어서 주피드백 신호로 하여 비교부로 만드는 부분은?
① 조작부 ② 검출부
③ 조절부 ④ 제어부

해 제어계의 구성
- **검출부**: 제어대상을 계측기를 사용하여 검출하는 과정이다.
- **조절부**: 동작신호를 받아서 제어계가 정해진 동작을 하는데 필요한 신호를 만들어 조작부에 보내는 부분으로 2차 변환기, 비교기, 조절기 등의 기능 및 지시기록 기구를 구비한 계기이다.
- **비교부**: 기준입력과 주피드백량과의 차를 구하는 부분으로서 제어량의 현재값이 목표치와 얼마만큼 차이가 나는가를 판단하는 기구
- **조작부**: 조작량을 제어하여 제어량을 설정치 와 같도록 유지하는 기구이다.

02 팽창탱크 내의 물이 넘쳐흐를 때를 대비하여 팽창탱크에 설치하는 관은?
① 배수관 ② 환수관
③ 오버플로관 ④ 팽창관

해 팽창탱크에는 물의 팽창 등에 대비하여 본체, 보일러 및 관련 부품에 위해가 발생되지 않도록 일수관(오버플로관)을 설치하여야 한다.

03 보일러의 압력이 8kgf/cm²이고, 안전밸브 입구 구멍의 단면적이 20cm² 라면 안전밸브에 작용하는 힘은 얼마인가?
① 140kgf ② 160kgf
③ 170kgf ④ 180kgf

해 $P = \dfrac{W}{A}$
$8 = \dfrac{x}{20}$
$\therefore x = 160\text{kgf}$

04 보일러 피드백 제어에서 동작신호를 받아 규정된 동작을 하기 위해 조작신호를 만들어 조직부에 보내는 부분은?
① 조절부 ② 제어부
③ 비교부 ④ 검출부

해 피드백 제어의 구성 제어량을 측정하여 목표값과 비교하고, 그 차를 적절한 정정신호로 교환하여 제어장치로 되돌리며, 제어량이 목표값과 일치할 때까지 수정 동작을 하는 자동제어를 말한다. 제어장치는 검출부, 조절부, 조작부 등으로 구성되어 있다.

05 상온의 물을 양수하는 펌프의 송출량이 0.7m³/sec이고, 전양정이 40m인 펌프의 축동력은 약 몇 kW인가? (단, 펌프의 효율은 80%이다)
① 327 ② 343
③ 376 ④ 443

해 $kW = \dfrac{\gamma \cdot h \cdot Q}{102\eta} = \dfrac{1{,}000\dfrac{kg}{m^3} \times 40m \times 0.7\dfrac{m^3}{sec}}{102 \times 0.8}$

06 보일러의 제어장치 중 연소용 공기를 제어하는 설비는 자동제어에서 어디에 속하는가?
① FWC ② ABC
③ ARC ④ ACC

해 보일러 자동제어

보일러 자동제어(ABC)	제어량	조작량
자동연소제어(ACC)	증기압력	연료량, 공기량
	노 내 압력	연소가스량
급수제어(FWC)	드럼 수위	급수량
증기온도제어(STC)	과열증기온도	전열량

정답 01 ② 02 ③ 03 ② 04 ① 05 ② 06 ③

07 보일러의 급수장치에서 인젝터의 특징으로 **틀린** 것은?
① 구조가 간단하고 소형이다.
② 급수량의 조절이 가능하고 급수효율이 높다.
③ 증기와 물이 혼합하여 급수가 예열된다.
④ 인젝터가 과열되면 급수가 곤란하다.

해 인젝터는 급수효율이 낮다.(40~50% 정도)

08 액체연료 연소에서 무화의 목적이 **아닌** 것은?
① 연소효율을 향상시킨다.
② 연소실의 열부하를 낮게 한다.
③ 주위 공기와 혼합을 고르게 한다.
④ 단위 중량당 표면적을 크게 한다.

해 무화의 목적
- 단위 중량당 표면적을 크게 한다.
- 주위 공기와 혼합을 양호하게 한다.
- 연소효율을 향상시킨다.
- 연소실을 고부하로 유지한다.

09 [1N]에 대한 설명으로 옳은 것은?
① 면적 1[cm^2]에 1[kg]의 무게가 작용할 때의 응력이다.
② 질량 1[kg]의 물체에 가속도 1[m/s^2]이 작용하여 생기게 하는 힘이다.
③ 면적 1[cm^2]에 1[g]의 무게가 작용할 때의 응력이다.
④ 질량 1[lg]의 물체에 가속도 1[cm/s^2]이 작용하여 생기게 하는 힘이다.

해 힘의 단위
- SI단위
  - N(Newton) : 질량 1[kg]인 물체가 1[m/s^2]의 가속도를 받았을 때의 힘
  - dyne : 질량 1[lg]인 물체가 1[cm/s^2]의 가속도를 받았을 때의 힘
  - 공학단위 : 질량 1[kg]인 물체가 9.8[m/s^2]의 중력가속도를 받았을 때의 힘으로 [kgf]로 표시한다.

10 자연 통풍력에 관한 설명으로 **틀린** 것은?
① 연돌의 단면적을 크게 하면 통풍력이 증가한다.
② 배기가스 온도를 낮게 하면 통풍력이 증가한다.
③ 연돌의 높이를 높게 하면 통풍력이 증가한다.
④ 외기와 배기가스의 밀도차가 클수록 통풍력이 증가한다.

해 연돌의 통풍력이 증가되는 경우
- 연돌의 높이가 높을수록
- 연돌의 단면적이 클수록
- 연돌의 굴곡부가 적을수록
- 배기가스 온도가 높을수록
- 외기온도가 낮을수록

11 보일러 화염검출장치의 보수나 점검에 대한 설명 중 **틀린** 것은?
① 플레임아이 장치의 주위 온도는 50℃ 이상이 되지 않게 한다.
② 광전관식은 유리나 렌즈를 매주 1회 이상 청소하고 감도 유지에 유의한다.
③ 플레임로드는 검출부가 불꽃에 직접 접하므로 소손에 유의하고 자주 청소해 준다.
④ 플레임아이는 불꽃의 직사광이 들어가면 오동작하므로 불꽃의 중심을 향하지 않도록 설치한다.

해 플레임 아이는 발광체를 이용하여 화염을 검출하므로 불꽃에서 직사광이 들어오도록 불꽃의 중심을 향하도록 설치하여야 한다.

12 피드백 자동제어에서 동작신호를 받아서 제어계가 정해진 동작을 하는데 필요한 신호를 만들어 조작부에 보내는 부분은?
① 검출부   ② 조절부
③ 비교부   ④ 제어부

해
- **제어계의 구성 검출부** : 제어대상을 계측기를 사용하여 검출하는 과정이다.
- **조절부** : 동작신호를 받아서 제어계가 정해진 동작을 하는데 필요한 신호를 만들어 조작부에 보내는 부분으로 2차 변환기, 비교기, 조절기 등의 기능 및 지시기록 기구를 구비한 계기이다.
- **비교부** : 기준입력과 주피드백량과의 차를 구하는 부분으로서 제어량의 현재값이 목표치와 얼마만큼 차이가 나는가를 판단하는 기구
- **조작부** : 조작량을 제어하여 제어량을 설정치와 같도록 유지하는 기구이다.

13 보일러 연료로 사용되는 LNG의 성분 중 함유량이 가장 많은 것은?
① CH_4 ② C_2H_6
③ C_3H_8 ④ C_4H_{10}

해 LNG의 주성분 : 메탄(CH_4) 함유량이 에탄(C_2H_6)보다 많다.

14 보일러를 비상 정지시키는 경우의 일반적인 조치사항으로 거리가 먼 것은?
① 압력은 자연히 떨어지게 기다린다.
② 주증기 스톱밸브를 열어 놓는다.
③ 연소공기의 공급을 멈춘다.
④ 연료 공급을 중단한다.

해 보일러를 비상 정지시킬 경우 주증기 스톱밸브는 닫아 놓아야 한다.

15 제어계를 구성하는 요소 중 전송기의 종류에 해당되지 않는 것은?
① 전기식 전송기 ② 증기식 전송기
③ 유압식 전송기 ④ 공기압식 전송기

해 자동제어의 신호전달방법
- 공기압식 : 전송거리 100m 정도
- 유압식 : 전송거리 300m 정도
- 전기식 : 전송거리 수 km까지 가능

16 이동 및 회전을 방지하기 위해 지지점 위치에 완전히 고정하는 지지금속으로, 열팽창 신축에 의한 영향이 다른 부분에 미치지 않도록 배관을 분리하여 설치·고정해야 하는 리스트레인트의 종류는?
① 앵커 ② 리지드 행거
③ 파이프슈 ④ 브레이스

해 • 리스트레인트의 종류 : 앵커, 스톱, 가이드
• 서포트의 종류 : 스프링, 리지드, 롤러, 파이프슈,
• 브레이스 : 펌프, 압축기 등에서 발생하는 배관계 진동을 억제하는 데 사용한다.

17 최근 난방 또는 급탕용으로 사용되는 진공온수보일러에 대한 설명 중 틀린 것은?
① 열매수의 온도는 운전 시 100℃ 이하이다.
② 운전 시 열매수의 급수는 불필요하다.
③ 본체의 안전장치로 용해전, 온도퓨즈, 안전밸브 등을 구비한다.
④ 추기장치는 내부에서 발생하는 비응축가스 등을 외부로 배출시킨다.

해 진공온수식 보일러는 보일러 내의 압력을 대기압 이하로 유지하기 위하여 보일러 본체 수실을 진공으로 만들어 대기압 이하의 상태로 운전하도록 설계한 방식으로, 안전밸브 등의 안전장치는 필요 없다.

18 보일러용 오일 연료에서 성분분석 결과 수소 12.0[%], 수분 0.3[%]일 때, 저위발열량은 약 몇 [kcal/kg]인가? (단, 이 연료의 고위발열량은 10600[kcal/kg]이다.)
① 6500 ② 7600
③ 8950 ④ 9950

해 $H_l = H_h - 600 \times (9H + W)$
$= 10600 - [600 \times (9 \times 0.12 + 0.003)]$
$= 9950.2 [kcal/kg]$

19 탄성식 압력계의 종류가 아닌 것은?
① 벨로즈식 ② 다이어프램식
③ 부르동관식 ④ U자관식

해 탄성식 압력계의 종류 : 부르동관식, 다이어프램 식, 벨로즈식, 캡슐식

20 일반적으로 보일러 동(드럼) 내부에는 물을 어느 정도로 채워야 하는가?
① $\frac{1}{4} \sim \frac{1}{3}$ ② $\frac{1}{6} \sim \frac{1}{5}$
③ $\frac{1}{4} \sim \frac{2}{5}$ ④ $\frac{2}{3} \sim \frac{4}{5}$

해 일반적으로 보일러 동(드럼) 내부에는 물을 $\frac{2}{3} \sim \frac{4}{5}$ 정도 보유하여야 하고, 운전 중에 보유할 수위는 $\frac{2}{3} \sim \frac{3}{4}$ 정도가 적당하다.

정답 13 ① 14 ② 15 ② 16 ① 17 ③ 18 ④ 19 ④ 20 ④

21 보일러 점화 시 역화의 원인과 관계가 없는 것은?
① 착화가 지연될 경우
② 점화원을 사용한 경우
③ 프리퍼지가 불충분할 경우
④ 연료 공급밸브를 급개하여 다량으로 분무한 경우

해 보일러 점화 시 역화 원인
- 프리퍼지가 불충분한 경우
- 점화 시 착화시간이 지연된 경우
- 점화원을 사용하지 않고 노 내의 잔열로 점화한 경우
- 연료 공급밸브를 필요 이상 급개하여 다량으로 분무한 경우
- 점화원을 가동하기 전에 연료를 분무해 버린 경우

22 열전도에 적용되는 퓨리에의 법칙 설명 중 틀린 것은?
① 두면 사이에 흐르는 열량은 물체의 단면적에 비례한다.
② 두면 사이에 흐르는 열량은 두면 사이의 온도차에 비례한다.
③ 두면 사이에 흐르는 열량은 시간에 비례한다.
④ 두면 사이에 흐르는 열량은 두면 사이의 거리에 비례한다.

해 퓨리에(Fourier)의 법칙 : 두면 사이에 흐르는 열량은 열전도율(k), 전도 전열면적(A), 두면 사이의 온도차(dT), 시간에 비례하며, 두면 사이의 거리(dx)에 반비례한다.

$$\therefore Q = kA\frac{dT}{dx}[\text{kcal/h}]$$

23 분출밸브의 최고사용압력은 보일러 최고사용압력의 몇 배 이상이어야 하는가?
① 0.5배 ② 1.0배
③ 1.25배 ④ 2.0배

해 분출밸브 : 물이 보일러 내부에 농축되는 것을 방지하고, 불순물을 배출하기 위해 물의 일부를 방출할 때 사용하는 밸브이다.

24 온도 조절식 트랩으로 응축수와 함께 저온공기로 통과시키는 특성이 있으며, 진공 환수식 증기배관의 방열기 트랩이나 관말 트랩으로 사용되는 것은?
① 버킷 트랩 ② 플로트 트랩
③ 열동식 트랩 ④ 매니폴드 트랩

해 열동식 트랩(벨로스 트랩) : 벨로스의 팽창, 수축작용 등을 이용하여 밸브를 개폐시키는 트랩

25 플로트 트랩은 어떤 종류의 트랩인가?
① 디스크 트랩 ② 기계적 트랩
③ 온도조절 트랩 ④ 열역학적 트랩

해 트랩의 종류
- 기계식 트랩 : 상향버킷형, 역버킷형, 레버플로트형, 프리플로트형
- 온도조절식 트랩 : 벨로스형, 바이메탈형
- 열역학식 트랩 : 오리피스형, 디스크형

26 실내의 온도분포가 가장 균등한 난방방식은?
① 온풍난방 ② 방열기난방
③ 복사난방 ④ 온돌난방

해 복사난방(패널히팅) : 천장이나 벽, 바닥 등에 코일을 매설하여 온수 등 열매체를 이용하여 복사열에 의해 실내를 난방하는 방식으로, 실내온도분포가 균등하여 쾌감도를 높일 수 있다.

27 연료의 가연 성분이 아닌 것은?
① N ② C
③ H ④ S

해 질소, 이산화탄소, 0족 원소는 불연성분이다.

28 보일러 전열면 열부하의 단위로 옳은 것은?
① kcal/h ② kcal/m²·h
③ kcal/m³·h ④ kg/m²·h

해 전열면 열부하 : 1시간 동안 보일러 전열면적 1m² 대한 증기 발생에 소요된 열량과의 비이다.

$$\therefore H_b = \frac{G_a(h_2 - h_1)}{F}$$

H_b : 전열면열부하[kcal/m²·h]
G_a : 실제증기 발생량[kg/h]
h_2 : 발생증기 엔탈피[kcal/h]
h_1 : 급수엔탈피[kcal/kg]
F : 전열면적[m²]

29 수위 자동제어 장치에서 수위와 증기량을 동시에 검출하여 급수밸브의 개도가 조절되도록 한 제어방식은?
① 단요소식　② 2요소식
③ 3요소식　④ 모듈식

헤 급수제어방법의 종류 및 검출대상(요소)

명칭	검출대상
1요소식	수위
2요소식	수위, 증기량
3요소식	수위, 증기량, 급수유량

30 보일러 부하율에 대한 설명으로 맞는 것은?
① 상당증발량에 대한 실제증발량과의 비율이다.
② 최대 연속증발량에 대한 실제증발량과의 비율이다.
③ 증발배수와 증발계수와의 차이다.
④ 최대연속증발량과 상당증발량과의 차이다.

헤 보일러 부하율 : 시간당 최대 연속증발량에 대한 연료의 연소에 의해서 실제로 발생되는 증발량과의 비이다.

$$\therefore 보일러부하율[\%] = \frac{실제증발량}{최대연속증발량} \times 100$$

31 분출밸브의 최고사용압력은 보일러 최고사용압력의 몇 배 이상이 되어야 하는가?
① 0.5배　② 1.0배
③ 1.03배　④ 1.25배

헤 분출밸브의 모양과 강도와 분출밸브는 스케일 그 밖의 침전물이 퇴적되지 않는 구조이어야 하며, 그 최고사용압력은 보일러 최고사용압력의 1.25배 또는 보일러의 최고사용압력에 1.5[MPa]를 더한 압력 중 작은 쪽의 압력 이상이어야 한다.

32 보일러 급수에서 스케일 및 슬러지의 부착에 따른 영향으로 틀린 것은?
① 보일러 수명이 단축된다.
② 연료 손실을 가져온다.
③ 전열효율이 증가된다.
④ 보일러의 부식과 과열 파손의 원인이 된다.

헤 스케일 및 슬러지의 영향
• 전열면에 부착하여 전열을 방해한다.
• 보일러 효율이 저하되고, 연료소비량이 증가한다.
• 전열면 국부과열로 인한 파열사고의 우려가 있다.
• 보일러수의 순환을 방해하고, 수면계 등 연 관을 폐쇄시킨다.

33 저양정식 안전밸브의 단면적 계산식은?
(단, A = 단면적(mm²), P = 분출압력($\frac{kg}{cm^2}$), E = 증발량($\frac{kg}{h}$)이다)
① $A = \frac{22E}{1.03P+1}$　② $A = \frac{10E}{1.03P+1}$
③ $A = \frac{5E}{1.03P+1}$　④ $A = \frac{2.5E}{1.03P+1}$

헤 스프링식 안전밸브의 증기 분출량
저양정식 : 밸브의 양정이 관경의 1/40~1/15의 것

$$증기분출량(E) = \frac{(1.03P+1) \cdot S \cdot C}{22} (kg/h)$$

P : 분출압력(kg/cm²)
S : 밸브의 단면적(mm²)
A : 목부 단면적(mm²)
C : 계수
압력 12MPa 이하, 증기 온도 230℃ 이하일 때는 1로 한다.

34 보일러 설치·시공기준상 가스용 보일러의 연료배관 시 배관의 이음부와 전기계량기 및 전기개폐기의 유지거리는 얼마인가?(단, 용접이음매는 제외한다)
① 15cm 이상　② 30cm 이상
③ 45cm 이상　④ 60cm 이상

35 고압, 중압 보일러 급수용 및 고양정 급수용으로 쓰이는 것으로 임펠러와 안내날개가 있는 펌프는?
① 벌류트펌프　② 터빈펌프
③ 워싱턴펌프　④ 웨어펌프

헤 터빈펌프(Turbine Pump)
• 회전자(Impeller)의 바깥둘레에 안내깃이 있는 펌프이다.
• 원심력에 의한 속도에너지를 안내날개(안내깃)에 의해 압력에너지로 바꾸어 주기 때문에 양정, 방출압력이 높은 곳에 적절하다.

정답　29 ②　30 ②　31 ④　32 ③　33 ①　34 ④　35 ②

36 파이프와 파이프를 홈 조인트로 체결하기 위하여 파이프 끝을 가공하는 기계는?
① 띠톱 기계
② 파이프 벤딩기
③ 동력파이프 나사절삭기
④ 그루빙 조인트 머신

해
- 띠톱 기계 : 띠 모양의 톱을 회전시켜 재료를 절단하는 공작기계
- 파이프 벤딩기 : 파이프를 굽히는 기계
- 동력파이프 나사절삭기 : 파이프에 나사산을 내는 기계

37 자연통풍방식에서 통풍력이 증가되는 경우가 아닌 것은?
① 연돌의 높이가 낮은 경우
② 연돌의 단면적이 큰 경우
③ 연도의 굴곡수가 적은 경우
④ 배기가스의 온도가 높은 경우

해 자연통풍방식에서 통풍력을 증가시키기 위한 방법
- 연돌의 높이를 높게 한다.
- 배기가스의 온도를 높게 한다.
- 연돌의 단면적을 넓게 한다.
- 연도의 길이는 짧게 하고 굴곡부를 적게 한다.

38 콘벡터 또는 캐비넷 히터라고도 하며, 강판제 케이싱 속에 핀 튜브 등의 가열기를 설치한 것은?
① 벽걸이 방열기
② 대류형 방열
③ 강판 방열기
④ 알루미늄 방열기

해 대류형 방열기 : 강판제 케이싱 속에 튜브 등의 가열기를 설치한 것으로 공기는 하부로 유입되어 가열되고, 상부로 토출되어 자연 대류에 의해 난방하는 방열기로 콘벡터 또는 캐비넷 히터라 불리운다.

39 열교환 코일에 온수 또는 냉수를 공급받아 온풍 또는 냉풍을 실내로 공급하는 강제대류형 방열기로서 공기여과기, 송풍기, 가열(냉각)코일이 케이싱 내에 내장되어 있는 것은?
① 길드방열기(gilled radiator)
② 콘벡터(convector)
③ 팬 코일 유닛(FCU)
④ 공기조화기(AHU)

해 팬 코일 유닛(FCU : Fan Coil Unit) : 케이싱 내 부에 공기여과기(filter), 송풍기(fan), 열교환 코 일(가열, 냉각코일)이 내장되어 있고, 열교환 코일 에 온수 또는 냉수를 공급하면서 송풍기를 가동하면 온풍 또는 냉풍을 실내로 공급하는 강제대류형 방열기에 해당된다.

40 벽체의 열관류에 의한 손실열량(H_L)을 계산하는 다음 식의 기호 설명으로 잘못된 것은?

$$H_L = K \cdot A \cdot (t_r - t_0)$$

① K : 벽체의 열관류율
② A : 벽체의 부피
③ t_r : 벽체 내부(고온부)의 온도
④ t_0 : 벽체 외부(저온부)의 온도

해 A는 벽체의 면적[m²]을 나타낸다.

41 일반적으로 단열재와 보온재, 보냉재는 무엇을 기준으로 하여 구분하는가?
① 압축강도
② 열전도도
③ 안전사용온도
④ 내화도

해 안전사용온도 범위
- 내화재 : 내화도가 SK26(1580℃) 이상에서 사용
- 내화단열재 : 내화재와 단열재의 중간으로 SK10(1300℃) 이상에 견디는 것
- 단열재 : 내화벽과 외벽의 사이에 끼워 단열효과를 얻는 것으로 800~1200℃에서 견디는 것
- 무기질 보온재 : 300~800℃ 정도까지 사용
- 유기질 보온재 : 100~300℃ 정도까지 사용
- 보냉재 : 100℃ 이하에서 보냉을 목적으로 사용

42 저압 증기난방장치에서 하트포드 접속법에 대한 설명으로 틀린 것은?
① 관말트랩을 보호하기 위한 배관법이다.
② 증기관과 환수관 사이에 균형관을 설치한다.
③ 보일러의 물이 환수관으로 역류하는 것을 방지한다.
④ 환수관의 침전물이 보일러에 유입되지 못하도록 한다.

해 하트포드(hartford) 접속법 : 저압증기 난방에서 환수관을 보일러에 직접 연결할 경우 보일러 수의 역류현상을 방지하기 위해서 사용하는 방식으로 증기관과 환수관사이에 밸런스관(균형관)을 설치하여 안전저수면 보다 높은 위치에 환수관을 접속하는 배관방법을 말한다.

43 보일러 스테이(Stay)의 종류로 거리가 먼 것은?
① 거싯(Gusset) 스테이
② 바(Bar) 스테이
③ 튜브(Tube) 스테이
④ 너트(Nut) 스테이

해 스테이 종류 : 경사 스테이, 거싯 스테이, 관(튜브) 스테이, 바(막대, 봉) 스테이, 나사(볼트) 스테이, 도그 스테이, 나막신 스테이(거더 스테이)

44 연료공급장치에서 서비스 탱크의 설치 위치로 적당한 것은?

① 보일러로부터 2m 이상 떨어져야 하며, 버너보다 1.5m 이상 높게 설치한다.
② 보일러로부터 1.5m 이상 떨어져야 하며, 버너보다 2m 이상 높게 설치한다.
③ 보일러로부터 0.5m 이상 떨어져야 하며, 버너보다 0.2m 이상 높게 설치한다.
④ 보일러로부터 1.2m 이상 떨어져야 하며, 버너보다 2m 이상 높게 설치한다.

해 서비스 탱크
- 설치목적 : 중유의 예열 및 교체를 쉽게 하기 위해 설치한다.
- 설치 위치
  - 보일러 외측에서 2m 이상 간격을 둔다.
  - 버너 중심에서 1.5 ~ 2m 이상 높게 설치한다.

45 방열기 내 온수의 평균온도가 80℃, 실내온도가 18℃, 방열계수가 7.2kcal/m²·h·℃인 경우 방열기 방열량은 얼마인가?

① 346.4kcal/m²·h   ② 446.4kcal/m²·h
③ 519kcal/m²·h   ④ 560kcal/m²·h

해 방열기 방열량
= 방열계수 × (방열기 평균온도 − 실내온도)
= 7.2 × (80 − 18)
= 446.4kcal/m²·h

46 보일러 가동 시 출열항목 중 열손실이 가장 크게 차지하는 항목은?

① 배기가스에 의한 배출열
② 연료의 불완전 연소에 의한 열손실
③ 관수의 블로다운에 의한 열손실
④ 본체 방열 발산에 의한 열손실

해 출열항목 열손실
- 발생증기의 보유열(출열 중 가장 많은 열)
- 배기가스의 손실열(손실열 중 가장 많은 열)
- 불완전연소에 의한 열손실
- 미연분에 의한 손실열
- 방사손실열

47 보일러 집진장치의 형식과 종류를 짝지은 것으로 **틀린** 것은?

① 가압수식 - 벤투리 스크루버
② 여과식 - 타이젠 와셔
③ 원심력식 - 사이클론
④ 전기식 - 코트렐

해 집진장치
- 건식 집진장치 : 중력식 집진장치(중력 침강식, 다단 침강식), 관성 집진장치(반전식, 충돌식), 원심력 집진장치(사이클론식, 멀티클론 식, 블로다운형)
- 습식(세정식) 집진장치 : 유수식 집진장치(전류형, 로터리형), 가압수식 집진장치(벤투리 스크러버, 사이클론형, 제트형, 충전탑, 분무탑)
- 전기식 집진장치 : 코트렐 집진장치,
- 여과식 집진장치 : 표면 여과형(백필터), 내면 여과형(공기여과기, 고성능필터)
- 음파 집진장치

48 배관시공 작업 시 안전사항 중 산소용기는 몇 [℃] 이하의 온도로 보관해야 하는가?

① 70[℃] 이하   ② 60[℃] 이하
③ 50[℃] 이하   ④ 40[℃] 이하

해 고압가스 충전용기의 사용, 보관, 운반할 때의 온도는 40℃ 이하이다.

49 액체연료 배관에서 여과기의 역할은?

① 기름의 양을 적게 한다.
② 기름 중이 수분을 제거한다.
③ 기름 속의 불순물을 제거한다.
④ 연소를 잘 시켜준다.

해 여과기(strainer) : 배관 상에 설치된 벨브, 트랩, 펌프 및 기기 등의 앞에 설치하여 유체에 혼합되어 있는 불순물(찌꺼기)을 제거하여 기기의 성능을 보호하는 역할을 하며, 종류에는 Y형, U형, V형이 있다.

50 보일러 운전 중 취급상의 사고원인이 **아닌** 것은?

① 부속장치 미비   ② 압력초과
③ 급수처리 불량   ④ 부식

해 사고의 원인
- 제작상의 원인 : 재료불량, 강도부족, 설계불 량, 구조불량, 부속기기 설비의 미비, 용접불량
- 취급상의 원인 : 압력초과, 저수위, 급수처리불량, 부식, 과열, 미연소가스 폭발사고, 부속기기 정비불량 등

정답 44 ① 45 ② 46 ① 47 ② 48 ④ 49 ③ 50 ①

51 보일러 연소에서 공기비가 적정 공기비보다 클 때 나타나는 현상으로 맞는 것은?
① 연소실 내의 온도가 상승한다.
② 배기가스에 의한 열손실이 감소한다.
③ 미연소 가스로 인한 역화의 위험이 있다.
④ 연소가스 중의 NO₂량이 증대하여 대기오염을 초래한다.

🔑 공기비가 클 경우 영향
• 연소실내의 온도가 낮아진다.
• 배기가스로 인한 열손실이 증가한다.
• 연료 소비량이 증가한다.
• 배기가스 중 질소화합물(NOx)이 많아져 대기오염을 초래한다.

52 아래 방열기 도시기호의 설명으로 옳은 것은?

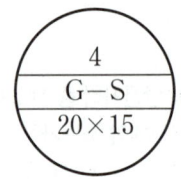

① 벽걸이 방열기로 쪽수가 15개, S형이다.
② 길드 방열기로 쪽수가 4개, S형이다.
③ 주철제 방열기로 쪽수가 20개, S형이다.
④ 세주형 방열기로 쪽수가 4개, G형이다.

🔑 방열기 도시기호 해석
• 길드 방열기로 쪽수가 4개, S형이다.
• 유입관은 20[A], 유출관은 15[A]이다.

53 보일러 성능시험에서 강철제 증기보일러의 증기건도는 몇 % 이상이어야 하는가?
① 89   ② 93
③ 98   ④ 95

🔑 증기건도
• 강철제 보일러 : 98% 이상
• 주철제 보일러 : 97% 이상

54 일반적으로 보일러 패널 내부온도는 몇 ℃를 넘지 않도록 하는 것이 좋은가?
① 60℃   ② 70℃
③ 80℃   ④ 90℃

🔑 일반적으로 보일러 패널 내부온도는 60℃를 넘지 않도록 하는 것이 좋다.

55 보일러 용량 결정에 포함될 사항으로 거리가 먼 것은?
① 난방부하   ② 급탕부하
③ 배관부하   ④ 연료부하

🔑 보일러 용량 결정에 포함될 사항
• 난방부하
• 급탕부하
• 배관부하
• 예열부하

56 에너지이용합리화법에 따라 에너지관리의 효율적인 수행 특정열사용기자재의 안전관리를 위하여 에너지관리자, 시공업의 기술인력 및 검사대상기기관리자에 대하여 교육을 실시하는 자는?
① 고용노동부장관
② 국토교통부장관
③ 산업통상자원부장관
④ 한국에너지공단이사장

🔑 교육(에너지이용합리화법 제65조) : 산업통상자원부장관은 에너지관리의 효율적인 수행과 특정열사용기자재의 안전관리를 위하여 에너지 관리자, 시공업의 기술인력 및 검사대상기기관리자에 대하여 교육을 실시하여야 한다.

57 에너지이용합리화법에 따라 검사대상기기 관리자 선임에 대한 설명으로 **틀린** 것은?
① 검사대상기기 설치자는 검사대상기기 관리자가 퇴직한 경우 시·도지사에게 신고하여야 한다.
② 검사대상기기 설치자는 검사대상기기 관리자가 퇴직하는 경우 퇴직 후 7일 이내에 후임자를 선임하여야 한다.
③ 검사대상기기 관리자의 선임기준은 1구역마다 1명 이상으로 한다.
④ 검사대상기기 관리자의 자격기준과 선임기준은 산업통상자원부령으로 정한다.

해 검사대상기기관리자의 선임(에너지이용합리화법제40조)
검사대상기기 설치자는 관리자를 해임하거나 관리자가 퇴직하는 경우에는 해임이나 퇴직 이전에 다른 검사대상기기 관리자를 선임하여야 한다.

58 에너지이용합리화법령에 따른 검사대상기기의 계속사용검사신청서는 유효기간 만료 며칠 전까지 제출해야 하는가?
① 10일 ② 15일
③ 20일 ④ 30일

해 계속사용검사신청 : 에너지이용 합리화법 시행규칙 제31조의19
- 검사대상기기의 계속사용검사를 받으려는 자는 검사대상기기 계속사용검사 신청서를 검사 유효기간 만료 10일 전까지 공단 이사장에게 제출하여야 한다.
- 신청서에는 해당 검사대상기기 설치검사증 사본을 첨부하여야 한다.

59 에너지이용 합리화법 시행령에서 산업통상자원부장관이 에너지 저장의무를 부과할 수 있는 대상자가 **아닌** 것은?
① 연간 1만 석유환산톤 이상의 에너지를 사용하는 자
② 전기사업법에 의한 전기사업자
③ 도시가스사업법에 의한 도시가스사업자
④ 집단에너지사업법에 의한 집단에너지사업자

해 에너지저장의무 부과 대상자 : 에너지이용 합리화법 시행령 제12조
- 전기사업법에 따른 전기사업자
- 도시가스사업법에 따른 도시가스사업자
- 석탄산업법에 따른 석탄가공업자
- 집단에너지법에 따른 집단에너지사업자
- 연간 2만 석유환산톤(TOE) 이상의 에너지를 사용하는자

60 에너지이용 합리화법에 따라 냉·난방온도의 제한온도 기준 중 난방온도는 몇 [℃] 이하로 정해져 있는가?
① 18 ② 20
③ 22 ④ 26

해 냉·난방온도의 제한온도 기준(에너지이용 합리화법 시행규칙 31조의2)
- 냉방 : 26[℃] 이상
- 난방 : 20[℃] 이하
- 판매시설 및 공항의 경우에 냉·방온도는 25[℃] 이상으로 한다.

정답 57 ② 58 ① 59 ① 60 ②

제6회 모의고사

01 입형(직립)보일러에 대한 설명으로 틀린 것은?
① 동체를 바로 세워 연소실을 그 하부에 둔 보일러이다.
② 전열면적을 넓게 할 수 있어 대용량에 적당하다.
③ 다관식은 전열면적을 보강하기 위하여 다수의 연관을 설치한 것이다.
④ 횡관식은 횡관의 설치로 전열면을 증가시킨다.

해 입형보일러는 전열면적이 작고, 소용량 보일러이다.

02 급유량계 앞에 설치하는 여과기의 종류가 아닌 것은?
① U형　② V형
③ S형　④ Y형

해 여과기의 종류 : Y형, U형, V형

03 슈트 블로워 사용 시 주의사항으로 틀린 것은?
① 보일러 가동을 정지 후 사용할 것
② 한 곳으로 집중하여 사용하지 말 것
③ 분출기 내의 응축수를 배출시킨 후 사용 할것
④ 분출 전 연도 내 배풍기를 사용하여 유인통풍을 증가시킬 것

해 슈트 블로워 사용 시 주의사항
- 부하가 50% 이하일 때, 소화 후에는 사용을 금지한다.
- 댐퍼를 완전히 열고 통풍력을 크게 한다.
- 그을음 제거를 하기 전에 분출기 내부의 응축수를 제거한다.
- 그을음 불어내기 관을 동일 장소에서 오래 동안 작용시키지 않는다.
- 흡입통풍기가 있을 경우 흡입통풍(유인통풍)을 늘려서 한다.

04 보일러의 화염검출기 중 스택 스위치는 화염의 어떠한 성질을 이용하여 화염을 검출하는가?
① 화염의 발광체
② 화염의 이온화 현상
③ 화염의 발열 현상
④ 화염의 전기전도성

해 화염 검출기의 종류
- 플레임 아이(flame eye) : 화염이 발광체임을 이용하여 화염의 방사선을 감지하여 화염의 유무를 검출한다.
- 플레임 로드(flame lod) : 화염의 이온화 현상에 의한 전기전도성을 이용하여 화염의 유무를 검출한다.
- 스택 스위치(stack switch) : 연도에 바이메탈을 설치하여 연소가스의 발열체를 이용하여 화염유무를 검출한다.

05 유류 연소 시의 일반적인 공기비는?
① 1.0~1.2　② 1.6~1.8
③ 1.2~1.4　④ 1.8~2.0

해 연료에 따른 공기비
- 기체연료 : 1.1 ~ 1.3
- 액체연료 : 1.2 ~ 1.4 (미분탄 포함)
- 고체연료 : 1.5 ~ 2.0(수분식), 1.4~1.7 (기계식)

06 전송기에서 신호전달거리를 가장 멀리할 수 있는 방식은?
① 공기압식　② 팽창식
③ 유압식　④ 전기식

해 신호전달 방식별 전달거리

신호전달 방식	전달거리
공기압식	100 ~ 150m
유압식	300m
전기식	300m ~ 수 10km

07 연소가스와 대기의 온도가 각각 250[℃], 30 [℃]이고, 연돌의 높이가 50[m]일 때 통풍력은 약 얼마인가? (단, 연소가스와 대기의 비중량은 각각 1.35(kgf/Nm³), 1.25[kgf/Nm³]이다.)
① 21.08[mmAq]   ② 23.12[mmAq]
③ 25.02[mmAq]   ④ 27.36[mmAq]

해 $Z = 273H(\frac{\gamma_a}{T_a} - \frac{\gamma_g}{T_g})$
$= 273 \times 50 \times (\frac{1.25}{273+30} - \frac{1.35}{273+250})$
$= 21.077(mmAq)$

08 보일러의 부하율에 대한 설명으로 적합한 것은?
① 보일러의 최대증발량에 대한 실제증발량의 비율
② 증기 발생량을 연료소비량으로 나눈 값
③ 보일러에서 증기가 흡수한 총열량을 급수량으로 나눈 값
④ 보일러 전열면적 1m²에서 시간당 발생되는 증기열량

해 보일러부하율 = $\frac{실제증발량}{최대연속증발량} \times 100$

09 소형 연소기를 실내에 설치하는 경우, 급배기통을 전용 체임버 내에 접속하여 자연통기력에 의해 급배기하는 방식은?
① 강제배기식   ② 강제급배기식
③ 자연급배기식   ④ 옥외급배기식

10 에너지이용합리화법에 따라 검사대상기기 관리자가 퇴직한 경우, 검사대상기기 관리자 퇴직신고서에 자격증수첩과 관리할 검사대상기기 검사증을 첨부하여 누구에게 제출하여야 하는가?
① 시·도지사
② 시공업자단체장
③ 산업통상자원부장관
④ 한국에너지공단 이사장

해 검사대상기기관리자의 선임신고 등(에너지이용합리화법 시행규칙 제 31조의28)
검사대상기기의 설치자는 검사대상기기 관리자를 선임·해임하거나 검사대상기기 관리자가 퇴직한 경우, 검사대상기기 관리자 선임(해임, 퇴직)신고서에 자격증수첩과 관리할 검사대상기기 검사증을 첨부하여 한국에너지공단 이사장에게 제출하여야 한다.

11 증기보일러의 캐리오버(Carry Over)의 발생원인과 가장 거리가 먼 것은?
① 보일러 부하가 급격하게 증대할 경우
② 증발부 면적이 불충분할 경우
③ 증기정지밸브를 급격히 열었을 경우
④ 부유 고형물 및 용해 고형물이 존재하지 않을 경우

해 • 물리적 발생 원인
- 증발부 면적이 좁은 경우
- 보일러 내의 수면이 비정상적으로 높아질 경우
- 증기정지밸브를 급히 열 경우
- 보일러 부하가 급격하게 증대될 경우
- 압력의 급강하로 격렬한 자기증발을 일으킬 때
• 화학적 발생 원인
- 나트륨 등 염류가 많은 경우, 특히 인산나트륨이 많은 경우
- 유지류나 부유 고형물이 많고 용해 고형물이 다량 존재할 경우

12 물질의 온도 변화에 소요되는 열, 즉 물질의 온도를 상승시키는 에너지로 사용되는 열은?
① 잠열   ② 증발열
③ 융해열   ④ 현열

해 현열과 잠열 및 열용량
• 잠열 : 온도 변화 없이 상태를 변화시키는 데 필요한 열
• 현열 : 상태 변화 없이 온도를 변화시키는 데 필요한 열

13 일반적으로 보일러 판넬 내부 온도는 몇 [℃]를 넘지 않도록 하는 것이 좋은가?
① 70   ② 60
③ 80   ④ 90

해 보일러 판넬 내부 온도는 60[℃], 333(K)를 넘지 않도록 한다.

정답 07 ① 08 ① 09 ③ 10 ④ 11 ④ 12 ④ 13 ②

14 보일러의 최고사용압력이 0.1[MPa]인 경우 수압시험 압력은 몇 [MPa] 인가?
① 0.1[MPa] ② 0.15[MPa]
③ 0.2[MPa] ④ 0.25[MPa]

해 강철제 보일러의 수압시험 압력
- 보일러의 최고사용압력이 0.43[MPa] 이하일 때에는 그 최고사용압력의 2배의 압력으로 한다. 다만, 그 시험 압력이 0.2[MPa]미만인 경우에는 0.2[MPa]로 한다.
- 보일러의 최고 사용압력이 0.43[MPa] 초과 1.5[MPa] 이하일 때에는 그 최고사용압력의 1.3배에 0.3[MPa]를 더한 압력으로 한다.
- 보일러의 최고사용압력이 1.5[MPa]를 초과할 때에는 그 최고 사용압력의 1.5배의 압력으로 한다.

∴ 수압시험 압력 = 최고사용압력 × 2
= (0.1 × 2) = 0.2[MPa]

15 보일러의 안전장치에 대한 설명 중 잘못된 것은?
① 전열면적이 50[m²] 이상의 증기보일러에는 2개 이상의 안전밸브를 설치해야 한다.
② 안전밸브의 분출용량은 보일러 최대증발량을 분출하도록 그 크기와 수량을 결정한다.
③ 안전밸브는 형식승인을 받은 제품을 이용하므로 현장에서 수시로 압력설정을 조정하여도 된다.
④ 저수위 안전장치는 연료차단 전에 경보가 울려야 하며, 경보음은 70[dB] 이상이어야 한다.

해 안전밸브는 함부로 조정할 수 없도록 봉인할 수 있는 구조로 하여야 하며 임의로 조정하여서는 안 된다.

16 프로판(C_3H_8) 1[kg]이 완전연소 하는 경우 필요한 이론 산소량은 약 몇 [Nm]인가?
① 3.47 ② 2.55
③ 1.50 ④ 1.25

해
- 프로판(C_3H_8)의 완전연소 반응식
$C_3H_8 + 5O_2 \rightarrow 3CO_2 + 4H_2O$
- 이론 산소량 계산 : 프로판1kmol의 질량은 44kg, 체적은 22.4Nm³이다.

∴ $x(O_o) = \dfrac{1 \times 5 \times 22.4}{44} = 2.545 Nm^3$

17 연료의 실제 연소열에 대한 증기의 보유열량과의 비율을 무엇이라고 하는가?
① 보일러효율 ② 연소효율
③ 전열효율   ④ 보일러 부하율

해 전열효율(η_f) : 실제 연소된 연료의 연소열에 대한 전열면을 통하여 유효하게 이용된 열과의 비율

∴ $\eta f = \dfrac{유효하게\ 이용된\ 열량}{실제연소열량} = 100$

18 증기압력이 높아질 때 감소되는 것은?
① 포화온도   ② 증발잠열
③ 포화수 엔탈피 ④ 포화증기 엔탈피

해 증기압력이 높아지면 나타나는 현상
- 포화온도가 증가한다.
- 증발잠열이 감소한다.
- 포화수 엔탈피가 증가한다.
- 증기 엔탈피가 증가 후 감소한다.

19 동관의 끝을 나팔 모양으로 만드는 데 사용하는 공구는?
① 사이징 툴   ② 익스팬더
③ 플레어링   툴 ④ 튜브벤더

해
- 사이징 툴 : 관 끝을 원형으로 정형
- 익스팬더 : 동관의 관 끝 확관용 공구
- 튜브벤더 : 동관 벤딩용 공구

20 보일러의 부하율에 대한 설명으로 적합한 것은?
① 보일러의 최대증발량에 대한 실제증발량의 비율
② 증기발생량을 연료소비량으로 나눈 값
③ 보일러에서 증기가 흡수한 총열량을 급수량으로 나눈 값
④ 보일러 전열면적 1m²에서 시간당 발생되는 증기열량

해 보일러부하율 = $\dfrac{실제증발량}{최대연속증발량} \times 100$

21 열의 일당량 값으로 옳은 것은?
① 427kg·m/kcal ② 327kg·m/kcal
③ 273kg·m/kcal ④ 472kg·m/kcal

해
- 열의 일당량 J = 427kg·m/kcal
- 일의 열당량 $A = \dfrac{1}{427}$ kcal/kg·m

22 드럼 없이 초임계압력하에서 증기를 발생시키는 강제순환보일러는?
① 특수열매체보일러 ② 2중 증발보일러
③ 연관보일러 ④ 관류보일러

해 관류보일러 : 긴 관의 한쪽 끝에서 급수를 펌프로 압송하고 도중에서 차례로 가열, 증발, 과열되어 관의 다른 한쪽 끝까지 과열증기로 송출되는 강제순환식 보일러이다. 드럼 없이 초임계압력하에서 증기를 발생시킨다.

23 공기예열기에 대한 설명 중 잘못된 것은?
① 연소가스의 여열을 이용해서 연소용 공기를 예열하는 장치이다.
② 공기예열기에 가장 주의를 요하는 것은 공기 출구부의 고온부식이다.
③ 전열방법에 따라 전도식과 재생식, 히트 파이프식으로 분류된다.
④ 공기예열기의 이상 유무를 알기 위해서는 배기가스의 입구 및 출구에서 풍압과 공기온도의 정확한 값을 아는 것이 필요하다.

해 공기예열기는 저온부식의 우려가 있다.

24 보일러 사용 시 이상 저수위의 원인이 아닌 것은?
① 급수탱크 내 급수온도가 너무 높은 경우
② 보일러 연결부에서 누출이 되는 경우
③ 급수장치가 증발능력에 비해 과소한 경우
④ 급수탱크 내 급수량이 많은 경우

해 이상 저수위의 원인
• 급수탱크 내 급수온도가 너무 높은 경우
• 보일러 연결부에서 누출이 되는 경우
• 급수장치가 증발능력에 비해 과소한 경우
• 급수탱크 내 급수량이 부족한 경우
• 증기 취출량이 과대한 경우
• 급수장치의 고장이나 이상으로 급수능력의 저하 또는 급수가 되지 않을 때
• 급수밸브나 급수 역지밸브의 고장 등으로 보일러 수가 급수 배관이나 급수탱크로 역류한 경우
• 수면계 지시불량으로 수위를 오인한 경우
• 자동급수제어장치의 고장이나 오동작이 생긴 경우
• 캐리오버 현상 등으로 보일러수가 증기와 함께 취출되는 경우

25 증기 축열기(steam accumulator)를 옳게 설명한 것은?
① 보일러 출력을 증가시키는 장치
② 보일러에서 온수를 저장하는 장치
③ 송기압력을 일정하게 유지하기 위한 장치
④ 증기를 저장하여 과부하 시에 증기를 방출하는 장치

해 증기 축열기(steam accumulator) : 보일러에서 과잉 발생한 증기를 저장하고 부하가 증가하면 증기를 공급하여 증기 부족을 해소하는 장치로 변압식과 정압식이 있다.

26 고온, 고압의 관을 플랜지로 이음할 때 사용하는 패킹의 재질로 산, 알칼리, 기타 부식성 물체에 잘 견디는 것은?
① 주석 ② 테프론
③ 모넬메탈 ④ 가죽

해 모넬메탈(monel metal) : 플랜지 금속패킹의 하나로 넓은 온도범위에서 사용 가능하고, 내부식성이 우수하다. 부식성 물질, 산, 알칼리, 증기, 기타 고온에서 잘 견디지만 강산화성 물질과 강염화수소에는 부적합하다. 260[℃] 이하의 유황을 함유한 가스에는 침식되어 물러진다.

27 급유 배관에 여과기를 설치하는 주된 이유는?
① 기름의 열량을 증가시키기 위해서이다.
② 기름의 점도를 조절하기 위해서이다.
③ 기름 배관 중의 공기를 빼기 위해서이다
④ 기름 중의 이물질을 제거하기 위해서이다.

해 기름 여과기(oil strainer) 설치 목적 : 보일러에 공급되는 기름 중에 함유된 이물질을 제거하기 위하여 설치한다.

28 수소 15%, 수분 0.5%인 중유의 고위발열량이 10,000kcal/kg이다. 이 중유의 저위발열량은 몇 kcal/kg인가?
① 8,795 ② 8,984
③ 9,085 ④ 9,187

해 저위발열량 = 고위발열량 $- 600(9h + w)$
$= 10,000 - 600(9 \times 0.15 + 0.005)$
$= 9,187 \text{kcal/kg}$

정답 22 ④ 23 ② 24 ④ 25 ④ 26 ④ 27 ④ 28 ④

29 어떤 주철제 방열기 내의 증기 평균온도가 110°C이고, 실내온도가 18°C일 때 방열기의 방열량은?
(단, 방열기의 방열계수 : 7.2kcal/m²·h)
① 230.4kcal/m²·h   ② 470.8kcal/m²·h
③ 520.6kcal/m²·h   ④ 662.4kcal/m²·h

해 방열기 방열량 = 방열계수 × (방열기 평균온도 − 실내온도)
= 7.2 × (110 − 18)
= 662.4kcal/m²·h

30 에너지이용합리화법에서 용접검사가 면제될 수 있는 보일러의 대상 범위로 틀린 것은?
① 강철제 보일러 중 전열면적이 5m² 이하이고, 최고사용압력이 0.35MPa 이하인 것
② 주철제 보일러
③ 제2종 관류보일러
④ 온수보일러 중 전열면적이 18m² 이하이고, 최고사용압력이 0.35MPa 이하인 것

해 용접검사가 면제되는 경우(에너지이용합리화법 시행규칙 별표 3의6)
- 강철제 보일러 중 전열면적이 5m² 이하이고, 최고사용압력이 0.35MPa 이하인 것
- 주철제 보일러
- 1종 관류보일러
- 온수보일러 중 전열면적이 18m² 이하이고, 최고사용압력이 0.35 MPa 이하인 것

31 어떤 물질 500kg을 20°C에서 50°C로 올리는데 3,000kcal의 열량이 필요하였다. 이 물질의 비열은?
① 0.1kcal/kg·°C   ② 0.2kcal/kg·°C
③ 0.3kcal/kg·°C   ④ 0.4kcal/kg·°C

해 $Q = GC\Delta t$
$3,000\text{kcal} = 500\text{kg} \times x \times (50-20)°C$
$x = 0.2\text{kcal/kg}·°C$

32 분사컵으로 기름을 비산시켜 무화하는 버너는?
① 유압 분무식   ② 공기 분무식
③ 증기 분무식   ④ 회전 분무식

해 회전 분무식 : 분사컵 또는 오토마이징컵의 회전체를 원심력으로 회전시켜 기름을 무화시키는 방식

33 보온재의 구비조건으로 틀린 것은?
① 열전도율이 클 것
② 비중이 작을 것
③ 어느 정도 기계적 강도가 있을 것
④ 흡습성이 작을 것

해 보온재의 구비조건
- 열전도율이 작을 것
- 흡습, 흡수성이 작을 것
- 적당한 기계적 강도를 가질 것
- 시공성이 좋을 것 따
- 부피, 비중(밀도)이 작을 것
- 경제적일 것

34 복사난방을 대류난방과 비교할 때 장점이 아닌 것은?
① 실(방)의 높이에 따른 온도 편차가 비교적 균일하여 쾌감도가 높다.
② 가열대상이 구조체이므로 열용량이 작아 필요에 따라 즉각적 대응이 용이하다.
③ 환기 시 열손실이 비교적 적다.
④ 바닥면 이용도가 양호하다.

해 복사난방의 특징
(1) 장점
- 실내온도 분포가 균등하여 쾌감도가 높다.
- 방열기가 필요하지 않으므로 바닥면의 이용도가 높다.
- 공기 대류가 적으므로 바닥면 먼지 상승이 없다.
- 손실열량이 비교적 적다.
- 방이 개방상태에서도 난방효과가 있다.

(2) 단점
- 외기온도 급변에 따른 방열량 조절이 어렵다.
- 초기 시설비가 많이 소요된다.
- 시공, 수리, 방의 모양을 변경하기가 어렵다.
- 고장(누수 등)을 발견하기가 어렵다.
- 열손실을 차단하기 위한 단열층이 필요하다.

정답 29 ④ 30 ③ 31 ② 32 ④ 33 ① 34 ②

35 배관의 높이를 표시할 때 포장된 지표면을 기준으로 하여 배관 장치의 높이를 표시하는 경우 기입하는 기호는?
① BOP ② TOP
③ GL   ④ FL

해 관의 높이 표시법
- EL(elevation line) 표시 : 그 지방의 해수면에 기준선(base line)을 설정하여, 이 기준선으로부터의 높이를 표시하는 표시법이다.
- BOP(bottom of pipe) : 지름이 다른 관의 높이를 나타낼 때 적용되며, 관 바깥지름의 아랫면을 기준으로 하여 표시한다.
- TOP(top of pipe) : 관의 윗면을 기준으로 하여 표시한다.
- GL(ground line) : 포장된 지표면을 기준으로 하여 배관장치의 높이를 표시할 때 적용된다.
- FL(floor line) : 1층 바닥면을 기준으로 하여 높이를 표시한다.

36 서비스탱크의 일반사항에 관한 설명으로 맞지 않는 것은?
① 서비스탱크의 용량은 2~3시간 연소할 수 있는 연료량을 저장할 수 있는 크기의 것으로 한다.
② 버너에서 가까운 위치에 버너보다 1.5[m] 이상 높은 장소에 설치한다.
③ 서비스탱크의 연료유가 일정량 이하일 때 저장탱크에서 자동 급유하도록 하는 것이 좋다.
④ 용량이 커서 오버플로우가 되지 않으므로 경보장치 및 차단장치가 필요 없다.

해 서비스탱크는 용량이 적어 오버플로(over flow)될 수 있으므로 경보장치 및 자동 차단장치를 설치하여야 한다.

37 무기질 보온재에 해당되는 것은?
① 암면   ② 펠트
③ 코르크 ④ 기포성수지

해 • 재질에 의한 보온재 분류 유기질 보온재 : 펠트. 코르크, 기포성 수지
• 무기질 보온재 : 석면, 암면, 규조토, 탄산마그 네슘, 유리섬유
• 금속질 보온재 : 알루미늄 박(泊)

38 열정산의 방법에서 입열항목에 속하지 않는 것은?
① 발생증기의 흡수열 ② 연료의 연소열
③ 연료의 현열   ④ 공기의 현열

해 • 입열항목의 열손실
- 연료의 저위발열량
- 연료의 현열
- 공기의 현열
- 피열물의 보유열
- 노 내 분입증기열
• 출열 항목 열손실
- 발생증기의 보유열
- 배기가스의 손실열
- 불완전연소에 의한 열손실
- 미연분에 의한 손실열
- 방사손실열

39 부르동관 압력계를 부착할 때 사용되는 사이펀관 속에 넣는 물질은?
① 수은 ② 증기
③ 공기 ④ 물

해 압력계를 보호하기 위해 사이펀관 속에 물을 넣는다.

40 증기의 압력을 높일 때 변하는 현상으로 틀린 것은?
① 현열이 증대한다.
② 증발잠열이 증대한다.
③ 증기 비체적이 증대한다.
④ 포화수온도가 높아진다.

해 증발잠열은 증기의 압력을 높일 때 변하는 현상이 아니다.

41 증기난방에서 환수관의 수평배관에서 관경이 가늘어지는 경우 편심 리듀서를 사용하는 이유는?
① 응축수의 순환을 억제하기 위해
② 관의 열팽창을 방지하기 위해
③ 동심 리듀서보다 시공을 단축하기 위해
④ 응축수의 체류를 방지하기 위해

해 편심 리듀서를 사용하는 이유
• 펌프 흡입측 배관 내 공기고임으로 마찰저항 방지
• 공동현상 발생 방지
• 배관 내 응축수의 체류 방지

42 습증기의 엔탈피 hx를 구하는 식으로 옳은 것은?
(단, h : 포화수의 엔탈피, x : 건조도,
r : 증발잠열(숨은열), v : 포화수의 비체적)
① hx = h + x ② hx = h + r
③ hx = h + xr ④ hx = v + h + xr

해 증기의 건조도(x) : 습증기 전체 질량 중 증기가 차지하는 질량비

43 배관용 패킹재료를 선택할 시 고려할 사항이 아닌 것은?
① 관내를 흐르는 유체의 온도, 압력 등 물리적인 성질
② 관내를 흐르는 유체의 안정도, 부식성, 용해능력, 인화성, 폭발성 등 화학적인 성질
③ 노후화 시 교체의 난이, 진동유무, 외압 등 기계적인 조건
④ 물리 화학적인 조건들 보다는 가격이 저렴하고 경제적인 것을 고려할 것

해 배관용 패킹재료 선택 시 고려사항
- 관내를 흐르는 유체의 물리적인 성질 : 온도, 압력, 밀도, 점도 또는 액체인가 기체인가를 확인한다.
- 관내를 흐르는 유체의 화학적인 성질 : 화학성분과 안정도, 부식성, 용해 능력, 휘발성, 인화성 및 폭발성 등을 확인한다.
- 기계적인 조건 : 교체의 난이, 진동의 유무, 내압과 외압 등을 확인한다.

44 보일러 건식보존법에서 가스봉입 방식에 사용되는 가스는?
① O_2 ② N_2
③ CO ④ CO_2

해 질소가스 봉입법 : 고압 대용량 보일러에 적합하며, 질소가스를 0.06[MPa] 정도로 압입하여 보일러 내부의 산소를 배제시켜 부식을 방지하는 방법이다. 질소가스의 압력이 0.015[MPa] 이하가 되면, 질소가스를 압입하여 0.06[MPa] 정도의 압력을 유지시켜야 한다.

45 보일러의 화학세관 작업 중 산세척 처리 순서를 설명한 것으로 맞는 것은?
① 전처리→산액처리→수세→중화→수세→방청처리
② 수세→전처리→산액처리→수세→중화→방청처리
③ 전처리→수세→산액처리→수세→중화→방청처리
④ 전처리→산액처리→수세→중화→수세→방청처리

해 산세척 처리 순서 : 전처리→수세→산액처리→수세→중화 및 방청처리

46 보일러 드럼 및 대형 헤더가 없고 지름이 작은 전열관을 사용하는 관류보일러의 순환비는?
① 4 ② 3
③ 2 ④ 1

해 관류보일러의 순환비는 1이므로 드럼이 필요없다.

47 보일러 저온부식의 방지대책으로 틀린 것은?
① 연료 중의 황(S)을 제거한다.
② 과잉 공기량을 더욱 증가시킨다.
③ 연료에 첨가제를 사용하여 노점온도를 낮춘다.
④ 배기가스의 온도를 노점온도 이상으로 유지한다.

해 저온부식 방지 대책
- 연료 중의 황(S)을 제거한다.
- 연료에 첨가제를 사용하여 노점온도를 낮춘다.
- 무수황산을 다른 생성물로 변경시킨다.
- 배기가스의 온도를 노점온도 이상으로 유지한다.
- 배기가스 온도가 황산증기의 노점까지 저하되기 전에 배출시킨다.
- 연료가 완전 연소할 수 있도록 연소방법을 개선한다.
- 저온의 전열면에 내식재료를 사용한다.
- 공기예열기 및 급수예열장치 등에 보호피막을 한다.
- 배기가스 중의 산소함유량을 낮추어 아황산가스의 산화를 제한한다.

48 90℃의 물 1,000kg에 15℃의 물 2,000kg을 혼합시키면 온도는 몇 ℃가 되는가?
① 40 ② 30
③ 20 ④ 10

해 $G_1 C_1 \Delta T_1 = G_2 C_2 \Delta T_2$
$1,000 \times 1 \times (90 - x) = 2,000 \times 1 \times (x - 15)$
∴ $x = 40$
여기서, Q : 열량(kcal)
G : 중량(kg)
C : 비열(kcal/kg ℃)
Δ_t : 온도차(℃)

49 전기식 온수온도제한기의 구성요소에 속하지 않는 것은?
① 온도 설정 다이얼 ② 마이크로 스위치
③ 온도차 설정 다이얼 ④ 확대용 링게이지

해 전기식 온수온도제한기는 조절기 본체, 용액을 밀봉한 감온체 및 이것을 연결하는 도관으로 구성되어 있다.

50 보일러 연도에 설치하는 댐퍼의 설치 목적과 관계가 없는 것은?
① 매연 및 그을음의 제거
② 통풍력의 조절
③ 연소가스 흐름의 차단
④ 주연도와 부연도가 있을 때 가스의 흐름 전환

해 수트 블로어 : 전열면에 부착된 그을음 제거장치

51 보일러의 급수장치에서 인젝터의 특징으로 틀린 것은?
① 구조가 간단하고 소형이다.
② 급수량의 조절이 가능하고 급수효율이 높다.
③ 증기와 물이 혼합하여 급수가 예열된다.
④ 인젝터가 과열되면 급수가 곤란하다.

해 인젝터는 급수효율이 낮다(40~50% 정도).
∴ 인젝터
증기의 분사압력을 이용한 비동력 급수장치로서, 증기를 열에너지-속도에너지-압력에너지로 전환시켜 보일러에 급수를 하는 예비용 급수 장치

52 배관 중간이나 밸브, 펌프, 열교환기 등의 접속을 위해 사용되는 이음쇠로서 분해, 조립이 필요한 경우에 사용되는 것은?
① 밴드 　　　　② 리듀서
③ 플랜지　　　 ④ 슬리브

해 ・밴드 : 관의 방향을 변경시키는 이음쇠이다.
・리듀서 : 지름이 서로 다른 관과 관을 접속하는 데 사용하는 관 이음쇠이다.
・슬리브 : 콘크리트 벽이나 바닥 등에 배관이 관통하는 곳에 관의 보호를 위하여 사용한다.

53 보일러의 휴지보존법 중 질소가스 봉입보존법에서 질소가스의 압력을 몇 [MPa]로 보존하는가?
① 0.015　　　 ② 0.06
③ 0.1　　　　 ④ 0.3

해 질소가스 봉입법 : 고압 대용량 보일러에 적합하며, 질소가스를 0.06[MPa] 정도로 압입하여 보일러 내부의 산소를 배제시켜 부식을 방지하는 방법이다. 질소가스의 압력이 0.015[MPa] 이하가 되면 질소가스를 압입하여 0.06[MPa] 정도의 압력을 유지시켜야 한다.

54 원형의 고무링 하나만으로 접합이 가능하며, 온도변화에 따른 신축이 자유롭고, 이음과 정이 간편하여 관 부설을 신속히 할 수 있는 이음은?
① 기계식 이음　　② 노-허브 이음
③ 타이톤 이음　　④ 소켓 이음

해 타이톤 이음 : 단면이 원형으로 되어있는 고무링 하나로 이음하는 방법으로 이음과정이 간단하다.

55 에너지사용자가 에너지의 절약과 합리적인 이용을 통한 온실가스의 배출을 줄이기 위한 목표와 그 이행 방법 등에 관한 계획을 자발적으로 수립하여 이를 이행하기로 정부나 지방자치단체와 약속하는 협약은?
① 에너지절감이행협약
② 에너지사용계획협약
③ 자발적 협약
④ 수요관리투자협약

해 자발적 협약체결기업의 지원 등 : 에너지이용 합리화법 제28조
・정부는 에너지사용자 또는 에너지공급자로서 에너지의 절약과 합리적인 이용을 통한 온실가스의 배출을 줄이기 위한 목표와 그 이행방법 등에 관한 계획을 자발적으로 수립하여 이를 이행하기로 정부나 지방자치단체와 약속(이하 "자발적 협약"이라 한다.)한 자가 에너지절약형 시설이나 그 밖에 대통령령으로 정하는 시설 등에 투자하는 경우에는 그에 필요한 지원을 할 수 있다.
・자발적 협약의 목표, 이행방법의 기준과 평가에 관하여 필요한 사항은 환경부장관과 협의하여 산업통상자원부령으로 정한다.

56 에너지이용 합리화법에 규정된 특정열사용기자재 구분 중 보일러에 포함되지 않는 것은?
① 온수보일러
② 태양열 집열기
③ 가정용 화목보일러
④ 구멍탄용 온수보일러

해 보일러 : 강철제 보일러, 주철제 보일러, 온수 보일러, 구멍탄용 온수보일러, 축열식 전기 보일러, 캐스케이드 보일러, 가정용 화목보일러

57 에너지이용 합리화법상 검사대상기기에 대하여 받아야 할 검사를 받지 않은 자에 대한 벌칙은?
① 2년 이하의 징역 또는 2천만원 이하의 벌금
② 1년 이하의 징역 또는 1천만원 이하의 벌금
③ 2천만원 이하의 벌금
④ 500만원 이하의 벌금

해 1년 이하의 징역 또는 1천만원 이하의 벌금 : 에너지이용 합리화법 제73조
- 검사대상기기의 검사를 받지 아니한 자
- 검사에 합격되지 아니한 검사대상기기를 사용한 자
- 검사에 합격되지 아니한 검사대상기기를 수입한 자

58 에너지이용합리화법에 따라 효율관리기자재에 에너지소비효율 등을 표시해야 하는 업자로 옳은 것은?
① 효율관리기자재의 제조업자 또는 시공업자
② 효율관리기자재의 제조업자 또는 수입업자
③ 효율관리기자재의 시공업자 또는 판매업자
④ 효율관리기자재의 수입업자 또는 시공업자

해 효율관리기자재의 지정 등(에너지이용합리화법 제15조)
효율관리기자재의 제조업자 또는 수입업자는 산업통상자원부장관이 지정하는 시험기관(효율관리시험기관)에서 해당 효율관리기자재의 에너지 사용량을 측정받아 에너지소비효율등급 또는 에너지소비효율을 해당 효율관리기자재에 표시하여야 한다.

59 에너지이용합리화법의 에너지저장시설의 보유 또는 저장 의무의 부과 시 정당한 이유 없이 이를 거부하거나 이행하지 아니한 자에 대한 벌칙은?
① 1년 이하의 징역 또는 1천만원 이하의 벌금에 처한다.
② 2년 이하의 징역 또는 2천만원 이하의 벌금에 처한다.
③ 3년 이하의 징역 또는 3천만원 이하의 벌금에 처한다.
④ 500만원 이하의 벌금에 처한다.

해 벌칙(에너지이용합리화법 제72조)
다음의 어느 하나에 해당하는 자는 2년 이하의 징역 또는 2천만원 이하의 벌금에 처한다.
- 에너지저장시설의 보유 또는 저장의무의 부과 시 정당한 이유 없이 이를 거부하거나 이행하지 아니한 자
- 제7조 제2항 제1호부터 제8호까지 또는 제10호에 따른 조정·명령 등의 조치를 위반한 자
- 직무상 알게 된 비밀을 누설하거나 도용한 자

60 주철제 보일러의 최고사용압력이 0.30MPa인 경우 수압시험압력은?
① 0.15MPa
② 0.30MPa
③ 0.43MPa
④ 0.60MPa

해 주철제 보일러
- 보일러의 최고사용압력이 0.43MPa(4.3kgf/cm²) 이하일 때는 그 최고사용압력의 2배의 압력으로 한다. 다만, 그 시험압력이 0.2MPa(2kgf/cm²) 미만인 경우에는 0.2MPa(2kgf/cm²)로 한다.
- 보일러의 최고사용압력이 0.43MPa(4.3kgf/cm²)를 초과할 때는 그 최고사용압력의 1.3배에 0.3MPa(3kgf/cm²)을 더한 압력으로 한다.
- 조립 전에 수압시험을 실시하는 주철제 압력부품은 최고사용압력의 2배의 압력으로 한다.

제7회 모의고사

01 액체연료 연소장치에서 보염장치(공기조절장치)의 구성 요소가 아닌 것은?
① 바람상자 ② 보염기
③ 버너 팁 ④ 버너타일

[해] • **보염장치** : 연소용 공기의 흐름을 조절하여 착화를 확실히 해 주고, 화염의 안정을 도모하며, 화염의 각도 및 형상을 조절하여 국부과열 또는 화염의 편류현상을 방지한다.
• **윈드박스(바람상자)** : 노 내에 일정한 압력으로 공급하는 장치이다.
• **보염기** : 화염을 안정시키고, 화염의 크기를 조절하며 화염이 소실되는 것을 방지한다.
• **컴버스터** : 저온도에서도 연료의 연소를 안정시켜 주는 장치이다.
• **버너타일** : 연소실 입구 버너 주위에 내화벽돌을 원형으로 쌓은 것이다.
• **가이드 베인** : 날개 각도를 조절하여 윈드박스에 공기를 공급하는 장치이다.

02 액체연료의 특징에 대한 설명으로 틀린 것은?
① 수송과 저장이 편리하다.
② 단위 중량에 대한 발열량이 석탄보다 크다.
③ 인화, 역화 등 화재의 위험성이 없다.
④ 연소 시 매연이 적게 발생한다.

[해] 액체연료의 특징
• 품질이 균일하고 발열량이 크다.
• 운반, 저장, 취급 등이 편리하다.
• 회분 등의 연소 잔재물이 적다.
• 국부 과열과 인화성의 위험도가 크다.
• 가격이 고가이다.

03 절대온도 360K를 섭씨온도로 환산하면 약 몇 ℃인가?
① 97℃ ② 87℃
③ 67℃ ④ 57℃

[해] 켈빈온도(K, 섭씨온도에 대응하는 절대온도)
$K = 273 + ℃$
$360 = 273 + ℃$
$∴ ℃ = 87$

04 제어계를 구성하는 요소 중 전송기의 종류에 해당되지 않는 것은?
① 전기식 전송기 ② 증기식 전송기
③ 유압식 전송기 ④ 공기압식 전송기

[해] 자동제어의 신호 전달방법
• **공기압식** : 전송거리 100m 정도
• **유압식** : 전송거리 300m 정도
• **전기식** : 전송거리 수 km까지 가능하다.

05 원통보일러에 설치하는 급수내관의 위치로 가장 적합한 것은?
① 안전저수위와 동일 높이
② 안전저수위 위쪽 5[cm]
③ 안전저수위 아래쪽 5[cm]
④ 상용수위와 동일 높이

[해] 보일러의 안전저수위보다 50[mm] 정도 낮게 설치한다.

06 특수보일러 중 간접가열 보일러에 해당되는 것은?
① 슈미트 보일러 ② 베록스 보일러
③ 벤슨 보일러 ④ 하이네 보일러

[해] **간접가열 보일러** : 급수처리를 하지 않은 물을 사용하여도 스케일 부착에 의한 불순물 장해가 없도록 고안된 보일러로 슈미트 보일러, 레플러 보일러 등이 있다.

정답 01 ③ 02 ③ 03 ② 04 ② 05 ③ 06 ①

07 유압분무식 버너에 대한 설명으로 틀린 것은?
① 유량 조절범위가 협소하다.
② 고점도의 연료는 무화가 곤란하다.
③ 유압이 5[kgf/cm²] 이하에서 무화가 잘 된다.
④ 분무각도는 기름의 압력, 점도에 의해서 변화한다.

🔑 유압분무식식 버너 : 연료유를 가압하여 노즐을 이용, 고속 분사하여 무화시키는 방식이다.
- 종류 : 환류형, 비환류형
- 부하변동에 적응성이 적다.
- 대용량에 적합하다.
- 유량은 유압의 평방근에 비례한다.
- 마분사각도 : 40 ~ 90°
- 사용유압 : 5 ~ 20[kgf/cm²]
- 유량 조절범위가 좁다 (환류식 1 : 3, 비환류식 1 : 6)

08 증기난방과 비교한 온수난방의 특징을 잘못 설명한 것은?
① 난방부하의 변동에 따라 온도조절이 용이하다.
② 방열기에는 증기트랩을 반드시 부착해야 한다.
③ 취급이 용이하고 표면의 온도가 낮아 화상의 염려가 없다.
④ 가열시간은 길지만 잘 식지 않으므로 동결의 우려가 적다.

🔑 온수난방의 특징
(1) 장점
- 난방부하의 변동에 대응하기 쉽다.
- 가열시간은 길지만 잘 식지 않으므로 증기 난방에 비해 배관의 동결우려가 적다.
- 방열기의 표면온도가 낮으므로 실내 쾌감도가 높고 화상의 위험이 없다.
- 온수보일러 취급이 용이하며, 소규모 주택 등에 적당하다.

(2) 단점
- 한랭지역에서는 동경의 위협이 있다.
- 방열면적과 배관지름이 커져 시설비가 증가한다.
- 예열시간이 길어 예열부하가 크다.
- 증기트랩은 증기난방에서 필요한 기기이다.

09 보일러 수저 분출장치의 주된 기능으로 가장 올바른 것은?
① 보일러 동내 온도를 조절한다.
② 보일러 상부수면에 떠 있는 유지분 등을 배출한다.
③ 보일러에 발생한 수격작용을 위하여 응축수를 배출한다.
④ 보일러 하부에 있는 슬러지나 농축된 관수를 밖으로 배출한다.

🔑 분출장치종류
- 수면 분출장치(연속 분출장치) : 안전 저수위 선상에 설치하여 유지분, 부유물을 제거하여 프라이밍, 포밍 현상을 방지한다.
- 수저 분출장치(단속 분출장치) : 동체 아래 부분에 있는 스케일이나 침전물, 농축된 물 등을 외부로 배출시켜 제거한다.

10 연소 시 일반적으로 실제공기량과 이론공기량의 관계는 어떻게 설정하는가?
① 실제공기량은 이론공기량과 같아야 한다.
② 실제공기량은 이론공기량보다 작아야 한다.
③ 실제공기량은 이론공기량보다 커야 한다.
④ 아무런 관계가 없다.

🔑 실제공기량과 이론공기량의 관계 : 실제공기량은 이론공기량보다 커야 한다.

11 연관 최고부보다 노통 윗면이 높은 노통 연관보일러의 최저 수위(안전 저수면)의 위치는?
① 노통 최고부 위 100mm
② 노통 최고부 위 75mm
③ 연관 최고부 위 100mm
④ 연관 최고부 위 75mm

🔑 노통 연관보일러 안전 저수위
- 연관이 높은 경우 : 최상단부 위 75mm 높이
- 노통이 높은 경우 : 노통 최상단부 위 100mm 높이

12 입형(직립)보일러에 대한 설명으로 틀린 것은?
① 동체를 바로 세워 연소실을 그 하부에 둔 보일러이다.
② 전열면적을 넓게 할 수 있어 대용량에 적당하다.
③ 다관식은 전열면적을 보강하기 위하여 다수의 연관을 설치한 것이다.
④ 횡관식은 형관의 설치로 전열면을 증가시킨다.

🔑 입형보일러는 전열면적이 작고 소용량 보일러이다.

13 잠열에 해당하는 것은?
① 기화열 ② 생성열
③ 중화열 ④ 반응열

해 잠열
증발열(기화열)이나 융해열과 같이 열을 가하여도 물체의 온도 변화는 없고 상(相)변화에만 관계하는 열로 물질의 변화 상태에 따라 다음과 같이 불린다.
- 기화열 : 물이 증발할 경우
- 응축열 : 반대로 증기가 응축해서 물이 될 경우
- 융해열 : 얼음이 녹아 물이 될 경우
- 응고열 : 물이 응고되어 얼음이 되는 경우

14 강관의 스케줄 번호가 나타내는 것은?
① 관의 중심 ② 관의 두께
③ 관의 외경 ④ 관의 내경

해 스케줄 번호(Sch No.)는 관의 두께가 두꺼울수록 관의 두께가 더 두꺼워진다는 의미이다.

$$Sch\ No = \frac{P(\text{사용압력})}{S(\text{허용응력})} \times 1,000,$$

허용응력 = 인장강도 $\times \frac{1}{4}$

허용응력, 인장강도 단위 = kg/cm^2

15 주철제 보일러인 섹셔널 보일러의 일반적인 조합방법이 아닌 것은?
① 전후조합 ② 좌우조합
③ 맞세움조합 ④ 상하조합

해 주철제 보일러 섹션 조립 방법 : 전후 조합, 좌우 조합, 맞세움 조합

16 보일러에서 수주관의 설치목적과 가장 거리가 먼 것은?
① 수면계의 유리관을 보호한다.
② 수면계의 연락관 폐쇄를 촉진한다.
③ 수면계의 교환이 편리하다.
④ 수면계의 고장 점검 및 청소가 용이하다.

해 수주관 : 고온의 증기 및 보일러 수로부터 수면계를 보호하고, 수위 교란으로 인한 수위를 잘 못 인식하는 것을 방지하기 위하여 설치한다.

17 동작유체의 상태변화에서 에너지의 이동이 없는 변화는?
① 등온변화 ② 정적변화
③ 정압변화 ④ 단열변화

해 단열변화 : 열(에너지) 출입이 없는 상태에서의 변화로 등엔트로피 변화라 한다.

18 석탄을 간이 분석하여 회분 27(%), 휘발분 33[%], 수분 3[%]라는 결과를 얻었다. 고정 탄소는 몇 [%]인가?
① 37[%] ② 45[%]
③ 52[%] ④ 61[%]

해 고정탄소 = 100 − (수분 + 회분 + 휘발분)
= 100 − (3 + 27 + 33) = 37[%]

19 원통형 보일러와 비교할 때 수관식 보일러의 특징 설명으로 틀린 것은?
① 구조가 복잡하여 청소가 곤란하다.
② 수관의 관경이 적어 고압에 잘 견딘다.
③ 보일러수의 순환이 빠르고 효율이 높다.
④ 보유수가 적어서 부하변동 시 압력변화가 적다.

해 수관식 보일러의 특징
- 증기 발생시간이 빠르며, 고압 대용량에 적합하다.
- 외분식이므로 연료 선택범위가 넓고, 연소상태가 양호하다.
- 전열면적이 크고, 열효율이 높다.
- 수관의 배열이 용이하고, 패키지형으로 제작이 가능하다.
- 관수처리에 주의를 요한다.
- 구조가 복잡하여 청소, 검사, 수리가 어렵고 스케일 부착이 쉽다.
- 부하변동에 따른 압력 및 수위변동이 심하다.

20 다음 중 압력의 계량 단위가 아닌 것은?
① N/m^2 ② mmHg
③ mmAq ④ Pa/cm

해 압력의 단위 = $\frac{F}{A}$
A : 면적
F : 무게

21 급수펌프에서 송출량이 10m³/min이고, 전양정이 8m일 때 펌프의 소요마력은?(단, 펌프효율은 75%이다)
① 15.6PS ② 17.8PS
③ 23.7PS ④ 31.6PS

해 $PS = \dfrac{\gamma Qh}{75\eta} = \dfrac{1,000\dfrac{kg}{m^3} \times 10\dfrac{m^3}{min} \times \dfrac{1\,min}{60\,sec} \times 8m}{75 \times 0.75} = 23.7$

22 배관 중간이나 밸브, 펌프, 열교환기 등의 접속을 위해 사용하는 이음쇠로서 분해, 조립이 필요한 경우에 사용하는 것은?
① 리듀서 ② 밴드
③ 슬리브 ④ 플랜지

해 • 밴드 : 관의 방향을 변경시키는 이음쇠이다.
• 리듀서 : 지름이 서로 다른 관과 관을 접속하는 데 사용하는 관
• 슬리브 : 콘크리트 벽이나 바닥 등 배관이 관통하는 곳에 관을 보호하기 위하여 사용한다.

23 원통형 및 수관식 보일러의 구조에 대한 설명 중 **틀린** 것은?
① 노통 접합부는 애덤슨 조인트(Adamson Joint)로 연결하여 열에 의한 신축을 흡수한다.
② 코니시 보일러는 노통을 편심으로 설치하여 보일러수의 순환이 잘되도록 한다.
③ 갤러웨이관은 전열면을 증대하고 강도를 보강한다.
④ 강수관의 내부는 열가스가 통과하여 보일러수 순환을 증진한다.

해 강수관 내부에 열가스가 통과하는 것은 연관식 보일러이다.

24 육용 보일러 열정산의 조건과 관련된 설명 중 **틀린** 것은?
① 전기에너지는 1kw당 860kcal/h로 환산한다.
② 보일러 효율 산정방식은 입출열법과 열손실법으로 실시한다.
③ 열정산 시험 시의 연료 단위량은 액체 및 고체연료의 경우 1kg에 대하여 열정산을 한다.
④ 보일러의 열정산은 원칙적으로 정격부하 이하에서 정상 상태로 3시간 이상의 운전 결과에 따라 한다.

해 육용 보일러 열정산은 보일러의 정상 조업 상태에서 적어도 2시간 이상의 운전 결과에 따른다.

25 노에서 발생한 연소가스를 굴뚝에 유입시킬 때까지의 통로는?
① 연돌 ② 절탄기
③ 연도 ④ 노

해 연돌과 연도
• 연돌 : 연소가스가 외부로 배출되는 굴뚝
• 연도 : 보일러 연소실에서 발생한 연소가스가 굴뚝까지 이르는 통로

26 메탄(CH_4)의 함유비율이 가장 높은 기체 연료는?
① 천연가스 ② 프로판가스
③ 부탄가스 ④ 에탄가스

해 천연가스(NG) 및 액화천연가스(LNG)의 주성분은 메탄(CH_4)으로 공기보다 가볍다.

27 보일러의 안전밸브 및 압력방출장치에 관한 설명으로 잘못된 것은?
① 안전밸브는 쉽게 검사할 수 있는 장소에 밸브축을 수직으로 하여 가능한 한 보일러의 동체에 직접 부착시킨다.
② 전열면적이 50[m²] 이하의 증기보일러에서는 1개 이상의 안전밸브를 설치한다.
③ 최대증발량 5[t/h] 이하의 관류보일러의 안전밸브 호칭지름은 15[mm] 이상으로 한다.
④ 안전밸브 및 압력방출장치의 분출용량은 최대증발량을 분출하도록 그 크기와 수를 결정하여야 한다.

해 과압방지 안전장치의 크기 : 호칭지름 25[mm] 이상으로 하여야 한다. 다만, 다음 보일러에서는 호칭지름 20[mm] 이상으로 할 수 있다.
• 최고사용압력 0.1[MPa] 이하의 보일러
• 최고사용압력 0.5[MPa] 이하의 보일러로 동체의 안지름이 500[mm] 이하이며 동체의 길이가 1000[mm] 이하의 것
• 최고사용압력 0.5[MPa] 이하의 보일러로 전열면적 2[m²] 이하의 것
• 최대증발량 5[t/h] 이하의 관류보일러, 소용량 강철제 보일러, 소용량 주철제 보일러

28 보일러 자동제어 중 어느 조건이 불충분하거나 다음 진행에 도달하여 불합리한 동작으로 변환하게 될 때 다음 단계에 도달하기 전에 기관을 정지하는 제어방식은?
① 피드백　　　② 포워드 백
③ 피드포워드　　④ 인터록

해 인터록(inter lock) : 어떤 일정한 조건이 충족되지 않으면 다음 단계의 동작이 작동하지 못하도록 저지하는 것으로 보일러의 안전한 운전을 위하여 반드시 필요한 것이다.

29 천연가스의 주성분인 CH_4의 연소반응식으로 옳은 것은?
① $CH_4 + O_2 \rightarrow CO_2 + H_2O$
② $CH_4 + O_2 \rightarrow CO_2 + 4H_2O$
③ $CH_4 + 2O_2 \rightarrow CO_2 + H_2O$
④ $CH_4 + 2O_2 \rightarrow CO_2 + 2H_2O$

해 탄화수소(C_mH_n)의 완전연소 반응식
$$C_mH_n + \left(m + \frac{n}{4}\right)O_2 \rightarrow mCO_2 + \frac{n}{2}H_2O$$
메탄(CH_4)의 완전연소 반응식
$$CH_4 + 2O_2 \rightarrow CO_2 + 2H_2O$$

30 다음중 에너지 보존과 가장 관련이 있는 열역학의 법칙은?
① 제0법칙　　② 제1법칙
③ 제2법칙　　④ 제3법칙

해 열역학 제1법칙
에너지 보존의 법칙을 적용하여 열량은 일량으로, 일량은 열량으로 환산 가능함을 밝힌 법칙이다.
즉, $Q(\text{kcal}) = W(\text{kg} \cdot \text{gm})$: 가역법칙 → 열과 일에 대해 설명한다는 법칙이다.

31 절탄기에 대한 설명으로 옳은 것은?
① 연소용 공기를 예열하는 장치이다.
② 보일러의 급수를 예열하는 장치이다.
③ 보일러용 연료를 예열하는 장치이다.
④ 연소용 공기와 보일러 급수를 예열하는 장치이다.

32 액체연료 연소에서 무화의 목적이 아닌 것은?
① 단위 중량당 표면적을 크게 한다.
② 연소효율을 향상시킨다.
③ 주위 공기와 혼합을 좋게 한다.
④ 연소실의 열부하를 낮게 한다.

해 무화의 목적
• 단위 중량당 표면적을 넓게 한다.
• 공기와의 혼합을 좋게 한다.
• 연소에 적은 과잉공기를 사용할 수 있다.
• 연소효율 및 열효율을 높게 한다.

33 증기과열기의 열가스 흐름방식 분류 중 증기와 연소가스의 흐름이 반대 방향으로 지나면서 열교환이 되는 방식은?
① 병류형　　② 혼류형
③ 향류형　　④ 복사대류형

해 열가스 흐름 상태에 의한 과열기의 분류
• 병류형 : 연소가스와 증기가 같이 지나면서 열교환
• 향류형 : 연소가스와 증기의 흐름이 정반대 방향으로 지나면서 열교환
• 혼류형 : 향류와 병류형의 혼합형

34 왕복동식 펌프가 아닌 것은?
① 플런저펌프
② 피스톤펌프
③ 터빈펌프
④ 다이어프램펌프

해 • 왕복동식 펌프
• 피스톤펌프
• 플런저펌프
• 다이어프램펌프
• 위싱턴펌프
• 웨어펌프

35 관의 절단, 나사절삭, 거스러미 제거 등의 일을 연속적으로 할 수 있기 때문에 현장에서 가장 많이 사용되고 있는 것은?
① 다이헤드식 동력나사절삭기
② 오스터식 동력나사절삭기
③ 체인식 동력나사절삭기
④ 리드식 동력나사절삭기

해 다이헤드형(diehead type) 동력나사 절삭기 : 다이헤드를 이용한 나사가공 전용 기계로서 관의 절단, 거스러미 제거, 나사가공을 할 수 있다.

36 화학적 가스 분석계에 해당하는 것은?
① 오르자트법
② 자화율법
③ 적외선 흡수법
④ 밀도법

해 가스분석계의 분류
(1) 화학적 가스 분석계
  • 연소열을 이용한 것
  • 용액흡수제를 이용한 것
  • 고체 흡수제를 이용한 것
(2) 물리적 가스 분석계
  • 가스의 열전도율을 이용한 것
  • 가스의 밀도, 점도차를 이용한 것
  • 빛의 간섭을 이용한 것
  • 전기전도를 이용한 것
  • 가스의 자기적 성질을 이용한 것
  • 가스의 반응성을 이용한 것
  • 적외선 흡수를 이용한 것

37 보일러를 6개월 이상 장기간 보존할 때 가장 적합한 보존 방법은?
① 내부에 페인트를 두껍게 도포하여 보존한다.
② 내부를 건조시킨 후 흡습제를 넣고 밀폐 보존한다.
③ 보일러수의 pH를 12~13 정도로 높게 유지하여 보존한다.
④ 양질의 물에 가성소다 등을 첨가하여 만수 상태로 보존한다.

해 보일러 휴지 보존법 분류
  • 단기보존법 : 가열건조법, 보통 만수보존법이다.
  • 장기보존법 : 석회밀폐건조법, 질소가스봉입 법, 소다만수보존법, 기화성 부식억제제(VCI) 투입법

38 배관을 피복하지 않았을 때, 방산열량이 520[kcal/m²] 보온재로 피복하였을 때, 방산열량이 350[kcal/m²] 이다. 보온재의 보온효율은 약 얼마인가?
① 249[%]
② 33[%]
③ 68[%]
④ 89[%]

해 $\eta = \dfrac{Q_1 - Q_2}{Q_1} \times 100$
$= \dfrac{520 - 350}{520} \times 100 = 32.692[\%]$

39 난방부하가 18800[kJ/h]인 온수난방에서 쪽당 방열면적이 0.2[m²]인 방열기를 사용한다고 할 때 필요한 쪽수는? (방열기의 방열량은 표준방열량으로 한다.)
① 30
② 40
③ 50
④ 60

해 • 온수 방열기의 표준방열량은 1884[kJ/m²·h]이다.
  • 방열기 쪽수 계산
$\therefore N_w = \dfrac{H_1}{1884 \times a} = \dfrac{18800}{1884 \times 0.2}$
$= 49.893 ≒ 50[쪽]$

40 보일러에서 댐퍼의 설치목적으로 가장 거리가 먼 것은?
① 통풍력을 조절한다.
② 가스의 흐름을 차단한다.
③ 연료 공급량을 조절한다.
④ 주연도와 부연도가 있을 때 가스 흐름을 전환한다.

해 댐퍼의 설치목적
  • 공기량을 조절한다.
  • 배기가스량을 조절한다.
  • 통풍력을 조절한다.
  • 주연도, 부연도가 구분되어 있는 경우 연도를 교체한다.

41 플로트식 수위검출기 보수 및 점검에 관한 내용으로 가장 거리가 먼 것은?
① 3일마다 1회 정도 플로트실의 분출을 실시한다.
② 1년에 2회 정도 플로트실을 분해 정비한다.
③ 계전기의 커버를 벗겨내고 이상 유무를 점검한다.
④ 연결배관의 점검 및 정비, 기기의 수평, 수직 부착 위치를 확인한다.

해 플로트식 수위검출기는 1일 1회 정도 플로트실의 분출을 실시한다.

42 안전밸브의 종류가 아닌 것은?
① 레버 안전밸브 ② 추안전밸브
③ 스프링 안전밸브 ④ 핀안전밸브

해 안전밸브의 종류
- 구조상 : 추식, 스프링식, 지렛대식(레버식), 복합식(스프링식과 지렛대식의 조합형)
- 스프링식 : 전량식, 전양정식, 고양정식, 저양정식

43 자동제어의 비례동작(P동작)에서 조작량(Y)은 제어편차량(e)과 어떤 관계가 있는가?
① 제곱에 비례한다.
② 비례한다.
③ 평방근에 비례한다.
④ 평방근에 반비례한다.

해 자동제어의 비례동작(P동작)에서 조작량(Y)은 제어편차량(e)과 서로 비례관계이다.

44 보일러 운전 중 팽출이 발생하기 쉬운 곳은?
① 횡형 노통보일러의 노통
② 입형 보일러의 연소실
③ 횡연관보일러의 동(Drum) 저부
④ 수관보일러의 연도

해
- 압궤 : 과열된 전열면이 외압에 의해 안으로 오그라지는 현상
- 팽출 : 과열된 보일러 동체가 내부 압력에 견디지 못하고 외부로 부풀어 나오는 현상(보일러 동 저부, 수관, 횡연관, 갤러웨이관 등에서 잘 발생한다.)

45 무기질 보온재 중 암면을 가공한 것으로 빌딩의 덕트, 천장, 마루 등의 단열재로 한 쪽 면은 은박지 등을 부착하였으며, 사용온도가 600[℃] 정도인 것은?
① 로코트(rocort) ② 홈매트(home et)
③ 블랭킷(blanket) ④ 하이울(high wool)

해 블랭킷(blanket) : 안산암, 현무암, 석회석 등을 원료로 섬유상으로 제조한 암면을 가공한 보온재이다.

46 방열기 설치 시 주의사항으로 틀린 것은?
① 방열기를 설치 할 때는 열손실이 가장 적은 곳에 설치한다.
② 기둥형 방열기는 벽에서 50~60mm 떨어져 설치한다.
③ 방열기는 바닥에서 보통 150mm 정도 높게 설치한다.
④ 방열기 파이프는 역구배가 되지 않도록 설치한다.

해 열손실이 가장 많은 외기에 접한 창 아래쪽에 설치하여 실내의 공기가 대류작용에 의해 순환되도록 한다.

47 난방부하를 구성하는 인자에 속하는 것은?
① 관류 열손실
② 환기에 의한 취득열량
③ 유리창으로 통한 취득열량
④ 벽, 지붕 등을 통한 취득열량

해 난방부하는 실내를 적당한 온도로 유지하기 위하여 공급되는 열량으로 벽체, 천장, 바닥이나 환기로 인하여 손실되는 열량만큼 지속적으로 공급하여야 한다. 이렇게 공급하여야 하는 열량, 즉 손실열량이 바로 난방부하가 되는 것이다.

48 다음 중 비접촉식 온도계의 종류가 아닌 것은?
① 광전관식 온도계 ② 방사 온도계
③ 광고 온도계 ④ 열전대 온도계

해 온도계의 분류 및 종류
- 접촉식 온도계 : 유리제 봉입식 온도계, 바이메탈 온도계, 압력식 온도계, 열전대 온도계, 저항 온도계, 서미스터, 제겔콘, 서머컬러
- 비접촉식 온도계 : 광고온도계, 광전관 온도계, 색온도계, 방사온도계

정답 42 ④ 43 ② 44 ③ 45 ① 46 ① 47 ① 48 ④

49 동관용 공구에 대한 설명이 틀린 것은?
① 사이징 툴 : 동관의 끝부분을 원형으로 정형한다.
② 플레어링 툴 세트 : 동관의 압축접합용에 사용한다.
③ 익스팬더 : 직관에서 분기관을 성형 시 사용한다.
④ 리머 : 동관 절단 후 관의 내·외면에 생긴 거스러미를 제거한다.

해 • 동관 작업용 공구 튜브 커터(tube cutter) : 동관을 절단할 때 사용
• 튜브 벤더(tube bender) : 동관을 구부릴 때 사용
• 플레어링 공구 : 압축이음하기 위하여 관끝을 나팔관 모양으로 넓힐 때 사용
• 리머(reamer) : 관 내면의 거스러미를 제거하는데 사용
• 사이징 툴(sizing tools) : 동관 끝부분을 원형으로 교정할 때 사용
• 확관기(expander) : 관 끝을 넓혀 소켓으로 만들 때 사용
• 티 뽑기(extractor) : 직관에서 분기관 성형 시 사용

50 금속이나 반도체의 온도 변화로 전기저항이 변하는 원리를 이용한 전기저항 온도계의 종류가 아닌 것은?
① 백금저항 온도계   ② 니켈저항 온도계
③ 서미스터 온도계   ④ 베크만 온도계

해 유리제 온도계
• 알코올 온도계
• 수은 온도계
• 베크만 온도계 : 유리제 온도계 중 가장 정밀하고, 실험용으로 적합하다.

51 유류용 온수보일러에서 버너가 정지하고 리셋버튼이 돌출하는 경우는?
① 연통의 길이가 너무 길다.
② 연소용 공기량이 부적당하다.
③ 오일배관 내의 공기가 빠지지 않고 있다.
④ 실내 온도조절기의 설정온도가 실내온도보다 낮다.

해 오일배관 내의 공기가 빠지지 않으면 버너가 정지되고 리셋버튼이 돌출된다.

52 증기난방설비에서 배관 구배를 부여하는 가장 큰 이유는?
① 증기의 흐름을 빠르게 하기 위해서
② 응축기의 체류를 방지하기 위해서
③ 배관시공을 편리하게 하기 위해서
④ 증기와 응축수의 흐름마찰을 줄이기 위해서

해 증기난방설비에서 배관 구배를 부여하는 가장 큰 이유 : 응축기의 체류 방지

53 보일러 내부에 아연판을 매다는 가장 큰 이유는?
① 기수공발을 방지하기 위하여
② 보일러판의 부식을 방지하기 위하여
③ 스케일 생성을 방지하기 위하여
④ 프라이밍을 방지하기 위하여

해 아연은 철판보다 이온화 경향이 크기 때문에 아연이 희생하여 철의 부식을 방지하는 희생양극법의 형태이다

54 LPG의 주성분이 아닌 것은?
① 부탄   ② 프로판
③ 프로필렌   ④ 메탄

해 • LPG의 주성분 : 프로판(C_3H_8), 부탄(C_4H_{10}), 프로필렌(C_3H_6), 부틸렌(C_4H_8)
• LNG의 주성분 : 메탄(CH_4), 에탄(C_2H_6)

55 에너지이용합리화법은 에너지의 수급을 안정시키고 에너지의 합리적이고 효율적인 이용을 증진하며, 에너지소비로 인한 (A)를 줄임으로써, 국민경제의 건전한 발전 및 국민복지의 증진과 (B)의 최소화에 이바지함을 목적으로 한다. 위 ( )안의 A, B에 각각 들어갈 용어는?
① A : 환경파괴, B : 온실가스
② A : 자연파괴, B : 환경피해
③ A : 환경피해, B : 지구온난화
④ A : 온실가스배출, B : 환경파괴

해 에너지이용합리화법의 목적(법 제1조) : 에너지의 수급을 안정시키고 에너지의 합리적이고 효율적인 이용을 증진하며, 에너지소비로 인한 환경피해를 줄임으로써 국민경제의 건전한 발전 및 국민복지의 증진과 지구온난화의 최소화에 이바지함을 목적으로 한다.

56 에너지다소비사업의 신고의 접수는 누구에게 하는가?
① 한국에너지공단이사장
② 행정안전부장관
③ 환경부장관
④ 지방자치단체장

해 에너지이용 합리화법 제69조, 시행령 제51조에 따라 시·도지사의 업무를 공단에 위탁한 사항임

57 에너지이용 합리화 기본계획은 몇 년마다 수립하여야 하는가?
① 3년
② 5년
③ 10년
④ 15년

해 에너지이용 합리화 기본계획 등 : 에너지이용 합리화법 시행령 제3조
- 산업통상자원부장관은 5년마다 에너지이용 합리화 기본계획을 수립하여야 한다.
- 관계 행정기관의 장과 특별시장·광역시장·도지사 또는 특별자치도지사(시·도지사라 한다.)는 매년 실시계획을 수립하고 그 계획을 해당 연도 1월 31일까지, 그 시행 결과를 다음 연도 2월 말일까지 각각 산업통상자원부장관에게 제출하여야 한다.
- 산업통상자원부장관은 받은 시행결과를 평가하고, 해당 관계 행정기관의 장과 시·도지사에게 그 평가 내용을 통보하여야 한다.

58 에너지이용 합리화법의 목적이 아닌 것은?
① 에너지의 수급 안정
② 에너지의 개발 및 보급
③ 에너지의 합리적이고 효율적인 이용
④ 에너지 소비로 인한 환경피해를 줄임

해 에너지이용 합리화법의 목적(제1조) : 에너지의 수급을 안정시키고 에너지의 합리적이고 효율적인 이용을 증진하며, 에너지 소비로 인한 환경피해를 줄임으로써 국민경제의 건전한 발전 및 국민복지의 증진과 지구온난화의 최소화에 이바지함을 목적으로 한다.

59 검사대상기기인 보일러의 재사용검사의 유효기간은?
① 1년
② 2년
③ 3년
④ 5년

60 에너지이용합리화법에 따라 검사대상기기관리자에 대한 교육기간은?
① 1일
② 3일
③ 5일
④ 10일

| 정답 56 ① 57 ② 58 ② 59 ① 60 ①

제8회 모의고사

01 보일러시스템에서 공기예열기 설치 사용 시 특징으로 틀린 것은?
① 연소효율을 높일 수 있다.
② 저온부식이 방지된다.
③ 예열공기의 공급으로 불완전연소가 감소된다.
④ 노내의 연소속도를 빠르게 할 수 있다.

해 공기예열기 : 연소실로 들어가는 공기를 예열시키는 장치로서 180~350℃까지 된다. 공기예열기에 가장 주의를 요하는 것은 공기 입구와 출구부의 저온부식이다. 즉, 배기가스 중의 황산화물에 의해 저온부식이 발생 된다.

02 전자밸브가 작동하여 연료공급을 차단하는 경우로 틀린 것은?
① 보일러수의 이상 감수 시
② 증기압력 초과 시
③ 배기가스온도의 이상 감소 시
④ 점화 중 불착화 시

해 연료차단장치가 작동되는 경우
 • 버너의 연소상태가 정상이 아닌 경우
 • 저수위 안전장치가 작동하였을 때
 • 증기압력제한기가 작동하였을 때
 • 액체연료의 공급압력이 낮을 때
 • 관류보일러, 가스용 보일러에서 급수가 부족한 경우
 • 송풍기가 작동되지 않을 때

03 보일러 열정산 시의 기준온도로 물은 것은?
① 상온
② 측정온도
③ 실내온도
④ 외기온도

해 열정산의 기준온도는 시험 시의 외기온도를 기준으로 하나, 필요에 따라 주위 온도 또는 압입 송풍기 출구 등의 공기 온도로 할 수 있다.

04 다음 그림은 몇 요소 수위제어를 나타낸 것인가?

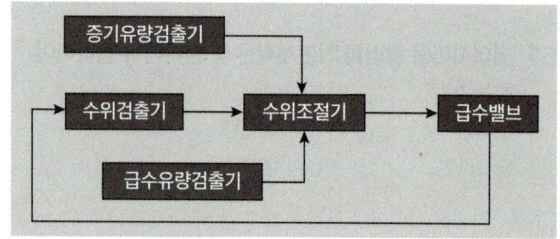

① 1요소 수위제어
② 2요소 수위제어
③ 3요소 수위제어
④ 4요소 수위제어

해 급수제어방법의 종류 및 검출대상(요소)

명칭	검출대상
1요소식	수위
2요소식	수위, 증기량
3요소식	수위, 증기량, 급수유량

05 유류 연소 시의 일반적인 공기비는?
① 1.0~1.2
② 1.6~1.8
③ 1.2~1.4
④ 1.8~2.0

해 연료에 따른 공기비
 • 기체연료 : 1.1 ~ 1.3
 • 액체연료 : 1.2 ~ 1.4 (미분탄 포함)
 • 고체연료 : 1.5 ~ 2.0(수분식), 1.4~1.7 (기계식)

06 버킷 트랩은 어떤 종류의 트랩인가?
① 열역학적 트랩
② 온도조절식 트랩
③ 금속 팽창형 트랩
④ 기계식 트랩

구분	작동원리	종류
기계식 트랩	증기와 응축수의 비중차 이용(플로트 또는 버킷의 부력 이용)	상향 버킷식, 하향 버킷식, 레버 플로트식, 자유 플로트식
온도 조절식 트랩	증기와 응축수의 온도차 이용(금속의 신축성을 이용)	바이메탈식, 벨로스식, 열동식
열역학적 트랩	증기와 응축수의 열역학적 특성차 이용	오리피스식, 디스크식

07 보일러의 휴지보존법 중 단기보존법에 속하는 것은?
① 석회밀폐건조법 ② 질소가스봉입법
③ 소다만수보존법 ④ 가열건조법

해 단기보존법은 보일러의 휴지기간이 2개월 이내일 때의 휴지보존법으로 만수보존법, 건조보존법(가열건조법) 등이 있다.

08 다음 <보기>에서 설명한 송풍기의 종류는?

[보 기]
- 경향 날개형이며 6~12매의 철판제 직선 날개를 보스에서 방사한 스포크에 리벳죔을 한 것이며, 측관이 있는 임펠러와 측판이 없는 것이 있다.
- 구조가 견고하며 내마모성이 크고 날개를 바꾸기도 쉬우며 회진이 많은 가스의 흡출통풍기, 미분탄 장치의 배탄기 등에 사용된다.

① 터보송풍기   ② 다익송풍기
③ 축류송풍기   ④ 플레이트송풍기

해 • 터보송풍기 : 낮은 정압부터 높은 정압의 영역까지 폭넓은 운전범위를 가지고 있으며, 각 용도에 적합한 깃 및 케이싱 구조, 재질의 선택을 통하여 일반 공기 이송에서 고온의 가스 혼합물 및 분체 이송까지 폭넓은 용도로 사용할 수 있다.
• 다익송풍기 : 일반적으로 시로코 팬(Sirocco Fan)이라고 하며, 임펠러 형상이 회전 방향에 대해 앞쪽으로 굽어진 원심형 전향익 송풍기이다.
• 축류송풍기 : 기본적으로 원통형 케이싱 속에 넣어진 임펠러의 회전에 따라 축 방향으로 기체를 송풍하는 형식으로, 일반적으로 효율이 높고 고속회전에 적합하여 전체가 소형이 되는 이점이 있다.

09 보일러의 압력 상승에 따라 닫혀 있는 주증기 스톱밸브를 처음 열어 사용처로 증기를 보낼 때 워터해머 발생 방지를 위한 조치로 틀린 것은?
① 증기를 보내기 전에 증기를 보내는 측의 주증기관, 드레인밸브를 다 열고 응축수를 완전히 배출시킨다.
② 관이 따뜻해지면 주증기밸브를 단번에 완전히 열어둔다.
③ 바이패스밸브가 설치되어 있는 경우에는 먼저 바이패스밸브를 열어 주증기관을 따뜻하게 한다.
④ 바이패스밸브가 없는 경우에는 보일러 주증기밸브를 조심스럽게 열어 증기를 조금씩 보내어 시간을 두고 관을 따뜻하게 한다.

해 수격작용을 방지하기 위해서는 주증기밸브를 천천히 개방해야 한다.

10 방열기의 구조에 관한 설명으로 옳지 않은 것은?
① 주요 구조 부분은 금속재료나 그 밖의 강도와 내구성을 가지는 적절한 재질의 것을 사용해야 한다.
② 엘리먼트 부분은 사용하는 온수 또는 증기의 온도 및 압력을 충분히 견디어 낼 수 있는 것으로 한다.
③ 온수를 사용하는 것에는 보온을 위해 엘리먼트 내에 공기를 빼는 구조가 없도록 한다.
④ 배관 접속부는 시공이 쉽고 점검이 용이해야 한다.

해 온수를 사용하는 곳도 공기를 빼는 구조이어야 한다.

11 보일러의 외부 청소방법 중 압축공기와 모래를 분사하는 방법은?
① 샌드 블라스트법   ② 스틸 쇼트 크리닝법
③ 스팀 쇼킹법   ④ 에어 쇼킹법

해 Sand Blast : 모래분사

12 보일러의 습식 집진장치 중 가압수식 집진장치의 종류가 아닌 것은?
① 멀티사이클론   ② 벤투리 스크러버
③ 제트 스크러버 ④ 충전탑

해 • 가압수식 집진장치 : 가압한 물을 분사시키고 이것이 확산에 의해 배기가스 중의 분진을 포집하는 방식이다. 요소
• 종류 : 벤투리 스크러버, 제트 스크러버, 사이클론 스크러버, 충전탑(세정탑)

13 보일러의 연소장치에서 통풍력을 크게 하는 조건으로 틀린 것은?
① 연돌의 높이를 높인다.
② 배기가스 온도를 높인다.
③ 연도의 굴곡부를 줄인다.
④ 연돌 상부 단면적을 줄인다.

해 연돌의 통풍력이 증가되는 경우
• 연돌의 높이가 높을수록
• 연돌의 단면적이 클수록
• 연돌의 굴곡부가 적을수록
• 배기가스 온도가 높을수록
• 외기온도가 낮을수록
• 습도가 낮을수록

정답 07 ④ 08 ④ 09 ② 10 ③ 11 ① 12 ① 13 ④

14 포화증기는 압력이 높아질수록 증발잠열의 크기는 어떻게 되는가?
① 증가한다. ② 감소한다.
③ 변하지 않는다. ④ 감소 후 증가한다.

해 증기압력이 상승할 때 나타나는 현상
- 포화수의 온도가 상승한다.
- 포화수의 부피가 증가한다.
- 포화수의 비중이 감소한다.
- 물의 현열이 증가하고, 증기의 잠열이 감소한다.
- 건포화증기 엔탈피가 증가한다.
- 증기의 비체적이 증가한다.

15 보일러의 안전장치에 대한 설명 중 잘못된 것은?
① 전열면적이 50[m²] 이상의 증기보일러에는 2개 이상의 안전밸브를 설치해야 한다.
② 안전밸브의 분출용량은 보일러 최대증발량을 분출하도록 그 크기와 수량을 결정한다.
③ 안전밸브는 형식승인을 받은 제품을 이용하므로 현장에서 수시로 압력설정을 조정하여도 된다.
④ 저수위 안전장치는 연료차단 전에 경보가 울려야 하며, 경보음은 70[dB] 이상이어야 한다.

해 안전밸브는 함부로 조정할 수 없도록 봉인할 수 있는 구조로 하여야 하며 임의로 조정하여서는 안 된다.

16 열역학에서 이상기체의 상태변화의 종류에 해당되지 않는 것은?
① 등온 변화 ② 정압 변화
③ 혼합 변화 ④ 정적 변화

해 이상기체의 상태변화 종류
- 정온(등온)변화 : 온도가 일정한 상태에서의 변화
- 정압(등압)변화 : 압력이 일정한 상태에서의 변화
- 정적(등적)변화 : 체적이 일정한 상태에서의 변화
- 단열변화(등엔트로피 변화) : 열 출입이 없는 상태에서의 변화
- 폴리트로픽 변화 : 변화 중에 압력과 비체적이 $pv^n = C$ 인 변화

17 보일러 기관 작동을 저지시키는 인터로크 제어에 속하지 않는 것은?
① 저수위 인터로크 ② 저압력 인터로크
③ 저연소 인터로크 ④ 프리퍼지 인터로크

해 인터로크의 종류
저수위, 압력 초과, 불착화, 저연소, 프리퍼지 인터로크 등

18 증기난방의 중력 환수식에서 단관식인 경우 배관의 기울기로 적당한 것은?
① 1/100 ~ 1/200 정도의 순 기울기
② 1/200 ~ 1/300 정도의 순 기울기
③ 1/300 ~ 1/400 정도의 순 기울기
④ 1/400 ~ 1/500 정도의 순 기울기

해 증기난방의 중력 환수식에서 배관의 기울기

배관방식	순구배	역구배
단관식	1/100~1/200	1/50~1/100
복관식	1/200	

19 강판 제조 시 강괴 속에 함유되어 있는 가스체 등에 의해 강판이 두장의 층을 형성하는 결함은?
① 래미네이션 ② 크랙
③ 브리스터 ④ 리프트

해
- 래미네이션 : 강판이 내부의 기포에 의해 2장의 층으로 분리되는 현상
- 크랙 : 균열
- 브리스터 : 강판이 내부의 기포에 의해 표면이 부풀어 오르는 현상

20 세관작업 시 규산염은 염산에 잘 녹지 않으므로 용해촉진제를 사용하는데, 다음 중 용해촉진제로 사용되는 것은?
① H_2SO_4 ② HF
③ NH_3 ④ Na_2SO_4

해 황산염 규산염 등의 경질스케일은 염산에 잘 용해되지 않아 용해촉진제를 사용해야 하며, 용해촉진제는 플루오린화수소산(HF)이다.

21 증기난방 시공에서 관할 증기트랩장치의 냉각 레그 (Cooling Leg) 길이는 일반적으로 몇 m 이상으로 해야 하는가?
① 0.7m ② 1.0m
③ 1.5m ④ 2.5m

해 냉각 레그(Cooling Leg) : 증기주관에서 생긴 증기나 응축수를 냉각하여 완전한 응축수로 관말트랩에 보내기 위해서 냉각 다리를 설치한다.
- 증기난방의 냉각 레그(Cooling Leg) 길이 : : 1.5m 이상
- 증기난방의 리프트 이음(Lit Join) 길이 : 1.5m 이내

22 가스연료의 연소에서 불꽃이 염공으로 역화되는 원인을 표현한 것으로 맞는 것은?
① 가스압이 높을 때
② 1차 공기의 흡인이 적을 때
③ 버너가 과열되었을 때
④ 염공이 작게 되었을 때

해 역화(back fire) : 가스의 연소속도가 염공에서의 가스 유출속도보다 크게 됐을 때, 불꽃은 염공에서 버너 내부에 침입하여 노즐의 선단에서 연소하는 현상으로 원인은 다음과 같다.
• 염공이 크게 되었을 때
• 노즐의 구멍이 너무 크게 된 경우
• 콕이 충분히 개방되지 않은 경우
• 가스의 공급압력이 저하되었을 때
• 버너가 과열된 경우

23 연소에 있어서 환원염이란?
① 과잉 산소가 많이 포함되어 있는 화염
② 공기비가 커서 완전 연소된 상태의 화염
③ 과잉공기가 많아 연소가스가 많은 상태의 화염
④ 산소 부족으로 불완전 연소하여 미연분이 포함된 화염

해 화염 내의 반응에 의한 화염 구분
• 산화염 : 산소(O_2), 이산화탄소(CO_2), 수증기를 함유한 것으로 내염의 외측을 둘러싸고 있는 청자색의 불꽃이다.
• 환원염 : 수소(H_2)나 불완전 연소에 의한 일산화탄소(CO)를 함유한 것으로 청록색으로 빛나는 화염이다.

24 과열기의 종류 중 열가스 흐름에 의한 구분 방식에 속하지 않는 것은?
① 병류식   ② 접촉식
③ 향류식   ④ 혼류식

해 과열기의 분류
• 열가스 접촉에 의한 분류(전열방식) : 접촉과열기(대류형), 복사 과열기(방사형), 복사 접촉과열기(방사 대류형)
• 증기와 연소가스의 흐름에 의한 분류 : 병류식, 향류식, 혼류식

25 증기 축열기(steam accumulator)를 옳게 설명한 것은?
① 보일러 출력을 증가시키는 장치
② 보일러에서 온수를 저장하는 장치
③ 송기압력을 일정하게 유지하기 위한 장치
④ 증기를 저장하여 과부하 시에 증기를 방출하는 장치

해 증기 축열기(steam accumulator) : 보일러에서 과잉 발생한 증기를 저장하고 부하가 증가하면 증기를 공급하여 증기 부족을 해소하는 장치로 변압식과 정압식이 있다.

26 대기압 상태에서 포화수의 온도와 포화증기의 온도가 각각 옳게 표시된 것은?
① 포화수의 온도 : 100[℃], 포화증기의 온도 : 100[℃]
② 포화수의 온도 : 100[℃], 포화증기의 온도 : 200[℃]
③ 포화수의 온도 : 100[℃], 포화증기의 온도 : 300[℃]
④ 포화수의 온도 : 100[℃], 포화증기의 온도 : 539[℃]

해 • 포화수 : 포화온도에 도달해 있는 물이며, 포화수에 도달하면 심하게 요동치는 현상이 일어난다. (대기압상태에서 100[℃]에 해당된다.)
• 포화증기 : 포화온도에 도달한 포화수가 증발하여 증기가 생성되는 것을 포화증기라 하며(대기압상태에서 100[℃]에 해당된다.), 증기 속에 수분이 포함된 것이 습포화증기, 수분이 전혀 없는 상태가 건포화증기이다.

27 연통에서 배기되는 가스량이 2,500kg/h이고, 배기가스 온도가 230℃, 가스의 평균 비열이 0.31kcal/kg·℃, 외기온도가 18℃이면, 배기가스에 의한 손실열량은?
① 164,300kcal/h   ② 174,300kcal/h
③ 184,300kcal/h   ④ 194,300kcal/h

해 손실열량
$= 2,500 \frac{kg}{h} \times 0.31 \frac{kcal}{kg \cdot ℃} \times (230 - 18) ℃$
$= 164,300 kcal/h$

28 보일러에서 포밍(Foaming)이 발생하는 경우가 아닌 것은?
① 보일러수가 너무 농축되었을 때
② 보일러수 중에 가스분이 많이 포함되었을 때
③ 보일러수 중에 유지분이 다량 함유되었을 때
④ 수위가 너무 낮을 때

해 포밍은 수위가 너무 높을 때 발생한다.

29 신축이음쇠 종류 중 고온·고압에 적당하며, 신축에 따른 자체응력이 생기는 결점이 있는 신축이음쇠는?
① 루프형(Loop Type)
② 스위블형(Swivel Type)
③ 벨로스형(Bellows Type)
④ 슬리브형(Sleeve Type)

해 루프형 : 신축에 따른 자체 응력이 생기는 단점이 있으며 고온 고압에 적당하다.

30 가연가스와 미연가스가 노 내에 발생하는 경우가 아닌 것은?
① 심한 불완전연소가 되는 경우
② 점화 조작에 실패한 경우
③ 소정의 안전 저연소율보다 부하를 높여서 연소시킨 경우
④ 연소 정지 중에 연료가 노 내에 스며든 경우

해 가연가스와 미연가스가 노 내에 발생하는 경우
- 심한 불완전연소가 되는 경우
- 점화 조작에 실패한 경우
- 소정의 안전 저연소율 보다 부하를 낮추어서 연소시킨 경우
- 연소 정지 중에 연료가 노 내에 스며든 경우
- 노 내에 다량의 그을음이 쌓여 있는 경우
- 연소 중에 갑자기 실화되었을 때 즉시 연료 공급을 중단하지 않은 경우

31 보일러 부속장치인 증기과열기를 설치 위치에 따라 분류할 때 해당되지 않는 것은?
① 복사식   ② 전도식
③ 접촉식   ④ 복사접촉식

해 증기과열기의 종류
- 접촉과열기(대류열 이용) : 연도에 설치한다.
- 복사과열기(복사열 이용) : 화실 노내에 설치한다.
- 복사접촉과열기(복사, 접촉과열기) : 화실과 연도 접촉부에 설치한다.

32 주철제 방열기를 설치할 때 벽과의 간격은 몇 [mm] 정도로 하는 것이 좋은가?
① 50~60   ② 90~100
③ 10~30   ④ 70~80

해 방열기 설치위치
- 열손실이 가장 많은 외기에 접한 창 아래쪽에 설치한다.
- 주형 방열기의 경우 벽에서 50~60[mm] 떨어져 설치한다.
- 벽걸이형 방열기는 바닥에서 보통 150[mm] 정도 높게 설치한다.
- 대류 방열기(콘벡터)는 바닥면으로부터 케이싱 하부까지의 높이를 최저 [90mm] 이상 높게 설치한다.

33 일반적으로 관지름 20[mm] 이하의 파이프에 삽입하여 기계의 점검이나 보수 또는 동 관을 분해할 경우에 사용하는 이음 방법은?
① 플레어 이음   ② 플랜지 이음
③ 용접 이음   ④ 플라스턴 이음

해 플레어 이음(flare joint) : 압축이음이라 하며 용접 이음이 곤란한 곳이나, 분리 결합이 요구될 때, 동관의 끝부분을 접시 모양으로 가공하여 이음하는 방식이다.

34 체크밸브(check valve)에 관한 설명으로 잘 못 된 것은?
① 유체의 역류 방지용으로 사용된다.
② 리프트형은 수직 배관에만 사용할 수 있다.
③ 스윙형은 수직, 수평 배관에 모두 사용할 수 있다.
④ 풋형은 펌프운전 중에 흡입측 배관 내 물이 없어지지 않도록 하기 위하여 사용한다.

해 리프트형은 수평 배관에만 사용할 수 있다.

35 배관의 높이를 표시할 때 포장된 지표면을 기준으로 하여 배관 장치의 높이를 표시하는 경우 기입하는 기호는?
① BOP   ② TOP
③ GL   ④ FL

해 관의 높이 표시법
- EL(elevation line) 표시 : 그 지방의 해수면에 기준선(base line)을 설정하여, 이 기준선으로부터의 높이를 표시하는 표시법이다.
- BOP(bottom of pipe) : 지름이 다른 관의 높이를 나타낼 때 적용되며, 관 바깥지름의 아랫면을 기준으로 하여 표시한다.
- TOP(top of pipe) : 관의 윗면을 기준으로 하여 표시한다.
- GL(ground line) : 포장된 지표면을 기준으로 하여 배관장치의 높이를 표시할 때 적용된다.
- FL(floor line) : 1층 바닥면을 기준으로 하여 높이를 표시한다.

36 다음 중 배관의 지지장치가 아닌 것은?
① 행거 ② 서포트
③ 리스트 레인트 ④ 체이서

해 배관 지지장치의 종류
- 행거(hanger) : 배관계 중량을 위에서 걸어 당겨 지지할 목적으로 사용하는 것으로 리지드 행거, 스프링 행거, 콘스턴트 행거가 있다.
- 서포트(support) : 배관계 중량을 아래에서 위로 지지할 목적으로 사용하는 것으로 스프링 서포트, 롤러 서포트, 파이프 K 리지드 서포트가 있다.
- 리스트 레인트(restraint) : 배관의 신축으로 인한 배관의 상하, 좌우 이동을 제한하고 구속하는 목적에 사용하는 것으로 앵커, 스톱, 가이드가 있다.

37 동작유체의 상태 변화에서 에너지의 이동이 없는 변화는?
① 등온 변화 ② 정적 변화
③ 정압 변화 ④ 단열 변화

해 단열 변화 : 외부와 열의 출입이 없는 상태에서 이루어지는 기체의 상태 변화

38 연소효율을 구하는 식으로 맞는 것은?
① $\frac{공급열}{실제연소열} \times 100$
② $\frac{실제연소열}{공급열} \times 100$
③ $\frac{유효열}{실제연소열} \times 100$
④ $\frac{실제연소열}{유효열} \times 100$

해 연소효율 $= \frac{실제연소열}{저위발열량(=공급열=입열)} \times 100$

39 화석연료에 대한 의존도를 낮추고 청정에너지의 사용 및 보급을 확대하여 녹색기술 연구개발, 탄소 흡수원 확충 등을 통하여 온실가스를 적정 수준 이하로 줄이는 것에 대한 정의로 옳은 것은?
① 녹색성장 ② 저탄소
③ 기후 변화 ④ 자원 순환

해 저탄소 : 화석연료에 대한 의존도를 낮추고 청정에너지의 사용 및 보급을 확대하여 녹색기술 연구개발, 탄소 흡수의 확충 등을 통하여 온실가스를 적정 수준 이하로 줄이는 것

40 그랜드 패킹의 종류에 해당하지 않는 것은?
① 편조 패킹 ② 액상 합성수지 패킹
③ 플라스틱 패킹 ④ 메탈 패킹

해
- 그랜드 패킹의 종류
  - 브레이드(편조) 패킹 : 석면 브레이드 패킹
  - 플라스틱 패킹 : 면상 패킹
  - 금속(메탈) 패킹
  - 적측 패킹 : 고무면사적층 패킹, 고무석면포, 적측형 패킹
- 패킹의 재료에 따른 패킹의 종류
  - 플랜지 패킹 : 고무패킹(천연고무, 네오프렌), 석면 조인트 시트, 합성수지 패킹(테프론), 금속 패킹, 오일 실 패킹
  - 나사용 패킹 : 페인트, 일산화연, 액상 합성수지
  - 그랜드 패킹 : 석면 각형 패킹, 석면 얀 패킹, 아마존 패킹, 물드패킹, 가죽 패킹

41 비열이 0.6kcal/kg·℃인 어떤 연료 30kg을 15℃에서 35℃까지 예열하고자 할 때 필요한 열량은 몇 kcal인가?
① 180 ② 360
③ 450 ④ 600

해 $Q =$ 열량(kcal)
$G =$ 중량(kg)
$C =$ 비열($\frac{kcal}{kg \cdot ℃}$)
$\Delta t =$ 온도차(℃)
$\therefore Q = GC\Delta t = 30 \times 0.6 \times (35-15) = 360 kcal$

42 실내온도 분포가 균등하고 쾌감도가 좋으며, 바닥면의 이용도가 높은 난방 방법은?
① 증기 중앙 난방법 ② 복사 난방법
③ 방열기 난방법 ④ 온풍 난방법

해 복사난방의 특징
- 장점
  - 실내온도 분포가 균등하여 쾌감도가 높다.
  - 방열기가 필요하지 않으므로 바닥면의 이용도가 높다.
  - 공기대류가 적으므로 바닥면 먼지 상승이 없다.
  - 방이 개방상태에서도 난방효과가 있다.
  - 손실열량이 비교적 적다.
- 단점
  - 외기온도 급변에 따른 방열량 조절이 어렵다.
  - 초기 시설비가 많이 소요된다.
  - 시공, 수리, 방의 모양을 변경하기가 어렵다.
  - 고장(누수 등)을 발견하기가 어렵다.
  - 열손실을 차단하기 위한 단열층이 필요하다.

43 신축곡관 이음에서 곡관의 곡률반지름은 관지름의 몇 배 이상으로 하는 것이 좋은가?
① 1배　　② 2배
③ 4배　　④ 6배

해 **루프형(loop type) 신축이음** : 곡관으로 만들어진 관의 가요성을 이용한 것으로 구조가 간단하고 내구성이 좋으며 고온, 고압배관이나 옥외배관에 주로 사용한다. 곡률반지름은 관지름의 6배 이상으로 한다.

44 지역난방의 특징 설명으로 틀린 것은?
① 연료비와 인건비를 줄일 수 있다.
② 설비의 고도화에 따른 도시 매연이 증가된다.
③ 각 건물에 보일러를 설치하는 경우에 비해 열효율이 좋다.
④ 각 건물에 보일러를 설치하는 경우에 비해 건물의 유효면적이 증대된다.

해 **지역난방의 특징**
- 연료비와 인건비를 줄일 수 있다.
- 설비의 고도화에 따른 도시 대기오염을 감소시킬 수 있다.
- 각 건물에 위험물을 취급하지 않으므로 화재의 위험이 적다.
- 각 건물에 보일러를 설치하는 경우에 비해 건물의 유효면적이 증대된다.
- 각 건물에 보일러를 설치하는 경우에 비해 열효율이 좋다.
- 온수를 사용하는 것이 관내 저항 손실이 크고, 증기를 사용하면 관내 저항 손실이 작다.

45 보일러의 화학세관 작업 중 산세척 처리 순서를 설명한 것으로 맞는 것은?
① 전처리→산액처리→수세→중화→수세→방청처리
② 수세→전처리→산액처리→수세→중화→방청처리
③ 전처리→수세→산액처리→수세→중화→방청처리
④ 전처리→산액처리→수세→중화→수세→방청처리

해 **산세척 처리 순서** : 전처리→수세→산액처리→수세→중화 및 방청처리

46 강관 용접접합의 특징에 대한 설명으로 틀린 것은?
① 관내 유체의 저항 손실이 적다.
② 접합부의 강도가 강하다.
③ 보온피복 시공이 어렵다.
④ 누수의 염려가 적다.

해 **용접이음의 특징**
(1) 장점
- 이음부 강도가 크고, 하자 발생이 적다.
- 이음부 관 두께가 일정하므로 마찰저항이 적다.
- 배관의 보온, 피복 시공이 쉽다.
- 시공기간을 단축할 수 있고 유지비, 보수비가 절약된다.

(2) 단점
- 재질의 변형이 일어나기 쉽다.
- 용접부의 변형과 수축이 발생한다.
- 용접부의 잔류응력이 현저하다.

47 기체연료의 특징으로 틀린 것은?
① 연소 조절 및 점화나 소화가 용이하다.
② 시설비가 적게 들며 저장이나 취급이 편리하다.
③ 회분이나 매연 발생이 없어서 연소 후 청결하다.
④ 연료 및 연소용 공기도 예열되어 고온을 얻을 수 있다.

해 **기체연료의 특성**
- 연소효율이 높고 소량의 공기라도 완전연소가 가능하다.
- 고온을 얻기가 쉽다.
- 연소가 균일하고, 연소 조절이 용이하다.
- 회분이나 매연이 없어 청결하다.
- 배관공사비의 시설비가 많이 들어 저장이 곤란하며, 다른 연료에 비해 코스트가 높다.
- 누출되기 쉽고, 폭발의 위험성이 크다.

48 안전밸브의 수동시험은 최고사용압력의 몇 % 이상의 압력으로 행하는가?
① 50%　　② 55%
③ 65%　　④ 75%

49 보일러 내처리제에서 가성취화 방지에 사용되는 약제가 아닌 것은?
① 인산나트륨　　② 질산나트륨
③ 타닌　　④ 암모니아

해 **가성취화 방지제** : 인산나트륨, 질산나트륨, 타닌, 리그린

50 난방면적이 50m²인 주택에 온수보일러를 설치하려고 한다. 벽체면적은 40m²(창문, 문 포함), 외기온도 -8℃, 실내온도 20℃, 벽체의 열관류율이 6kcal/cm²·h·℃일 때 벽체를 통하여 손실되는 열량(kcal/h)은?(단, 방위계수는 1.15이다)

① 4,146 ② 8,400
③ 7,728 ④ 9,660

해 $hl = k \times a \times \Delta t \times z \, (kcal/h)$
여기서, k : 벽체의 열관류율(kcal/m²·h·℃)
Δt : 실내외의 온도차(℃)
z : 방위계수

$hl = \dfrac{6kcal}{m^2 \cdot h \cdot ℃} \times 40m^2 \times [20-(-8)]℃ \times 1.15$
$= 7,728 kcal/h$

51 공기예열기에 대한 설명으로 틀린 것은?
① 보의 열효율을 향상시킨다.
② 불완전연소를 감소시킨다.
③ 배기가스의 열손실을 감소시킨다.
④ 통풍저항이 작아진다.

해 공기예열기의 설치 시 특징
• 열효율이 향상된다.
• 적은 공기비로 완전연소가 가능하다.
• 폐열을 이용하므로 열손실이 감소한다.
• 연소효율이 증가한다.
• 수분이 많은 저질탄의 연료도 연소 가능하다.
• 연소실의 온도가 증가한다.
• 황산에 의한 저온 부식이 발생한다.
• 통풍저항을 증가시킬 수 있다.

52 보일러 외부부식의 발생원인과 가장 거리가 먼 것은?
① 연소가스 속의 부식성 가스에 의한 작용
② 빗물, 지하수 등에 의한 습기나 수분에 의한 작용
③ 증기나 보일러 수 등의 누출로 인한 습기나 수분에 의한 작용
④ 급수 중에 유지류, 산류, 탄산가스, 염류 등의 불순물에 의한 작용

해 외부부식 원인
• 연소가스 속의 부식성 가스(아황산가스) 및 수증기에 의한 경우
• 증기나 보일러수 등의 누출로 인한 습기나 수분에 의한 경우
• 재나 회분 속에 있는 부식성 물질(바나듐)에 의한 경우
• 빗물, 지하수 등에 의한 습기나 수분에 의한 경우

53 일명 팩리스 신축이음쇠라고도 하며, 설치에 넓은 장소를 필요로 하지 않고 신축에 의한 응력을 일으키지 않는 신축 이음쇠의 형식은?
① 슬리브형 ② 루프형
③ 벨로즈형 ④ 스위블형

해 벨로즈형(bellows type) 신축이음쇠
팩리스(packless)형이라 하며, 설치장소에 구애받지 않고 가스, 증기, 물 등 0.2[MPa], 450[℃]까지 축방향 신축흡수에 사용되며 단식과 복식 2종류가 있다.

54 배관 지지구의 종류가 아닌 것은?
① 파이프 슈 ② 콘스탄트 행거
③ 리지드 ④ 서포트 소켓

해 배관 지지장치의 종류
• 행거(hanger) : 배관계 중량을 위에서 걸어 당겨 지지할 목적으로 사용하는 것으로 리지드 행거, 스프링 행거, 콘스턴트 행거가 있다.
• 서포트(support) : 배관계 중량을 아래에서 위로 지지할 목적으로 사용하는 것으로 스프링 서포트, 롤러 서포트, 파이프 슈, 리지드 서포트가 있다.
• 리스트 레인트(restraint) : 배관의 신축으로 인한 배관의 상하, 좌우 이동을 제한하고 구속하는 목적에 사용하는 것으로 앵커, 스톱, 가이드가 있다.
• 소켓(socket) : 동일한 지름의 관을 직선으로 이음할 때 사용하는 부속이다.

55 에너지사용자가 에너지의 절약과 합리적인 이용을 통한 온실가스의 배출을 줄이기 위한 목표와 그 이행 방법 등에 관한 계획을 자발적으로 수립하여 이를 이행하기로 정부나 지방자치단체와 약속하는 협약은?
① 에너지절감이행협약 ② 에너지사용계획협약
③ 자발적 협약 ④ 수요관리투자협약

해 자발적 협약체결기업의 지원 등 : 에너지이용 합리화법 제28조
• 정부는 에너지사용자 또는 에너지공급자로서 에너지의 절약과 합리적인 이용을 통한 온실가스의 배출을 줄이기 위한 목표와 그 이행방법 등에 관한 계획을 자발적으로 수립하여 이를 이행하기로 정부나 지방자치단체와 약속(이하 "자발적 협약"이라 한다.)한 자가 에너지절약형 시설이나 그 밖에 대통령령으로 정하는 시설 등에 투자하는 경우에는 그에 필요한 지원을 할 수 있다.
• 자발적 협약의 목표, 이행방법의 기준과 평가에 관하여 필요한 사항은 환경부장관과 협의하여 산업통상자원부령으로 정한다.

56 에너지다소비사업자는 산업통상자원부령이 정하는 바에 따라 전년도 분기별 에너지사용량, 제품생산량 등을 매년 언제까지 당해 에너지사용시설이 있는 지역을 관할하는 시·도지사에게 신고해야 하는가?
① 1월 31일까지 ② 2월 말일까지
③ 3월 31일까지 ④ 12월 31일까지

해 에너지다소비사업자의 신고 등(에너지이용 합리 화법 제31조) : 에너지사용량이 대통령령으로 정 하는 기준량 이상인 자(에너지다소비사업자)는 다음 각호의 사항을 산업통상자원부령이 정하는 바에 따라 매년 1월 31일까지 그 에너지사용시설이 있는 지역을 관할하는 시도지사에게 신고하여야 한다.
㉮ 전년도 분기별 에너지사용량제품생산량
㉯ 해당 연도의 분기별 에너지사용예정량, 제품생산예정량
㉰ 에너지사용기자재의 현황
㉱ 전년도의 분기별 에너지이용 합리화 실적 및 해당 연도의 분기별 계획
㉲ ㉮항부터 ㉱항까지의 사항에 관한 업무를 담당 하는 자(에너지관리자)의 현황

57 다음 중 에너지이용합리화법에 따라 소형 온수보일러에 해당하는 것은?
① 전열면적이 14m² 이하이고 최고 사용압력이 0.35MPa 이하의 온수를 발생하는 것
② 전열면적이 14m² 이하이고 최고 사용압력이 0.5MPa 이상의 온수를 발생하는 것
③ 전열면적이 24m² 이하이고 최고 사용압력이 0.35MPa 이하의 온수를 발생하는 것
④ 전열면적이 24m² 이하이고 최고 사용압력이 0.5MPa 이상의 온수를 발생하는 것

해 소형 온수보일러 전열면적이 14m² 이하이고, 최고 사용압력이 0.35MPa 이하의 온수를 발생하는 것. 다만, 구멍탄용 온수보일러, 축열식 전기보일러, 가정용 화목보일러 및 가스사용량이 17kg/h(도시가스는 232.6kW) 이하인 가스용 온수보일러는 제외한다.

58 에너지이용합리화법에서 목표에너지원단위를 설명한 것으로 가장 적합한 것은?
① 에너지를 사용하여 만드는 제품의 단위당 에너지사용목표량
② 연간 사용하는 에너지와 제품 생산량의 비율
③ 연간 사용하는 에너지의 효율
④ 에너지 절약을 위하여 제품의 생산 조절과 비용을 계산하는 곳

해 목표에너지원단위의 설정 등(에너지이용합리화법 제35조)
• 산업통상자원부장관은 에너지의 이용효율을 높이기 위하여 필요하다고 인정하면 관계 행정기관의 장과 협의하여 에너지를 사용하여 만드는 제품의 단위당 에너지사용목표량 또는 건축물의 단위면적당 에너지사용목표량(이하 '목표에너지원단위'라 한다)을 정하여 고시하여야 한다.
• 산업통상자원부장관은 산업통상자원부령으로 정하는 바에 따라 목표에너지원단위의 달성에 필요한 자금을 융자할 수 있다.

59 보일러용 가스버너 중 외부 혼합식에 속하지 않는 것은?
① 파일럿 버너 ② 센터파이어형 버너
③ 링형 버너   ④ 멀티스폿형 버너

해 파일럿 버너 : 점화버너로 사용되는 내부 혼합형 가스버너

60 에너지이용합리화법에 따라 에너지저장의무 부과 대상자로 가장 거리가 먼 것은?
① 전기사업자   ② 석탄가공업자
③ 도시가스사업자 ④ 원자력사업자

해 에너지저장의무 부과 대상자 : 전기사업자, 도시가스사업자, 석탄가공업자, 집단에너지사업자, 연간 2만 석유환산톤 이상의 에너지를 사용하는 자(에너지이용합리화법 시행령 제12조)

제9회 모의고사

01 몰리에르(Mollier)선도를 이용할 때 가장 간단하게 계산할 수 있는 것은?
① 터빈효율 계산
② 엔탈피 변화 계산
③ 사이클에서 압축비 계산
④ 증발 시의 체적 증가량 계산

해 몰리에르선도는 $P-h$선도이기 때문에 y축은 절대압력을 나타내고, x축은 (비)엔탈피를 나타낸다.

02 LPG의 주성분이 아닌 것은?
① 부탄
② 프로판
③ 프로필렌
④ 메탄

해
- LPG의 주성분 : 프로판(C_3H_8), 부탄(C_4H_{10}), 프로필렌(C_3H_6), 부틸렌(C_4H_8)
- LNG의 주성분 : 메탄(CH_4), 에탄(C_2H_6)

03 보일러 1마력을 상당증발량으로 환산하면 약 얼마인가?
① 13.65kg/h
② 15.65kg/h
③ 18.65kg/h
④ 21.65kg/h

해 보일러 1마력 : 100℃ 물 15.65kg을 1시간 동안 같은 온도의 증기로 변화시킬 수 있는 능력

04 캐리오버 현상에 대한 설명으로 틀린 것은?
① 프라이밍이나 포밍은 캐리오버와 관계가 없다.
② 기계적 캐리오버와 선택적 캐리오버로 분류한다.
③ 캐리오버가 일어나면 여러 가지 장해가 발생한다.
④ 보일러에서 불순물과 수분이 증기와 함께 송기되는 현상이다.

해 캐리오버(carry over)현상
프라이밍(priming) 포밍(foaming)에 의하여 발생 된 물방울이 증기 속에 섞여 관내를 흐르는 현상으로 기수공발, 비수현상이라 한다.

05 분진가스를 방해판 등에 충돌시키거나 급격한 방향전환 등에 의해 매연을 분리 포집하는 집진방법은?
① 중력식
② 여과식
③ 관성력식
④ 유수식

해 관성력식 집진장치의 특징
- 구조가 간단하고 취급이 쉽다.
- 유지비가 적게 소요된다.
- 다른 집진장치의 전처리용으로 사용된다.
- 집진효율이 낮다.
- 미세한 입자의 포집효율이 낮다. (집진효율 : 50~70[%])

06 전송기에서 신호전달거리를 가장 멀리할 수 있는 방식은?
① 공기압식
② 팽창식
③ 유압식
④ 전기식

해 신호전달 방식별 전달거리

신호전달 방식	전달거리
공기압식	100 ~ 150m
유압식	300m
전기식	300m ~ 수 10km

07 유압분무식 버너에 대한 설명으로 틀린 것은?
① 유량 조절범위가 협소하다.
② 고점도의 연료는 무화가 곤란하다.
③ 유압이 5[kgf/cm²] 이하에서 무화가 잘 된다.
④ 분무각도는 기름의 압력, 점도에 의해서 변화한다.

해 유압분무식 버너 : 연료유를 가합하여 노즐을 이용, 고속 분사하여 무화시키는 방식이다.
- 종류 : 환류형, 비환류형
- 부하변동에 적응성이 적다.
- 대용량에 적합하다.
- 유량은 유압의 평방근에 비례한다.
- 마분사각도 : 40~90°
- 사용유압 : 5~20[kgf/cm²]
- 유량 조절범위가 좁다 (환류식 1 : 3, 비환류식 1 : 6)

| 정답 | 01 ② | 02 ④ | 03 ② | 04 ④ | 05 ③ | 06 ④ | 07 ③ |

08 프로판가스의 발생열량은 487580[kcal/kmol]이다. 이 가스 22[kg]을 연소시키면 발생되는 열량은 몇 [kcal]인가?
① 487580 ② 975700
③ 243790 ④ 22163

해 프로판(C_3H_8) 1[1kmol]의 질량은 44[kg]이다.

$$\therefore H = \frac{1[kmol] \text{당 발생열량}}{1[kmol] \text{의 질량}} \times \text{사용연료량}$$

$$= \frac{487580}{44} \times 22 = 243790[kcal]$$

09 열용량에 대한 설명으로 옳은 것은?
① 열용량의 단위는 kcal/g·℃이다.
② 어떤 물질 1g의 온도를 1℃ 올리는 데 소요되는 열량이다.
③ 어떤 물질의 비열에 그 물질의 질량을 곱한 값이다.
④ 열용량은 물질의 질량에 관계없이 항상 일정하다.

해 • 열용량 단위는 kcal/℃이다.
• 어떤 물질 1g의 온도를 1℃ 올리는 데 소요되는 열량은 비열이다. 열용량은 어떤 물질의 온도를 1℃ 변화시키는 데 필요한 열량이다.
• 열용량은 물질의 질량이 클수록, 비열이 클수록 크다.

10 과잉공기량에 관한 설명으로 옳은 것은?
① (과잉공기량) = (실제공기량) × (이론공기량)
② (과잉공기량) = (실제공기량) ÷ (이론공기량)
③ (과잉공기량) = (실제공기량) + (이론공기량)
④ (과잉공기량) = (실제공기량) − (이론공기량)

해 과잉공기량 : 실제공기량에서 이론공기량을 차감하여 얻은 공기량

11 에너지이용합리화법에 따라 효율관리기자재에 에너지소비효율 등을 표시해야 하는 업자로 옳은 것은?
① 효율관리기자재의 제조업자 또는 시공업자
② 효율관리기자재의 제조업자 또는 수입업자
③ 효율관리기자재의 시공업자 또는 판매업자
④ 효율관리기자재의 수입업자 또는 시공업자

해 효율관리기자재의 지정 등(에너지이용합리화법 제15조)
효율관리기자재의 제조업자 또는 수입업자는 산업통상자원부장관이 지정하는 시험기관(효율관리시험기관)에서 해당 효율관리기자재의 에너지 사용량을 측정받아 에너지소비효율등급 또는 에너지소비효율을 해당 효율관리기자재에 표시하여야 한다.

12 집진장치 중 집진효율은 높으나 압력손실이 낮은 형식은?
① 전기식 집진장치 ② 중력식 집진장치
③ 원심력식 집진장치 ④ 세정식 집진장치

해 전기식 집진장치는 가장 미세한 입자의 먼지를 집진할 수 있고, 압력손실이 적으며, 집진효율이 높은 집진장치형식이다.

13 보일러에 과열기를 설치하여 과열증기를 사용하는 경우 설명으로 잘못된 것은?
① 과열증기란 포화증기의 온도와 압력을 높인 것이다.
② 과열증기는 포화증기보다 보유 열량이 많다.
③ 과열증기를 사용하면 배관부의 마찰저항 및 부식을 감소시킬 수 있다.
④ 과열증기를 사용하면 보일러의 열효율을 증대시킬 수 있다.

해 과열증기란 포화온도 이상에서의 증기로, 포화증기의 압력은 일정하고 온도만 높인 것이다.

14 건도(x)가 0 < x < 1 이면, 다음 중 무엇을 말하는가?
① 습증기 ② 포화수
③ 포화증기 ④ 과열증기

해 • 건조도[건도](x) : 증기 속에 함유되어 있는 물방울의 혼용률이다.
• 건조도(x)가 1인 경우 : 건포화증기
• 건조도(x)가 0인 경우 : 포화수
• 건조도(x)가 0 < x < 1인 경우 : 습증기

15 기체 연료의 특징 설명으로 틀린 것은?
① 연소조절 및 점화나 소화가 용이하다.
② 연료 및 연소용 공기도 예열되고 고온을 얻을 수 있다.
③ 시설비가 적게 들며 저장이나 취급이 편리하다.
④ 회분이나 매연발생이 없어서 연소 후 청결하다.

해 기체연료의 특징
(1) 장점
• 연소효율이 높고 연소제어가 용이하다.
• 회분 및 황성분이 없어 전열면 오손이 없다.
• 적은 공기비로 완전연소가 가능하다.
• 저발열량의 연료로 고온을 얻을 수 있다.
• 완전연소가 가능하여 공해문제가 없다.
(2) 단점
• 저장 및 수송이 어렵다.
• 가격이 비싸고 시설비가 많이 소요된다.
• 누설 시 화재, 폭발의 위험이 크다.

16 프로판(C_3H_8) 1[kg]이 완전연소 하는 경우 필요한 이론 산소량은 약 몇 [Nm]인가?
① 3.47 ② 2.55
③ 1.50 ④ 1.25

해 • 프로판(C_3H_8)의 완전연소 반응식
$C_3H_8 + 5O_2 \rightarrow 3CO_2 + 4H_2O$
• 이론 산소량 계산 : 프로판 1kmol의 질량은 44kg, 체적은 22.4Nm³이다.
$\therefore x(O_o) = \dfrac{1 \times 5 \times 22.4}{44} = 2.545 Nm^3$

17 동작유체의 상태변화에서 에너지의 이동이 없는 변화는?
① 등온변화 ② 정적변화
③ 정압변화 ④ 단열변화

해 단열변화 : 열(에너지) 출입이 없는 상태에서의 변화로 등엔트로피 변화라 한다.

18 수관식 보일러에 속하지 않는 것은?
① 입형 횡관식 ② 자연순환식
③ 강제순환식 ④ 관류식

해 수관식 보일러의 분류 및 종류
• 자연 순환식 보일러 : 바브콕(babcock) 보일러, 다쿠마(dakuma) 보일러, 스털링(stirling) 보일러, 스네기찌 보일러, 야로우(yarrow) 보일러, 2동 D형 보일러 등
• 강제 순환식 보일러 : 라몬트(lamont) 보일러, 벨록스(velox) 보일러 등
• 관류 보일러 : 벤슨(benson) 보일러, 슐처(sulzer) 보일러, 소형 관류 보일러 등

19 연소가스와 대기의 온도가 각각 250℃, 30℃이고 연돌의 높이가 50m일 때 이론 통풍력은 약 얼마인가?
(단, 연소가스와 대기의 비중량은 각각 1.35kg/Nm³, 1.25kg/Nm³이다.)
① 21.08mmAq ② 23.12mmAq
③ 25.02mmAq ④ 27.36mmAq

해 통풍력(Z)
$Z = 273 \times H \times \left(\dfrac{\gamma_a}{273 + t_a} - \dfrac{\gamma_g}{273 + t_g}\right)(mmH_2O)$
$= 273 \times 50 \times \left(\dfrac{1.25}{273 + 30} - \dfrac{1.35}{273 + 250}\right)(mmH_2O)$
$= 21.08 (mmH_2O)$

20 고온배관용 탄소강 강관의 KS 기호는?
① SPHT ② SPLT
③ SPPS ④ SPA

해 강관의 종류
• 탄소강관 : SPPS, 350℃ 이하, 10~100kgt/cm²
• 고온배관용 탄소강관 : SPHT 350~450℃
• 배관용 합금강관 : SPA
• 저온배관용 탄소강관 : SPLT(냉매배관용)

21 보일러의 폐열회수장치에 대한 설명 중 가장 거리가 먼 것은?
① 공기예열기는 배기가스와 연소용 공기를 열교환하여 연소용 공기를 가열하기 위한 것이다.
② 절탄기는 배기가스의 여열을 이용하여 급수를 예열하는 급수예열기이다.
③ 공기예열기의 형식은 전열방법에 따라 전도식과 재생식, 히트파이프식으로 분류된다.
④ 급수예열기는 설치하지 않아도 되지만 공기예열기는 반드시 설치하여야 한다.

해 보일러의 배기가스 폐열을 회수하기 위해서 배기가스열로 연소용 공기를 예열하는 열교환기(공기예열기)를 설치하거나 배기가스열로 보일러에 공급하는 물을 데우는 열교환기(급수가열기)를 설치한다. 공기예열기와 급수가열기를 설치하면 보일러에서 소비되는 연료를 크게 줄일 수 있다.

22 긴 관의 한쪽 끝에서 펌프로 압송된 급수가 관을 지나는 동안 차례로 가열, 증발, 과열된 다음 과열증기가 되어 나가는 형식의 보일러는?
① 노통보일러 ② 관류보일러
③ 연관보일러 ④ 입형보일러

해 관류보일러 : 강제순환식 보일러에 속하며, 긴 관의 한쪽 끝에서 급수를 펌프로 압송하고 도중에서 차례로 가열, 증발, 과열되어 관의 다른 한쪽 끝까지 과열증기로 송출되는 형식의 보일러이다.

정답 16 ② 17 ④ 18 ① 19 ① 20 ① 21 ④ 22 ②

23 시간당 1,500kg의 연료를 연소시켜서 11,000kg의 증기를 발생시키는 보일러의 효율은 약 몇 %인가? (단 연료의 발열량은 6,000kcal/kg, 발생증기의 엔탈피는 742kcal/kg, 급수의 엔탈피는 20kcal/kg이다.)
① 88%   ② 80%
③ 78%   ④ 70%

해
$$\eta = \frac{G_a \times (h_2 - h_1)}{G_f \times H_l} \times 100$$
$$= \frac{11000 \times (742 - 20)}{1500 \times 6000} \times 100$$
$$= 88.24[\%]$$

24 과열기 부착 보일러의 안전밸브에 대한 설명으로 맞는 것은?
① 출구에 1개 이상의 안전밸브가 있어야 한다.
② 입구에 2개 이상의 안전밸브가 있어야 한다.
③ 입구 및 출구에 1개 이상의 안전밸브가 있어야 한다.
④ 입구 및 출구에 2개 이상의 안전밸브가 있어야 한다.

해
- 과열기 부착 보일러의 안전밸브 과열기에는 그 출구에 1개 이상의 안전밸브가 있어야 하며, 그 분출용량은 과열기의 온도를 설계온도 이하로 유지하는데 필요한 양(보일러의 최대증발량의 15[%]를 초과하는 경우에는 15[%]이상이어야 한다.
- 과열기에 부착되는 안전밸브의 분출용량 및 수는 보일러 동체의 안전밸브의 분출용량 및 수에 포함시킬 수 있다. 이 경우 보일러의 동체에 부착하는 안전밸브는 보일러의 최대증발량의 75[%] 이상을 분출할 수 있는 것이어야 한다. 다만, 관류보일러의 경우에는 과열기 출구에 최대증발량에 상당하는 분출용량의 안전밸브를 설치할 수 있다.

25 연소효율이 95[%]. 전열효율이 85[%]인 보일러 효율은 약 몇 [%]인가?
① 81[%]   ② 75[%]
③ 90[%]   ④ 65[%]

해 보일러 효율 = (연소효율 × 전열효율) × 100
= (0.95 × 0.85) × 100 = [80.75%]

26 고온, 고압의 관을 플랜지로 이음할 때 사용하는 패킹의 재질로 산, 알칼리, 기타 부식성 물체에 잘 견디는 것은?
① 주석   ② 테프론
③ 모넬메탈   ④ 가죽

해 모넬메탈(monel metal) : 플랜지 금속패킹의 하나로 넓은 온도범위에서 사용 가능하고, 내부식성이 우수하다. 부식성 물질, 산, 알칼리, 증기, 기타 고온에서 잘 견디지만 강산화성 물질과 강염화수소에는 부적합하다. 260[℃] 이하의 유황을 함유한 가스에는 침식되어 물러진다.

27 보일러의 안전밸브 및 압력방출장치에 관한 설명으로 잘못된 것은?
① 안전밸브는 쉽게 검사할 수 있는 장소에 밸브축을 수직으로 하여 가능한 한 보일러의 동체에 직접 부착시킨다.
② 전열면적이 50[m²] 이하의 증기보일러에서는 1개 이상의 안전밸브를 설치한다.
③ 최대증발량 5[t/h] 이하의 관류보일러의 안전밸브 호칭지름은 15[mm] 이상으로 한다.
④ 안전밸브 및 압력방출장치의 분출용량은 최대증발량을 분출하도록 그 크기와 수를 결정하여야 한다.

해 과압방지 안전장치의 크기 : 호칭지름 25[mm] 이상으로 하여야 한다. 다만, 다음 보일러에서는 호칭지름 20[mm] 이상으로 할 수 있다.
- 최고사용압력 0.1[MPa] 이하의 보일러
- 최고사용압력 0.5[MPa] 이하의 보일러로 동체의 안지름이 500[mm] 이하이며 동체의 길이가 1000[mm] 이하의 것
- 최고사용압력 0.5[MPa] 이하의 보일러로 전열면적 2[m²] 이하의 것
- 최대증발량 5[t/h] 이하의 관류보일러, 소용량 강철제 보일러, 소용량 주철제 보일러

28 공기비(실제공기량/이론공기량)에 대한 설명 중 <u>틀린</u> 것은?
① 공기비 값이 크면 과잉공기가 적게 들어간다.
② 공기비 값이 적정할 경우에 에너지가 절약된다.
③ 보일러에서 연료의 완전연소 시 공기비는 1보다 크다.
④ 공기비가 1보다 작은 경우에는 완전연소가 이루어질 수 없다.

헤 공기비(m)는 실제공기량(A)과 이론공기량(A_0)의 비이므로 공기비 값이 크면 과잉공기(B)가 많이 공급되는 경우이다.

$$\therefore m = \frac{실제공기량(A)}{이론공기량(A_0)} = \frac{A_0 + B}{A_0} = 1 + \frac{B}{A_0}$$

29 증기의 과열도를 옳게 표현한 식은?
① 과열도 = 포화증기온도 − 과열증기온도
② 과열도 = 포화증기온도 − 압축수의 온도
③ 과열도 = 과열증기온도 − 압축수의 온도
④ 과열도 = 과열증기온도 − 포화증기온도

30 가스버너에서 리프팅(Lifting)현상이 발생하는 경우는?
① 가스압이 너무 높은 경우
② 버너부식으로 염공이 커진 경우
③ 버너가 과열된 경우
④ 1차 공기의 흡인이 많은 경우

헤 리프팅(선화) 발생원인
- 가스 유출압력이 연소속도보다 더 빠른 경우
- 버너 내의 가스압력이 너무 높아 가스가 지나치게 분출하는 경우
- 댐퍼가 과대하게 개방되어 혼합가스량이 많을 때
- 염공이 막혔을 때

31 에너지법에서 사용하는 '에너지'의 정의를 가장 올바르게 나타낸 것은?
① '에너지'라 함은 석유·가스 등 열을 발생하는 열원을 말한다.
② '에너지'라 함은 제품의 원료로 사용되는 것을 말한다.
③ '에너지'라 함은 태양, 조파, 수력과 같이 일을 만들어 낼 수 있는 힘이나 능력을 발한다.
④ '에너지'라 함은 연료·열 및 전기를 말한다.

헤 연료 : 석유·가스·석탄, 그 밖에 열을 발생하는 열원 을 말한다(다만, 제품의 원료로 사용되는 것은 제외한다).

32 보일러 연소장치와 가장 거리가 <u>먼</u> 것은?
① 버너   ② 스테이
③ 화격자   ④ 연도

헤 스테이 : 강도가 부족한 부분에 보강하는 것

33 보일러 매연의 발생 원인으로 <u>틀린</u> 것은?
① 연소기술이 미숙할 경우
② 통풍이 많거나 부족할 경우
③ 연소실의 온도가 너무 낮을 경우
④ 연료와 공기가 충분히 혼합된 경우

헤 연료와 공기가 충분히 혼합되면 완전연소를 도모할 수 있어 매연 발생이 적다.

34 어떤 벽체 양쪽 공기 온도가 각각 20[℃]와 0[℃]이다. 이 벽체 [1m]당 열량은 몇 [kcal/h]인가? (단, 벽의 열관류율은 2.5 [kcal/m²·h·℃]이다.)
① 50   ② 100
③ 150   ④ 200

헤 $Q = K \times F \times \Delta t$
$= 2.5 \times 1 \times (20 - 0)$
$= 50 [kcal/h]$

35 다음 중 경납땜의 종류가 <u>아닌</u> 것은?
① 황동납   ② 인동납
③ 은납   ④ 주석−납

헤 경납땜은 이음하려고 하는 동관을 용융시키지 않고 모재보다 용융점이 낮은 용가재를 금속 사이에 용융 첨가하여 용접 접합하는 방법으로 용가재로 황동납, 인동납, 은납 등이 사용된다.

36 서비스탱크의 일반사항에 관한 설명으로 맞지 <u>않는</u> 것은?
① 서비스탱크의 용량은 2~3시간 연소할 수 있는 연료량을 저장할 수 있는 크기의 것으로 한다.
② 버너에서 가까운 위치에 버너보다 1.5[m] 이상 높은 장소에 설치한다.
③ 서비스탱크의 연료유가 일정량 이하일 때 저장탱크에서 자동 급유하도록 하는 것이 좋다.
④ 용량이 커서 오버플로우가 되지 않으므로 경보장치 및 차단장치가 필요 없다.

헤 서비스탱크는 용량이 적어 오버플로(over flow)될 수 있으므로 경보장치 및 자동 차단장치를 설치하여야 한다.

정답 28 ① 29 ④ 30 ① 31 ④ 32 ② 33 ④ 34 ① 35 ④ 36 ④

37 보일러를 6개월 이상 장기간 보존할 때 가장 적합한 보존 방법은?
① 내부에 페인트를 두껍게 도포하여 보존한다.
② 내부를 건조시킨 후 흡습제를 넣고 밀폐 보존한다.
③ 보일러수의 pH를 12~13 정도로 높게 유지하여 보존한다.
④ 양질의 물에 가성소다 등을 첨가하여 만수 상태로 보존한다.

해 보일러 휴지 보존법 분류
- **단기보존법** : 가열건조법, 보통 만수보존법이다.
- **장기보존법** : 석회밀폐건조법, 질소가스봉입 법, 소다만수보존법, 기화성 부식억제제(VCI) 투입법

38 복사난방의 특징 설명으로 틀린 것은?
① 실내온도가 균일하며 쾌감도가 좋다.
② 방열기 설치가 불필요하므로 바닥면의 이용율이 높다.
③ 고장발견이 곤란하고, 시공수리가 어렵다.
④ 패널 방식이므로 단열재를 시공할 필요가 없다.

해 복사난방의 특징
(1) 장점
- 실내온도 분포가 균등하여 쾌감도가 높다.
- 방열기가 필요하지 않으므로 바닥면의 이용도가 높다.
- 공기대류가 적으므로 바닥면 먼지 상승이 없다.
- 방이 개방상태에서도 난방효과가 있다.
- 손실열량이 비교적 적다.

(2) 단점
- 외기온도 급변에 따른 방열량 조절이 어렵다.
- 초기 시설비가 많이 소요된다.
- 시공, 수리, 방의 모양을 변경하기가 어렵다.
- 고장(누수 등)을 발견하기가 어렵다.
- 열손실을 차단하기 위한 단열층이 필요하다.

39 하트포드 접속법(Hartford Connection)을 사용하는 난방방식은?
① 저압 증기난방   ② 고압 증기난방
③ 저온 온수난방   ④ 고온 온수난방

해 하트포드 배관법
- 저압 증기난방장치에서 환수주관을 보일러에 직접 연결하지 않고 증기관과 환수관 사이에 설치한 균형관에 접속하는 배관방법
- **목적** : 환수관 파손 시 보일러수의 역류를 방지하기 위해 설치한다.
- **접속 위치** : 보일러 표준 수위보다 50mm 낮게 접속한다.

40 수직의 다수 강관이나 주철관을 사용하여 연소가스는 관 내를, 공기는 관 외부를 직각으로 흐르게 하여 관의 열전도로 공기를 가열하는 공기예열기는?
① 판형 공기예열기
② 회전식 공기예열기
③ 관형 공기예열기
④ 증기식 공기예열기

41 액면계 중 직접식 액면계에 속하는 것은?
① 압력식   ② 방사선식
③ 초음파식   ④ 유리관식

해 액면 측정방법
직접식 : 유리관식, 검척식, 플로트식, 편위식

42 일반적으로 보일러의 안전장치에 속하지 않는 것은?
① 가용전   ② 방출밸브
③ 저수위 경보기 ④ 방폭문

해
- **방출밸브** : 보일러 물 중에 불순물이나 농도가 높을 때 또는 수리, 검사 시 보일러 물을 배출
- **방폭문** : 연소실 내의 미연소가스에 의한 폭발을 방지하기 위해 설치하는 안전장치
- **가용전** : 노통이나 화실 천장부에 설치, 이상온도 상승 시 그 속에 내장된 합금이 녹아 증기 방출
- √**보일러의 안전장치** : 안전밸브, 화염검출기, 방폭문, 용해플러그, 저수위 경보기, 압력조절기, 가용전 등

43 보일러의 최고 사용압력이 0.1MPa 이하일 경우 설치 가능한 과압방지 안전장치의 크기는?
① 호칭지름 5mm   ② 호칭지름 10mm
③ 호칭지름 15mm   ④ 호칭지름 20mm

해 안전밸브 및 압력방출방지의 크기는 호칭지름을 25A이상으로 하여야 한다. 다만 다음 보일러에서는 호칭지름 20A 이상으로 할 수 있다.
- 최고 사용압력 1kg/cm²(0.1Mpa) 이하의 보일러
- 최고 사용압력 5kg/cm²(0.5Mpa) 이하의 보일러로 동체의 안지름이 500mm 이하이며, 동체의 길이가 1,000mm 이하의 것
- 최고 사용압력 5kg/cm²(0.5Mpa) 이하의 보일러로 전열면적 2m² 이하의 것
- 최대 증발량 5t/h 이하의 관류보일러, 소용량 강철제 보일러, 소용량 주철제 보일러

44 증기배관에 설치된 감압밸브의 기능을 가장 옳게 설명한 것은?
① 2차측의 증기압력을 일정하게 유지시키는 장치이다.
② 증기의 과열도를 높이는 장치이다.
③ 증기의 온도를 낮추는 장치이다.
④ 증기의 엔탈피를 높이는 장치이다.

해 감압밸브 기능(설치 목적)
• 고압의 증기를 저압의 증기로 만들기 위하여
• 부하측의 압력을 일정하게 유지하기 위하여
• 부하 변동에 따른 증기의 소비량을 절감하기 위하여

45 어떤 방의 온수난방에서 소요되는 열량이 시간당 21000[kcal]이고, 송수온도가 85℃이며, 환수온도가 25℃라면 온수의 순환량은 약 몇 [kg/h]인가?(단, 온수의 비열은 1[kcal/kg·℃])
① 324[kg/h]   ② 350[kg/h]
③ 398[kg/h]   ④ 423[kg/h]

해 $G = \dfrac{Q_\gamma}{C \cdot (t_2 - t_1)} = \dfrac{21000}{1 \times (85 - 25)} = 350 [kg/h]$

46 보일러 드럼 및 대형 헤더가 없고 지름이 작은 전열관을 사용하는 관류보일러의 순환비는?
① 4   ② 3
③ 2   ④ 1

해 관류보일러의 순환비는 1이므로 드럼이 필요없다.

47 난방부하를 구성하는 인자에 속하는 것은?
① 관류 열손실
② 환기에 의한 취득열량
③ 유리창으로 통한 취득열량
④ 벽, 지붕 등을 통한 취득열량

해 난방부하는 실내를 적당한 온도로 유지하기 위하여 공급되는 열량으로 벽체, 천장, 바닥이나 환기로 인하여 손실되는 열량만큼 지속적으로 공급하여야 한다. 이렇게 공급하여야 하는 열량, 즉 손실열량이 바로 난방부하가 되는 것이다.

48 환수관 배관법 중 응축수 환수주관을 보일러의 표준수위보다 높은 위치에 배관하여 환수하는 방식은?
① 건식 환수방식   ② 습식 환수방식
③ 강제 환수방식   ④ 진공 환수방식

해 환수관의 배관방식에 의한 분류
• 건식 환수관식 : 환수주관의 위치가 보일러 면보다 높게 배관하는 방식으로 생증기의 유출을 방지하기 위하여 반드시 증기트랩을 설치하여야 한다.
• 습식 환수관식 : 환수주관의 위치가 보일러 수면보다 아래에 있고, 응축수가 관내를 만수 상태로 흐른다.

49 보일러의 최고사용압력이 0.1MPa 이하일 경우 설치 가능한 과압방지 안전장치의 크기는?
① 호칭지름 5mm   ② 호칭지름 10mm
③ 호칭지름 15mm ④ 호칭지름 20mm

해 안전밸브 및 압력방출장치의 크기는 호칭지름 25A 이상으로 하여야 한다. 다만, 다음 보일러에서는 호칭지름 20A 이상으로 할 수 있다.

50 자동연료차단장치가 작동하는 경우로 거리가 먼 것은?
① 버너가 연소 상태가 아닌 경우(인터로크가 작동한 상태)
② 증기압력이 설정압력보다 높은 경우
③ 송풍기 팬이 가동할 때
④ 관류보일러에 급수가 부족한 경우

해 송풍기 팬이 가동되지 않을 때 자동연료차단장치가 작동한다.

51 연료의 연소에서 환원염이란?
① 산소 부족으로 인한 화염이다.
② 공기비가 너무 클 때의 화염이다.
③ 산소가 많이 포함된 화염이다.
④ 연료를 완전연소시킬 때의 화염이다.

해 환원염 : 산소 부족으로 인한 화염 또는 산화염

52 보일러의 외부 청소방법 중 압축공기와 모래를 분사하는 방법은?
① 샌드 블라스트법   ② 스틸 쇼트 크리닝법
③ 스팀 쇼킹법   ④ 에어 쇼킹법

해 sand blast : 모래분사

정답 44 ① 45 ② 46 ④ 47 ① 48 ① 49 ④ 50 ③ 51 ① 52 ①

53 세관작업 시 규산염은 염산에 잘 녹지 않으므로 용해촉진제를 사용하는데, 다음 중 어느 것을 사용하는가?
① H_2SO_4　　② HF
③ NH_3　　　④ Na_2SO_4

해 황산염, 규산염 등의 경질 스케일은 염산에 잘 용해되지 않아 용해촉진제를 사용해야 한다. 이때 사용하는 용해촉진제는 폴루오린화수소산(HF)이다.

54 압력배관용 강관의 스케줄 번호가 20, 허용응력이 $20[kgf/mm^2]$일 때, 이 강관의 사용압력은 몇 $[kgf/cm^2]$인가?
① 35　　② 40
③ 45　　④ 50

해 $P = \dfrac{SchNo \times S}{10} = \dfrac{20 \times 20}{10} = 40[kgh/cm^2]$

55 에너지이용 합리화법상 효율관리 기자재가 아닌 것은?
① 삼상유도전동기　　② 선박
③ 조명기기　　　　　④ 전기냉장고

해 효율관리 기자재 : 에너지이용 합리화법 시행규칙 제 7조
- 전기냉장고
- 전기냉방기
- 전기세탁기
- 조명기기
- 삼상유도전동기
- 자동차

그 밖에 산업통상자원부장관이 그 효율의 향상이 특히 필요하다고 인정하여 고시하는 기자재 및 설비

56 에너지이용 합리화법에 규정된 특정열사용기자재 구분 중 보일러에 포함되지 않는 것은?
① 온수보일러
② 태양열 집열기
③ 가정용 화목보일러
④ 구멍탄용 온수보일러

해 보일러 : 강철제 보일러, 주철제 보일러, 온수 보일러, 구멍탄용 온수보일러, 축열식 전기 보일러, 캐스케이드 보일러, 가정용 화목보일러

57 에너지이용 합리화 기본계획은 몇 년마다 수립하여야 하는가?
① 3년　　② 5년
③ 10년　④ 15년

해 에너지이용 합리화 기본계획 등 : 에너지이용 합리화법 시행령 제3조
- 산업통상자원부장관은 5년마다 에너이용 합리화 기본계획을 수립하여야 한다.
- 관계 행정기관의 장과 특별시장·광역시장·도지사 또는 특별자치도지사(시·도지사라 한다.)는 매년 실시계획을 수립하고 그 계획을 해당 연도 1월 31일까지, 그 시행 결과를 다음 연도 2월 말일까지 각각 산업통상자원부장관에게 제출하여야 한다.
- 산업통상자원부장관은 받은 시행결과를 평가하고, 해당 관계 행정기관의 장과 시·도지사에게 그 평가 내용을 통보하여야 한다.

58 에너지이용 합리화법에 따라 검사대상기기의 계속사용검사를 받으려는 자는 검사대상 기기 계속사용검사 신청서를 검사유효기간 만료 며칠 전까지 제출해야 하는가?
① 10일　② 15일
③ 20일　④ 30일

해 계속사용검사신청(에너지이용 합리화법 시행규칙 제31조의 19) : 검사대상기기 계속사용검사를 받으려는 자는 검사대상기기 계속사용검사신청서를 검사유효기간 만료 10일 전까지 공단 이사장에게 제출하여야 한다.

59 에너지이용합리화법에 따른 보일러의 제조검사에 해당되는 것은?
① 용접검사　　② 설치검사
③ 개조검사　　④ 설치 장소 변경검사

해 보일러의 제조검사 : 용접검사, 구조검사

60 에너지이용합리화법에 따른 에너지관리자도 결과 에너지 다소비사업자가 개선명령을 받은 경우에는 개선명령일로부터 며칠 이내에 개선계획을 수립, 제출하여야 하는가?
① 60일　　　　② 45일
③ 30일　　　　④ 15일

해 개선명령의 요건 및 절차 등(에너지이용합리화법 시행령 제40조)
- 산업통상자원부장관이 에너지다소비사업자에게 개선명령을 할 수 있는 경우는 에너지관리자도 결과 10% 이상의 에너지효율 개선이 기대되고 효율 개선을 위한 투자의 경제성이 있다고 인정되는 경우로 한다.
- 에너지다소비사업자 개선명령을 받은 경우에는 개선명령일부터 60일 이내에 개선계획을 수립하여 산업통상자원부장관에게 제출하여야 하며, 그 결과를 개선기간 만료일부터 15일 이내에 산업통상자원부장 관에게 통보하여야 한다.

제10회 모의고사

01 탄소(C) 1kg을 완전히 연소시키는 데 요구되는 이론산소량은 몇 Nm³인가?
① 1.87　　② 2.81
③ 5.63　　④ 8.94

해 $C + O_2 \rightarrow CO_2$
1kg : xNm³
12kg : 22.4Nm³
∴ $x = 1.867$ Nm³

02 수관식 보일러의 일반적인 특징에 관한 설명으로 틀린 것은?
① 구조상 고압, 대용량에 적합하다.
② 전열면적을 크게 할 수 있으므로 일반적으로 열효율이 좋다.
③ 부하변동에 따른 압력이나 수위의 변동이 작아 제어가 편리하다.
④ 급수 및 보일러수 처리에 주의가 필요하며, 특히 고압 보일러에서는 엄격한 수질관리가 필요하다.

해 수관식 보일러의 특징
- 고압, 대용량용으로 제작한다.
- 보유 수량이 적어 파열 시 피해가 작다.
- 보유 수량에 비해 전열면적이 커 증발시간이 빠르고, 증발량이 많다.
- 보일러수의 순환이 원활하다.
- 효율이 가장 높다.
- 연소실과 수관의 설계가 자유롭다.
- 구조가 복잡하므로 청소, 점검, 수리가 곤란하다.
- 제작비가 고가이다.
- 스케일에 의한 과열사고가 발생하기 쉽다.
- 수위 변동이 심하여 거의 연속적 급수가 필요하다.

03 배관의 열팽창에 의한 배관 이동을 구속 또는 제한하는 리스트레인트의 종류가 아닌 것은?
① 스토퍼(Stopper)　　② 앵커(Anchor)
③ 가이드(Guide)　　④ 서포트(Support)

해
- 리스트레인트의 종류 : 앵커, 스토퍼, 가이드
- 서포트의 종류 : 스프링, 리지드, 롤러, 파이프 슈
- 브레이스 : 펌프, 압축기 등에서 발생하는 배관계 진동을 억제하는데 사용한다.

04 보일러 급수처리의 목적이 아닌 것은?
① 부식의 방지　　② 보일러수의 농축 방지
③ 스케일 생성방지　　④ 역화(Back Fire) 방지

해 보일러 급수처리의 목적
- 급수를 깨끗이 연화시켜 스케일 생성 및 고착을 방지한다.
- 부식 발생을 방지한다.
- 가성취화의 발생을 감소시킨다.
- 포밍과 프라이밍의 발생을 방지한다.

05 유류 연소 시 일반적인 공기비는?
① 0.95~1.1　　② 16~1.8
③ 1.2~1.4　　④ 1.8~2.0

해 연소시 일반적인 공기비
- 기체연료 공기비 : 1.1~1.3
- 액체연료 공기비 : 1.2~1.4
- 고체연료 공기비 1.4~2.0

06 보일러 마력을 시간당 발생열량으로 환산하면 약 몇 [kcal/h]인가?
① 115.65　　② 8435
③ 9290　　④ 7500

해 보일러 마력 : 1보일러 마력이란 1시간에 15.65[kg]의 상당증발량을 갖는 보일러의 동력으로 100[℃] 물 15.65[kg]을 1시간에 같은 온도의 증기로 변화시킬 수 있는 능력이다. 이것을 열량으로 환산하면 물의 증발잠열 539를 곱하면 8435.35[kcal/h]의 열을 흡수하여 증기를 발생할 수 있는 능력이다.

보일러 마력 $= \dfrac{G_e}{15.65} = \dfrac{G_a \times (h_2 - h_1)}{15.65 \times 539}$

07 게이지 압력으로 맞는 것은?
① 절대압력 - 대기압   ② 절대압력 × 대기압
③ 대기압 - 절대압력   ④ 절대압력 + 대기압

해 절대압력 = 대기압 + 게이지압력
∴ 게이지압력 = 절대압력 - 대기압

08 증기난방과 비교한 온수난방의 특징을 잘못 설명한 것은?
① 난방부하의 변동에 따라 온도조절이 용이하다.
② 방열기에는 증기트랩을 반드시 부착해야 한다.
③ 취급이 용이하고 표면의 온도가 낮아 화상의 염려가 없다.
④ 가열시간은 길지만 잘 식지 않으므로 동결의 우려가 적다.

해 온수난방의 특징
(1) 장점
- 난방부하의 변동에 대응하기 쉽다.
- 가열시간은 길지만 잘 식지 않으므로 증기 난방에 비해 배관의 동결우려가 적다.
- 방열기의 표면온도가 낮으므로 실내 쾌감도가 높고 화상의 위험이 없다.
- 온수보일러 취급이 용이하며, 소규모 주택 등에 적당하다.

(2) 단점
- 한랭지역에서는 동경의 위협이 있다.
- 방열면적과 배관지름이 커져 시설비가 증가한다.
- 예열시간이 길어 예열부하가 크다.
- 증기트랩은 증기난방에서 필요한 기기이다.

09 연소용 버너 중 2중관으로 구성되어 중심부에서는 유류가 분사되고 외측에는 가스가 분사되는 형태로 유류와 가스를 동시에 연소시킬 수 있는 버너로 센터파이어라고도 하는 버너는?
① 건형 가스버너
② 링형 가스버너
③ 다분기관형 가스버너
④ 스크롤형 가스버너

해 건(gun)형 가스버너 : 센터파이어형(center fire type) 또는 통형이라고도 하며, 2중관형 구조로 중심부에서 유류 연료가 분사되고, 외측으로는 가스 연료가 분출되는 형태로 액체연료는 가스분출에 의한 사용이 가능하여 많이 사용된다.

10 1보일러 마력을 시간당 발생 열량으로 환산하면 얼마인가?
① 15.65[kcal/h]   ② 8435[kcal/hl]
③ 9290[kcal/h]   ④ 7500[kcal/h]

해 · 1보일러 마력 : 100[℃] 물 15.65[kg]을 1시간에 같은 온도의 증기로 변화시킬 수 있는 능력이다.
· 100[℃] 물의 증발잠열은 539[kcal/kg]이다.
∴ $Q = 15.65 \times 539 = 8435.35$[kcal/h]

11 규산칼슘 보온재의 안전사용 최고 온도(℃)는?
① 300   ② 450
③ 650   ④ 850

해 무기질 보온재의 안전사용 최고 온도
- 세라믹 파이버 : 30~1,300℃
- 실리카 파이버 : 50~1,100℃
- 탄산마그네슘 : 250℃
- 규조토 : 500℃
- 석면 : 600℃
- 규산칼슘 : 650℃

12 연료의 연소에서 환원염이란?
① 산소 부족으로 인한 화염이다.
② 공기비가 너무 클 때의 화염이다.
③ 산소가 많이 포함된 화염이다.
④ 연료를 완전연소시킬 때의 화염이다.

해 환원염 : 산소 부족으로 인한 화염

13 공기예열기에 대한 설명으로 틀린 것은?
① 보의 열효율을 향상시킨다.
② 불완전연소를 감소시킨다.
③ 배기가스의 열손실을 감소시킨다.
④ 통풍저항이 작아진다.

해 공기예열기 설치 시 특징
- 열효율 향상
- 적은 공기비로 완전연소 가능
- 폐열을 이용하므로 열손실 감소
- 연소효율 증가 수분이 많은 저질탄의 연료도 연소 가능
- 연소실의 온도 증가
- 황산에 의한 저온부식 발생
- 통풍저항 증가

14 다음 <보기>와 같은 특징을 가지고 있는 통풍방식은?

[보기]
- 연도의 끝이나 연돌 하부에 송풍기를 설치한다.
- 연도 내의 압력은 대기압보다 낮게 유지된다.
- 매연이나 부식성이 강한 배기가스가 통과하므로 송풍기의 고장이 자주 발생한다.

① 자연통풍 ② 압입통풍
③ 흡입통풍 ④ 평형통풍

해 • 자연통풍 : 일반적으로 별도의 동력을 사용하지 않고 연돌로 인한 통풍
• 압입통풍 : 연소용 공기를 송풍기로 노 입구에서 대기압보다 높은 압력으로 밀어 넣고 굴뚝의 통풍작용과 같이 통풍을 유지시키는 방식
• 평형통풍 : 연소용 공기를 연소실로 밀어 넣는 방식

15 신축이음쇠 종류 중 고온과 고압에 적당하며, 신축에 따른 자체 응력이 생기는 결점이 있는 신축이음쇠는?
① 루프형(Loop Type)
② 스위블형(Swivel Type)
③ 벨로즈형(Bellows Type)
④ 슬리브형(Sleeve Type)

해 • 스위블형 : 회전이음, 지블이음, 지웰이음 등으로도 불린다. 2개 이상의 나사엘보를 사용하여 이음부 나사의 회전을 이용하여 배관의 신축을 흡수하는 것으로, 주로 온수 또는 저압의 증기난방등 방열기 주위의 배관용으로 사용된다.
• 벨로즈형 : 급수, 냉·난방 배관에서 많이 사용되는 신축이음이다.
• 슬리브형 : 본체와 슬리브 파이프로 되어 있다. 관의 신축은 본체 속의 미끄럼하는 슬리브관에 의해 흡수되며 슬리브와 본체 사이에 패킹을 넣어 누설을 방지한다. 단식과 복식의 두 가지 형태가 있다.

16 보일러 제어에서 자동연소제어에 해당하는 약호는?
① A·C·C ② A·B·C
③ S·T·C ④ F·W·C

해 보일러 자동제어(A·B·C)

명칭	제어량	조작량
자동연소제어 (ACC)	증기압력	공기량, 연료량
	노내압	연소가스량
급수제어(FWC)	보일러 수위	급수량
증기온도제어 (STC)	증기온도	전열량
증기압력제어 (SPC)	증기압력	연료공급량, 연소용 공기량

17 보일러 저수위 경보장치에 속하지 않는 것은?
① 플로트식 ② 전극식
③ 열팽창관식 ④ 압력제어식

해 수위검출기(저수위경보장치) 종류 : 플로트식(부자식), 전극식, 열팽창관식

18 석탄을 간이 분석하여 회분 27(%), 휘발분 33[%], 수분 3[%]라는 결과를 얻었다. 고정 탄소는 몇 [%]인가?
① 37[%] ② 45[%]
③ 52[%] ④ 61[%]

해 고정탄소 = 100 − (수분 + 회분 + 휘발분)
= 100 − (3 + 27 + 33) = 37[%]

19 어떤 보일러의 급수온도가 50[℃]에서 압력 [7kgf/cm²], 온도 250[℃]의 증기를 1시간당 2500[kg] 발생할 때 상당증발량은 약 몇 [kg/h]인가? (단, 발생증기의 엔탈피는 660 [kcal/kg]이다.)
① 2829 ② 2960
③ 3265 ④ 3415

해 • 물의 비열은 1[kcal/kg·℃]이므로 급수 온도를 급수엔탈피(h1)[kcal/kg]로 적용한다.
• 상당증발량(G_e) 계산

$$\therefore G_e = \frac{G_a \times (h_2 - h_1)}{539}$$
$$= \frac{2500 \times (660 - 50)}{539}$$
$$= 2829.314 [kg/h]$$

20 보일러에서 설치장소에 따른 과열기 종류가 아닌 것은?
① 포화증기 과열기   ② 복사 과열기
③ 접촉 과열기   ④ 복사접촉 과열기

해 **과열기의 분류**
- 열가스 접촉에 의한 분류(전열방식, 설치장소) : 접촉 과열기(대류형), 복사 과열기(방사형), 복사 접촉 과열기(방사 대류형)
- 증기와 연소가스의 흐름에 의한 분류 : 병류식, 향류식, 혼류식

21 유리솜 또는 암면의 용도와 관계없는 것은?
① 보온재   ② 보냉재
③ 단열재   ④ 방습재

해 유리솜 또는 암면의 용도 : 보온재, 단열재, 보냉재

22 유류 연소 자동점화 보일러의 점화 순서상 화염 검출의 다음 단계는?
① 점화 버너 작동   ② 전자밸브 열림
③ 노 내압 조정   ④ 노 내 환기

해 보일러 자동점화 시에 가장 먼저 확인하여야 할 사항은 노 내 환기이고, 화염 검출 다음 단계는 전자밸브 열림이다.

23 흑체로부터의 복사 전열량은 절대온도의 몇 승에 비례하는가?
① 2승   ② 3승
③ 4승   ④ 5승

해 흑체로부터의 전열량은 절대온도의 4제곱에 비례한다.

24 자동제어의 신호 전달방법 중 신호 전송 시 시간 지연이 있으며, 전송거리가 100~150m 정도인 것은?
① 전기식   ② 유압식
③ 기계식   ④ 공기식

해 **자동제어의 신호 전달방법**
- 공기압식 : 전송거리 100m 정도
- 유압식 : 전송거리 300m 정도
- 전기식 : 전송거리 수 km까지 가능

25 보일러의 자동제어 중 제어동작이 연속동작에 해당하지 않는 것은?
① 비례동작   ② 적분동작
③ 미분동작   ④ 다위치 동작

해 **연속동작**
- 비례동작(P) : 조작량이 신호에 비례
- 적분동작(I) : 조작량이 신호의 적분값에 비례
- 미분동작(D) : 조작량이 신호의 미분값에 비례

26 보일러 부속장치가 아닌 것은?
① 절탄기   ② 과열기
③ 본체   ④ 공기예열기

해
- 보일러 구성 : 본체, 연소장치, 부속장치 및 기기
- 부속장치 종류 : 안전장치, 급수장치, 분출장치, 송기장치, 폐열회수장치, 통풍장치, 자동 제어장치, 기타장치(급수처리장치, 집진장치, 매연취출장치) 등

27 자동제어에 관한 설명 중 맞는 것은?
① 미리 정해진 순서에 따라 제어의 각 단계를 차례로 진행하는 제어는 시퀀스제어이다.
② 어느 한쪽의 조건이 구비되지 않으면, 다른 제어를 정지시키는 것은 피드백제어이다.
③ 결과가 원인으로 되어 제어단계를 진행하는 것을 인터록 제어라고 한다.
④ 목표값이 일정한 자동제어를 추치제어라고 한다.

해 **각 항목의 옳은 설명**
② 어느 한쪽의 조건이 구비되지 않으면 다른 제어를 정지시키는 것은 인터록 제어이다.
③ 결과가 원인으로 되어 제어단계를 진행하는 것을 피드백 제어라 한다.
④ 목표값이 일정한 자동제어를 정치제어라 한다.

28 보일러 자동제어 중 어느 조건이 불충분하거나 다음 진행에 도달하여 불합리한 동작으로 변환하게 될 때 다음 단계에 도달하기 전에 기관을 정지하는 제어방식은?
① 피드백   ② 포워드 백
③ 피드포워드 ④ 인터록

해 **인터록(inter lock)** : 어떤 일정한 조건이 충족되지 않으면 다음 단계의 동작이 작동하지 못하도록 저지하는 것으로 보일러의 안전한 운전을 위하여 반드시 필요한 것이다.

정답 20 ① 21 ④ 22 ② 23 ③ 24 ④ 25 ④ 26 ③ 27 ① 28 ④

29 보일러 용량표시에서 정격출력[kcal/h]을 올바르게 설명한 것은?
① 보일러의 실제증발 열량을 기준증발 열량으로 나눈 값을 말한다.
② 한 시간에 15.65[kg]의 상당증발량을 말한다.
③ 매시간 보일러에서 증기나 온수가 발생할 때의 보유열량을 말한다.
④ 난방부하와 급탕부하의 합을 말한다.

해 보일러 정격출력 : 1시간 동안 보일러에서 발생 된 증기나 온수가 보유한 열량으로 단위는 [kcal/h]이다.

30 온수 난방법의 종류에 대한 설명 중 틀린 것은?
① 배관 방식에 따라 단관식과 복관식이 있다.
② 온수 온도에 따라 저온수식과 고온수식이 있다.
③ 온수 순환방식에 따라 중력순환식과 강제순환식이 있다.
④ 온수의 귀환방식에 따라 상향공급식과 하향공급식이 있다.

해 온수난방의 분류
- 온수의 공급방법에 의한 분류 : 상향공급식, 하향공급식
- 온수 환수방법(귀환방식)에 의한 분류 : 직접 환수관식, 역귀환 방식
- 배관 방식에 의한 분류 : 단관식, 복관식
- 온수 온도에 의한 분류 : 저온수식, 고온수식
- 온수 순환방법에 의한 분류 : 중력순환식, 강제 순환식

31 팽창탱크에 대한 설명으로 옳은 것은?
① 개방식 팽창탱크는 주로 고온수 난방에서 사용한다.
② 팽창관에는 방열관에 부착하는 크기의 밸브를 설치한다.
③ 밀폐형 팽창탱크에서는 수면계를 구비한다.
④ 밀폐형 팽창탱크는 개방식 팽창탱크에 비하여 적어도 된다.

해 밀폐형 팽창탱크의 구조 : 밀폐식 팽창탱크는 탱크 안에 고무로 된 물주머니 또는 다이어프램에 의해 수실과 공기실로 구분되어 있으며, 배관수는 대기(공기)와의 접촉이 완전히 차단되어 있다.

32 어떤 보일러의 시간당 발생증기량을 G_a, 발생증기의 엔탈피를 i_2, 급수 엔탈피를 i_1이라고 할 때, 다음 식으로 표시되는 값(G_e)은?
① 증발률 ② 보일러 마력
③ 연소효율 ③ 상당증발량

해 상당증발량(kg/h)
환산 또는 기준증발량이라고도 하며, 실제증발량(단위시간에 발생하는 증기량(kg/h)으로 운전압력 등에 따라 좌우된다)이 흡수한 전열량을 가지고, 대기압에서 포화수인 100℃의 온수를 같은 온도의 증기로 변화시킬 수 있는 환산한 증발량

33 프로판(C_3H_8) 1kg이 완전연소하는 경우 필요한 이론산소량은 약 몇 Nm^3인가?
① 3.47 ② 2.55
③ 1.25 ④ 1.50

해 프로판의 연소반응
$C_3H_8 + 5O_2 \rightarrow 3CO_2 + 4H_2O$
$1kg : xNm^3 = 44kg : 5 \times 22.4Nm^3$
$\therefore x = 2.55Nm^3$

34 보일러의 안전장치에 해당되지 않는 것은?
① 방폭문 ② 수위계
③ 화염검출기 ④ 가용마개

해 보일러의 안전장치 : 안전밸브, 화염검출기, 방폭문, 용해플러그, 저수위 경보기, 압력조절기, 가용전 등

35 어떤 보일러의 증발량이 40t/h이고, 보일러 본체의 전열면적이 580m²일 때 이 보일러의 증발률은?
① 14kg/m²·h ② 44kg/m²·h
③ 57kg/m²·h ④ 69kg/m²·h

해 전열면 증발률
$\therefore \dfrac{증발량}{전열면적} = \dfrac{40000}{580} ≒ 68.9 kg/m^2 \cdot h$

36 저압증기 난방의 사용 증기압력은 얼마 정도인가?
① 0.15~0.35[kgf/cm²] ② 1.0~1.5[kgf/cm²]
③ 0.01~0.03[kgf/cm²] ④ 0.45~0.85[kgf/cm²]

해 증기압력에 의한 분류
- 저압식 : 증기압력 0.15~0.35[kgf/cm²] 정도로서, 일반건물에 사용된다.
- 고압식 : 증기압력 1[kgf/cm²] 이상이고 공장 건물, 지역난방에 사용된다.

37 보온을 하지 않은 나관에서의 방산열량이 250[kcal/m²·h]이고, 규조토 보온재료로 보온을 하였을 때의 방산열량이 100[kcal/m²·h]이었다면 보온효율은 몇 [%]인가?
① 45[%] ② 50[%]
③ 55[%] ④ 60[%]

해 $\eta = \dfrac{Q_1 - Q_2}{Q_1} \times 100 = \dfrac{250 - 100}{250} \times 100 = 60[\%]$

38 배관을 피복하지 않았을 때, 방산열량이 520[kcal/m²] 보온재로 피복하였을 때, 방산열량이 350[kcal/m²]이다. 보온재의 보온효율은 약 얼마인가?
① 249[%] ② 33[%]
③ 68[%] ④ 89[%]

해 $\eta = \dfrac{Q_1 - Q_2}{Q_1} \times 100$
$= \dfrac{520 - 350}{520} \times 100 = 32.692[\%]$

39 다음 방열기의 도시기호를 설명한 것 중 틀린 것은?

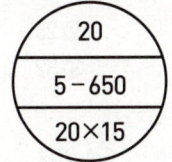

① 온수난방용 방열기이다.
② 20쪽(절)짜리 방열기이다.
③ 방열기 출구 배관지름이 15[A]이다.
④ 5세주 높이 650[mm] 주철제 방열기이다.

해
- 주형 방열기는 증기, 온수에 사용된다.
- 방열기 입구 배관지름은 20[A]이다.

40 난방부하를 줄이기 위한 방법이 아닌 것은?
① 이중창으로 한다.
② 차양을 설치한다.
③ 단열재를 사용한다.
④ 출입문에 회전문을 사용한다.

해 차양을 설치하여 실내로 들어오는 햇빛을 차단하면 난방부하가 증가하는 원인이 될 수 있다.

41 슈미트보일러는 보일러 분류에서 어디에 속하는가?
① 관류식 ② 간접가열식
③ 자연순환식 ④ 강제순환식

해 특수보일러
- 열매체보일러 : 다우삼, 카네크롤, 수은, 모빌섬, 세큐리티
- 폐열보일러 : 하이네, 리히 보일러
- 특수연료보일러 : 바크(나무껍질), 버개스(사탕수수 찌꺼기), 펄프폐액, 진기(쓰레기) 등
- 간접 가열(이중 증발)보일러 : 슈미트보일러(과열증기 발생), 레플러 보일러(포화증기 발생)

42 보일러의 고온부식을 방지하는 방법으로 잘못된 것은?
① 고온의 전열면에 보호피막을 씌운다.
② 중유 중의 바나듐 성분을 제거한다.
③ 전열면 표면온도가 높아지지 않게 설계한다.
④ 황산나트륨을 사용하여 부착물의 상태를 바꾼다.

해 고온 부식은 주로 바나듐, 황산소다(Na_2SO_4)에 의한 바나듐 부식 촉진, 황산소다 자신에 의한 고온화 부식 등이다.

43 경납땜의 종류가 아닌 것은?
① 황동납 ② 인동납
③ 은납 ④ 주석-납

해 경납땜의 종류 : 은납, 황동납, 인동납, 양은납, 알루미늄납

44 소요전력이 40kW이고, 효율이 80%, 흡입양정이 6m, 토출양정이 20m인 보일러 급수펌프의 송출량은 약 몇 m³/min인가?
① 0.13 ② 7.53
③ 8.50 ④ 11.77

해 $kW = \dfrac{\gamma Qh}{102\eta}$

$40 = \dfrac{1{,}000\,\dfrac{kg}{m^3} \times x\,\dfrac{m^3}{min} \times \dfrac{1\,min}{60\,sec} \times 26m}{102 \times 0.8}$

$\therefore x ≒ 7.53\,m^3/min$

45 어떤 강철제 증기보일러의 최고 사용압력이 0.35MPa (3.5kg/cm²)이면 수압시험압력은?
① 0.35MPa(3.5kg/cm²)
② 0.5MPa(5kg/cm²)
③ 0.7MPa(7kg/cm²)
④ 0.95MPa(9.5kg/cm²)

해 강철제 보일러
- 보일러의 최고 사용압력이 0.43MPa 이하일 때에는 그 최고 사용압력의 2배의 압력으로 한다. 다만, 그 시험 압력이 0.2MPa 미만인 경우에는 0.2MPa로 한다.
- 보일러의 최고 사용압력이 0.43MPa 초과 1.5MPa 이하일 때는 그 최고 사용압력의 1.3배에 0.3MPa를 더한 압력으로 한다.
- 보일러의 최고 사용압력이 1.5MPa를 초과할 때에는 그 최고 사용압력의 1.5배의 압력으로 한다.
- 조립 전에 수압시험을 실시하는 수관식 보일러의 내압 부분은 최고 사용압력의 1.5배 압력으로 한다.

46 배관 속에 흐르는 유체와 기호가 올바르게 연결된 것은?
① 냉각수 - S
② 가스 - O
③ 물 - G
④ 공기 - A

해

유체의 종류	문자기호	색상
공기	A	백색
가스	G	황색
기름	O	황적색
수증기	S	암적색
물	W	청색

47 안전밸브 또는 압력방출장치의 크기를 호칭지름 20[A] 이상으로 할 수 있는 보일러가 아닌 것은?
① 최고사용압력 0.1[MPa] 이하의 보일러
② 최고사용압력 0.5[MPa] 이하의 보일러로 동체의 안지름이 500mm 이하이며, 동체의 길이가 1000mm 이하의 것
③ 최고사용압력 0.5[MPa] 이하의 보일러로 전열 면적이 2[m²] 이하의 것
④ 최대증발량 10[t/h] 이하의 관류 보일러

해 최대증발량 5[t/h] 이하의 관류보일러

48 다음 중 비접촉식 온도계의 종류가 아닌 것은?
① 광전관식 온도계
② 방사 온도계
③ 광고 온도계
④ 열전대 온도계

해 온도계의 분류 및 종류
- 접촉식 온도계 : 유리제 봉입식 온도계, 바이메탈 온도계, 압력식 온도계, 열전대 온도계, 저항 온도계, 서미스터, 제겔콘, 서머컬러
- 비접촉식 온도계 : 광고온도계, 광전관 온도계, 색온도계, 방사온도계

49 보일러에서 발생한 증기 또는 온수를 건물의 각 실내에 설치된 방열기에 보내어 난방하는 방식은?
① 복사난방법
② 간접난방법
③ 온풍난방법
④ 직접난방법

해 직접 난방법 : 건물의 각 실내에 방열기를 설치하여 보일러에서 발생한 열원(증기 또는 온수)을 공급하여 난방하는 방식이다.

50 보일러사고의 원인 중 제작상의 원인에 해당되지 않는 것은?
① 구조의 불량
② 강도부족
③ 재료의 불량
④ 압력초과

해 사고의 원인
- 제작상의 원인 : 재료불량, 강도부족, 설계불량, 구조불량, 부속기기 설비의 미비, 용접불량 등
- 취급상의 원인 : 압력초과, 저수위, 급수처리 불량, 부식, 과열, 미연소가스 폭발사고, 부속 기기 정비불량 등

51 전열면적 12m² 인 보일러 급수밸브의 크기는 호칭 몇 A 이상이어야 하는가?
① 15
② 25
③ 25
④ 32

해 급수밸브, 체크밸브의 크기
- 전열면적 10m² 이하 : 15A 이상
- 전열면적 10m² 초과 : 20A 이상

52 증기과열기의 열가스 흐름방식 분류 중 증기와 연소가스의 흐름이 반대 방향으로 지나면서 열교환이 되는 방식은?
① 병류형　　　② 혼류형
③ 향류형　　　④ 복사대류형

해 열가스 흐름 상태에 의한 과열기의 분류
- 병류형 : 연소가스와 증기가 같이 지나면서 열교환
- 향류형 : 연소가스와 증기의 흐름이 정반대 방향으로 지나면서 열교환
- 혼류형 : 향류와 병류형의 혼합형

53 다음 중 주형 방열기의 종류로 거리가 먼 것은?
① 1주형　　　② 2주형
③ 3세주형　　④ 5세주형

해
- 주형 방열기 : 2주형(Ⅱ), 3주형(Ⅲ), 3세주형(3), 5세주형(5)
- 벽걸이형(W) : 가로형(W-H), 세로형(W-V)

54 효율이 82%인 보일러로 발열량 9,800kcal/kg의 연료를 15kg 연소시키는 경우의 손실열량은?
① 80,360kcal　　② 32,500kcal
③ 26,460kcal　　④ 120,540kcal

해 $효율 = (1 - \dfrac{총손실열량}{입열량}) \times 100$

$0.82 = 1 - \dfrac{x}{9,800 \times 15}$

$\therefore x = 26,460 kcal$

55 절대온도 360K를 섭씨온도로 환산하면 약 몇 ℃인가?
① 97℃　　　② 87℃
③ 67℃　　　④ 57℃

해 켈빈온도(K)
$K = 273 + ℃$
$360 = 273 + ℃$
$\therefore ℃ = 87$

56 검사대상기기 관리자의 선임기준으로 맞는 것은?
① 구역마다 1인 이상　② 구역마다 2인 이상
③ 구역마다 1인 이상　④ 구역마다 2인 이상

해 검사대상기기 관리자의 선임기준(에너지이용 합리화법 시행규칙 제31조의27)
- 검사대상기기 관리자의 선임기준은 1구역마다 1명 이상으로 한다.
- 1구역은 검사대상기기 관리자가 한 시야로 볼 수 있는 범위 또는 중앙통제·관리설비를 갖추어 검사대상기기 관리자 1명이 통제·관리할 수 있는 범위로 한다. 다만, 캐스케이드 보일러 또는 압력용기의 경우에는 검사대상기기 관리자 1명이 관리할 수 있는 범위로 한다.

57 에너지법상 에너지기술개발계획에 포함되어야 할 사항이 아닌 것은?
① 에너지의 효율적 사용을 위한 기술개발에 관한 사항
② 온실가스 배출을 줄이기 위한 기술개발에 관한 사항
③ 개발된 에너지기술의 실용화의 촉진에 관한 사항
④ 에너지수급의 추이와 전망에 관한 사항

58 에너지이용 합리화법의 목적이 아닌 것은?
① 에너지의 수급 안정
② 에너지의 개발 및 보급
③ 에너지의 합리적이고 효율적인 이용
④ 에너지 소비로 인한 환경피해를 줄임

해 에너지이용 합리화법의 목적(제1조)
에너지의 수급을 안정시키고 에너지의 합리적이고 효율적인 이용을 증진하며, 에너지 소비로 인한 환경피해를 줄임으로써 국민경제의 건전한 발전 및 국민복지의 증진과 지구온난화의 최소화에 이바지함을 목적으로 한다.

59 에너지이용 합리화법에 따라 에너지관리기능사의 자격을 가진 자가 관리할 수 있는 보일러는?
① 용량이 10[t/h]인 보일러
② 용량이 20[t/h]인 보일러
③ 용량이 30[t/h]인 보일러
④ 용량이 40[t/h]인 보일러

해 에너지관리기능사 : 용량이 10[t/h] 이하인 보일러

60 에너지이용 합리화법에 따라 산업통상자원부장관은 에너지수급 안정을 위한 조치를 하려는 경우에는 그 사유, 기간 및 대상자 등을 정하여 조치 예정일 며칠 이전에 예고하여야 하는가?
① 5일　　　② 27일
③ 10일　　　④ 15일

해 수급 안정을 위한 조치(에너지이용 합리화법 시행령 제13조)
산업통상자원부장관은 에너지수급의 안정을 위한 조치를 하려는 경우에는 그 사유 기간 및 대상자 등을 정하여 조치 예정일 7일 이전에 에너지사용자 에너지공급자 또는 에너지사용 기자재의 소유자와 관리자에게 예고하여야 한다.

정답　52 ③　53 ①　54 ③　55 ②　56 ①　57 ④　58 ②　59 ①　60 ②